女宝宝 ♀
养育同步全书
NÜBAOBAO YANGYU TONGBU QUANSHU

张春改 刘大莛/编著

U0278226

中国人口出版社
China Population Publishing House
全国百佳出版单位

图书在版编目（CIP）数据

女宝宝养育同步全书 / 张春改，刘大茳编著. —— 北京 ：

中国人口出版社，2014.9

ISBN 978-7-5101-2787-8

Ⅰ．①女… Ⅱ．①张… ②刘… Ⅲ．①女性－婴幼儿－哺育 Ⅳ．①TS976.31

中国版本图书馆CIP数据核字(2014)第196349号

女宝宝养育同步全书

张春改 刘大茳 / 编著

出版发行	中国人口出版社
印　　刷	沈阳美程在线印刷有限公司
开　　本	720毫米×1000毫米 1/16
印　　张	20
字　　数	250千
版　　次	2014年10月第1版
印　　次	2014年10月第1次印刷
书　　号	ISBN 978-7-5101-2787-8
定　　价	32.80元（赠送VCD）

社　　长	陶庆军
网　　址	www.rkcbs.net
电子信箱	rkcbs@126.com
总编室电话	(010) 83519392
发行部电话	(010) 83534662
传　　真	(010) 83515992
地　　址	北京市西城区广安门南街80号中加大厦
邮政编码	100054

Contents 目录

PART 1 新生儿期女宝宝养育

Contents

PART 2 第2个月女宝宝养育

PART 3 第3个月女宝宝养育

PART 4 第4个月女宝宝养育

PART 5 第5个月女宝宝养育

Contents

PART 6 第6个月女宝宝养育

PART 7 第7个月女宝宝养育

PART 8 第8个月女宝宝养育

PART 9 第9个月女宝宝养育

Contents

PART 12 第12个月女宝宝养育

PART 13 第13～14个月女宝宝养育

Contents

PART 16 第19～20个月女宝宝养育

PART 17 第21～22个月女宝宝养育

Contents ∽

PART 18 第23～24个月女宝宝养育

PART 19 第25～27个月女宝宝养育

PART 20 第28～30个月女宝宝养育

PART 21 第31～33个月女宝宝养育

Contents

PART 22　第34～36个月女宝宝养育

PART 1

新生儿期
女宝宝养育

新生女宝宝体格发育指标

项目	年龄组	下限值	上限值
身高	2周	44.7厘米	55.0 厘米
	1个月	47.9厘米	59.9 厘米
体重	2周	2.26千克	4.65千克
	1个月	2.98千克	6.05千克
头围	1个月	约为36.2厘米	
胸围	1个月	约为36.9厘米	
囟门	1～3个月	1.5～2厘米	

注："体格发育"中的发育指标,根据宝宝发育的不同时期有相应的呈现,大致包括身高、体重、头围、胸围、牙齿、囟门的发育等六部分内容。

新生儿期女宝宝发育

新生儿发育状况 ★★★

呼吸

新生儿从出生的那一声啼哭开始，即建立了自主呼吸，但较浅表且不规则，频率较快，一般40～60次/分，早产儿可达60次/分以上。新生儿以腹式呼吸为主，易出现呼吸节律不齐及深浅交替。观察新生儿的呼吸变化，要在新生儿安静的情况下，观察其胸、腹部起伏情况，每一次起伏即一次呼吸。注意观察胸廓两侧的呼吸运动是否对称；呼吸是否急促、费力，有无呼吸暂停；口周皮肤的颜色有无青紫。

体重

孩子生长发育，体重是非常重要的指标。对于出生体重的评价是不是合适，一定要结合孩子孕周来一起评价，临床上叫作"适于胎龄"，意思就是说孩子出生的体重跟胎龄应该是相吻合的。体重小的孩子确实不容易养，但体重达到、超过4000克以上的"巨大儿"，亦属于高危孩子。大部分巨大儿的母亲都能找到一些病因，比如妊娠糖尿病，母亲因糖尿病生出的巨大儿，别看她体重很大，其实发育是不成熟的，她的血糖代谢会有很大的问题。这样的孩子在出生后的24小时内经常容易出现低血糖，低血糖对新生儿来说是非常严重的问题，如果低血糖不能及时得到处理，持续的时间过

长将直接影响身体健康。在医院里对巨大儿会监测血糖，调节她的血糖水平，比如出生半小时提前喂奶、糖水，这样能够避免低血糖。

另外，别看孩子很大，但是实际上她的器官发育是不成熟的。一般来说，糖尿病母亲生出的孩子，孕周相当于小两周，比如孩子是40周生的，可能发育的水平就是38周，如果是38周就相当于早产的水平。所以这样的孩子，尽管是足月，也会出现像早产儿一样的问题。

体重小的原因有两个：一个是早产。没到日子，体重也不可能长到正常值。还有一个是疾病的因素，出生的体重不到2500克，这样的孩子叫"足月小样儿"。孩子的体重不能太重，也不能太轻。

宝宝出生体重增减平均值

出生月数	体重增减（平均值）
第1～2周	－稍微降低
第3个月	＋30克／日
第3～6个月	＋20克／日
第6个月～周岁	＋10克／日

脐带

新生儿脐带在离肚脐1～2厘米处被结扎。

前囟

前囟是新生儿头顶的柔软部位，是头颅骨尚未连接的间隙。前囟要到宝宝1岁半前才闭合。宝宝的头皮覆盖着这个间隙，千万不要让宝宝的前囟受重压。不必对前囟作特别的照顾，但是，如果一旦发现覆盖其上的头皮绷紧或出现隆起（膨胀凸出），或在前囟部位出现不正常的萎陷（异常的凹陷）时，应立刻请医生诊查。

皮肤

新生儿的皮肤也许会被白色的

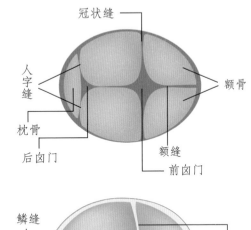

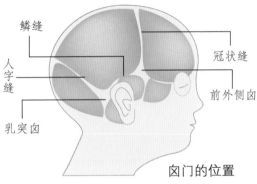

囟门的位置

脂质所覆盖。有些宝宝胎脂遍布她们的脸部和身体，而另一些宝宝胎脂只分布于她们的脸部和手部。医院对于胎脂的处理方法各不相同。有的医院予以保留，因为胎脂提供了一道抵抗轻度皮肤感染的天然屏障；而另一些医院则在宝宝娩出后就细心地将胎脂清除掉。目前人们普遍认为不必清除胎脂，这不仅因

解读女宝宝

当胎儿还孕育在母体中时，男女胎儿在大脑结构上的差别就非常明显了。其中一个差别是，男孩大脑的发育速度慢于女孩大脑的发育速度。另一个差别是，男孩大脑的左右半球之间的联系少于女孩。

为胎脂具有保护的特性，而且也因为它在2～3天之内就会自然地被皮肤所吸收。但是，如果在宝宝皮肤的皱褶内有大量胎脂堆积并可能引起刺激时，就应把它擦拭干净。

体温

新生儿的正常体温在36℃～37℃之间，但新生儿的体温中枢功能尚不完善，体温不易稳定，受外界温度环境的影响，体温变化较大，新生儿的皮下脂肪较薄，体表面积相对较大，容易散热。因此，对新生儿要注意保暖。尤其在冬季，室内温度保持在18℃～22℃为宜，如果室温过低则容易引起硬肿症。

🍼 新生儿特殊的生理现象 ★★★

新生儿不同于一般宝宝，也有着自身不同于一般宝宝的特点，父母亲最好能将这些生理特征和其他疾病征兆区别开来，以便更好地照料宝宝。

体重减轻

新生儿出生后2～3天，由于皮肤上胎脂的吸收、排尿、体内胎粪的排出和皮肤失水，以及刚出生的新生儿吸吮能力弱、吃奶少，造成体重非但不增，反而出现暂时性下降。在出生后3～5天体重下降有时可达出生体重的6%～9%，在出生后7～11天恢复到出生时的体重，这称为生理性体重下降。如果体重下降超过出生时的体重的10%以上，或在出生后第13～15天仍未恢复到出生时的体重，这是不正常的现象，说明有某些疾病，如新生儿肺炎、新生儿败血症及腹泻或母乳不足等，应作进一步检查。

黄疸

新生儿出生后的皮肤为粉红色，出生后2～3天时，细心的父母会发现宝宝的皮肤发黄，有的眼睛白眼珠（巩膜）也发黄，3～5天明显，8～12天后自然消退。宝宝除皮肤发黄外，全身情况良好，无病态，医学上叫作生理性黄疸。

生理性黄疸的表现是：宝宝吃奶很好，哭声响亮，不发热，大便呈黄色，3～5天时黄疸明显，在出生后8～12天消退，如果是早产儿可能在出生后第3周消退。

一半的足月儿，还有60%以上的早产儿都经历过黄疸的过程，这是一个很普遍的现象。绝大部分孩子属于生理性黄疸，其中有一小部分孩子是病理性黄疸。

头颅血肿

新生儿头颅血肿是头经产道娩出时受挤压，位于骨膜下的血管受损伤出血所形成的，多于出生时或出生后数小时出现，数日后更明显。其表现为血肿发生在骨膜下，不超过骨缝，局部肤色正常，有波动感，消退时间至少需2～4周。此症多无明显不良后果，如果头颅血肿过大，可引起新生儿贫血或胆红素血症，即出现黄疸，此时应作相应处理。

乳房肿胀

有的女宝宝出生后数日内，可见乳房肿胀，3～5天内可挤出水样分泌物，继之为乳汁样，与初乳相似，乳量少至数滴，多可达20毫升，如经过化验，在乳汁中含有白细胞和初乳小体，这叫新生儿泌乳。

这种现象是因为来自脑垂体前叶的催乳激素刺激肿大的乳腺而引起的泌乳，这也是新生儿常见的一种生理状况，这时家长千万不要挤压乳房，以免损伤、感染，引起乳腺炎。

脱皮

出生3～4天的新生儿的全身皮肤开始"落屑"，有时甚至是大块脱落，这可吓坏了新手爸妈们，不知如何是好。其实，这也是一种生理现象。由于胎儿一直生活在羊水里，当接触外界环境后，皮肤就开始干燥，表皮逐渐脱落，1～2周后一般就可自然落净，呈现出粉红色、非常柔软光滑的皮肤。

由于新生儿的皮肤角质层比较薄，皮肤下的毛细血管丰富，脱皮时，父母千万不要硬往下揭，这样会损伤皮肤，引发感染。

尿红

新生儿出生后2～5天，有的父母发现宝宝尿血，很紧张，到处求医问药。其实，宝宝并没有尿血，这是因为宝宝出水多而入水少，导致尿量少，尿液浓缩，含有较多的尿酸盐结晶而使尿液呈红色。父母应保证每日供给宝宝足够的水分，如两次喂奶间喂些温开水或葡萄糖水，一般持续数天可自行消失。如果36小时后无尿，应立即诊治。

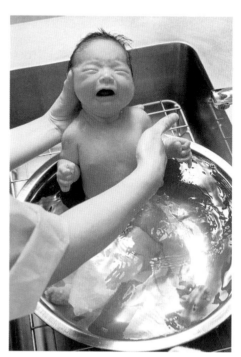

新生儿日常保健

🍃 新生儿病理性黄疸 ★★★

生理性黄疸出现有一定时间，不能太早出现，如果生下来24小时以内就出现，肯定还有其他原因。一般生理性黄疸都是出生两三天才开始出现，在五天到一周的时候是最黄的，黄疸指数不超过12.9毫克/分升。早产儿的范围可更宽一点，可以达到15毫克/分升，过了一周以后会开始逐渐降下来，到两周应该完全退掉。如果超过这样的范围，出现过早、黄疸指数太高、持久不退，或者退了以后又出现，这种就不属于生理性黄疸，需要医生的治疗。

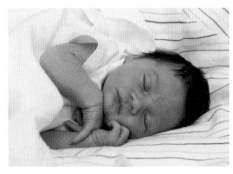

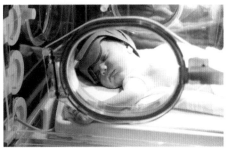

如果是病理因素造成的黄疸，被称为"病理性黄疸"。病理性黄疸产生的原因有：

🟡 新生儿血液方面的疾病，如ABO血型不合、Rh血型不合、先天性溶血疾病等会导致红细胞破坏，使胆红素代谢增加。最常见的是ABO血型不合，即母亲为O型，婴儿为A型、B型或AB型，则婴儿有可能因红细胞破坏增加而出现黄疸。

🟡 肝脏疾病，如先天性胆道闭锁、先天性肝炎等，导致胆红素无法排出。

🟡 新生儿感染，导致红细胞破坏、肝功能降低。

🟡 生产过程导致新生儿头皮瘀血，瘀血内的红细胞破坏而产生胆红素。

黄疸最大的危害，就是血液里胆红素通过血液传输到全身各处，但是最关键的是到脑里去了，到脑子里面去以后，会形成"胆红素脑病"。黄疸如果发展非常迅速，例如足月的孩子，出生24小时胆红素超过15毫克，第二天胆红素就超过20毫克，第三天甚至能超过25毫克，越高量的胆红素越容易到达大脑里。一旦出现了胆红素脑病就是不可逆的。在黄疸短时期内增高过程当中，如果孩子反应不好，吃奶明显减少，爱睡觉，能睡四五个小时都不醒，嗜睡，身体软了，一些正常的反射也作不出来，问题就非常严重了。临床常用"蓝光治疗"，通过蓝光照以后增加肾脏排泄。

吐奶与溢奶 ★★★

婴儿容易吐奶（溢奶）的原因

⟲ 食量大，但胃容量小。

⟲ 胃较浅，容满食物时很容易因身体的扭动使腹压增加而溢出来。

⟲ 胃与食管交界处较松弛。食管与胃交界处有一括约肌（贲门），功能是防止胃内容物反向流入食管内，而婴幼儿此肌肉的发育并不完善。

⟲ 食物多为流质。流质食物在胃中较固体食物容易返流出来。

如何预防

⟲ 少量多餐。

⟲ 喂奶时勿让宝宝吸食太急，中间应暂停片刻。

⟲ 奶瓶嘴孔应适中，因为孔洞太小吸吮较费力，空气容易由嘴角处吸入口腔再吞入胃中；孔洞太大，很容易呛到。

⟲ 喂食后勿让宝宝马上平躺，应抱直宝宝上半身并轻拍宝宝背部（妈妈手呈杯状）。若要躺下时，要将宝宝上半身放高，并采取右侧卧姿势（因为食物流经胃部是由左向右）。

⟲ 喂食后避免宝宝激动或任意摇动。

女宝宝穿着照顾原则 ★★★

要注意早晚温差较大，新生儿一抱离被窝，必须用包巾包裹。

夏天气温较高，宝宝穿一件薄棉纱衣服即可；冬天可穿3～4件衣服，若有包巾，则不用穿着太多。

0～6个月宝宝因为不太动，所以比大人多穿一件即可。

穿衣多少，应随室内或室外温度而增减。

有冷气的地方最好维持长袖、半长袖或披上薄外套。

使用空调时，要将温度调到比成人适温高出2℃～4℃，冷气口要朝向天花板，不可直接吹到宝宝；使用电扇也要使其对着墙壁吹。

理想的湿度应控制在60%～65%。梅雨期及夏天湿度比较高，可使用除湿机。

流汗后应将身体擦干，换上干爽的衣服。

外界温度不稳定时，随时测试婴儿的颈部、手臂和腿部是否温暖，或观察婴儿脸色及神情加以判断。

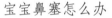 专家主张

宝宝鼻塞怎么办

① 如果宝宝鼻子堵了，您可以在宝宝的褥子底下垫上一两条毛巾，头部稍稍抬高能缓解鼻塞。

② 帮宝宝吸出鼻涕。宝宝太小，不会自己擤鼻涕。在宝宝的鼻孔中抹上一点点凡士林油，往往能减轻鼻子的堵塞；也可以试着用吸鼻器，或用医用棉球捻成小棒状，粘出鼻子里的鼻涕；如果鼻子堵塞已经造成了吃奶困难，可以在吃奶前15分钟用盐水滴鼻液滴鼻，过一会儿，用吸鼻器将鼻腔中的盐水和黏液吸出，宝宝的鼻子就通畅了。

③ 保持空气湿润。可以用加湿器增加宝宝居室的湿度，尤其是夜晚能帮助宝宝更顺畅地呼吸。房间可以挂两件刚洗过的衣服或是湿毛巾，在暖气上放个水盆，空气就不会太干燥了。

④ 为宝宝作个热敷。可以用热毛巾，不要烫，热敷鼻梁和两眼间。

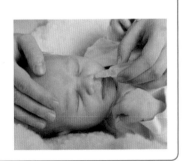

宝宝的清洁 ★★★

需准备的器具

细轴棉花棒，纱布，冷开水或生理食盐水，脐带护理包（棉花棒、浓度75%的酒精）。

1 清洁宝宝的眼睛

方向：眼头-->眼尾

先清洁宝宝的眼睛，利用纱布蘸水，轻轻地由内（眼头）往外（眼尾）擦拭。切记不可以来回擦拭，一边眼睛使用一支干净的棉花棒或是干净的纱布一角。

平时若看到宝宝眼睛有眼屎，可以利用棉花棒或是纱布的一角蘸生理食盐水或冷开水，由内往外擦拭即可。此外，家中宝宝的棉花棒盒避免大人共同使用。

2 每晚睡前以纱布清洁口腔

宝宝喝完奶后，让宝宝喝点水来清洁宝宝的口腔。家长最好在每晚睡前都能用纱布帮宝宝清洁一次口腔。将干净纱布套在手指上，将纱布蘸点冷开水，当妈妈把纱布轻轻地放入宝宝的口中时，宝宝会有吸吮的动作，这时候就可以顺势旋转擦拭宝宝舌头上的舌苔。

3 清洁宝宝的鼻孔

宝宝洗澡后是清洁鼻孔的最佳时机，用棉花棒蘸冷开水或生理食盐水，用旋转的方式，就能把脏东西卷出来。棉花棒伸入鼻孔的深度约一厘米即可，并不是愈深入就能清得愈干净。

使用吸鼻器时

当宝宝有鼻涕时，可使用吸鼻器将鼻涕吸出。先将吸球中的空气尽量挤出，再轻轻放入宝宝的鼻孔中，将鼻涕一点一点地吸出。趁宝宝睡着的时候再使用，会比较容易进行。

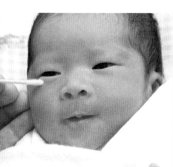

4 清洁宝宝的耳朵

给宝宝洗澡时，妈妈可以将纱布蘸湿，轻轻擦拭宝宝的耳郭部分。如果宝宝的耳朵进水了，妈妈可以拿棉花棒在外耳处轻轻旋转，将水慢慢吸干。平时若看到宝宝的外耳有污垢，可用棉花棒蘸冷开水，轻轻旋转将外耳的脏东西卷出即可。家长每日给宝宝清洁一次耳朵即可。

5 清洁宝宝的手脚趾

宝宝的手脚趾很脆弱，平常只需用纱布蘸水轻轻擦拭每根手脚趾即可。如果手脚趾甲太长，可以洗澡后顺便修剪。建议使用婴儿专用指甲剪来修剪宝宝的小指甲。修完指甲后，再用锉刀将锐角磨平，宝宝才不会抓伤自己。为了避免宝宝抓伤自己，有些家长会给宝宝套上手套。套上手套固然能避免宝宝抓伤脸蛋，但修好宝宝的指甲，让宝宝脱下手套，手指自由碰触、抓取物品，可以帮助宝宝得到更多反射刺激。

6 帮宝宝进行脐带护理

洗完澡后，将宝宝身体擦干，穿上衣服、尿布，露出脐带的位置，用干净棉花棒蘸取75%的酒精，由内而外，从脐带的根部开始，消毒脐带周围。消毒范围大约是半径一厘米的圆圈大小。

正常情形下，脐带会有淡黄色分泌物，但无臭。如果有渗血、浓黄分泌物、有臭味，周围的皮肤有红肿现象，就可能是脐带发炎了，爸妈应带宝宝到医院检查。

脐带脱落的几天之后，仍然要继续给宝宝做脐带护理，直到肚脐眼完全干燥为止。

7 清洁宝宝的生殖器

女宝宝的清洁方向：会阴部-->肛门

帮宝宝清洁阴部时，要由会阴部往肛门方向清洗，不可来回擦洗。此外，宝宝的会阴部有胎脂覆盖，清洁时并不需特别费力搓洗，只需要将皱褶处的白色皮垢清洗干净即可。

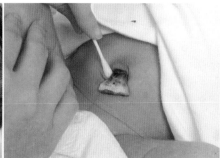
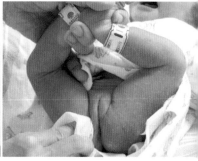

新生女宝宝喂养

母乳喂养的方法 ★★★

给宝宝喂哺母乳并不是一个简单的过程，宝宝出生后1~2小时内，母亲就要做好抱婴准备，也要注意掌握一些方法以便更好地喂养宝宝。

1 掌握正确的哺乳姿势。让宝宝把乳头乳晕的部分含在口中，宝宝吃起来很香甜。宝宝吃奶姿势正确，也可防止出现乳头皲裂。

2 纯母乳喂养的宝宝，除母乳外不添加任何食品，包括不用喂水，宝宝什么时候饿了什么时候吃。纯母乳喂哺最好坚持6个月。

3 宝宝出生后头几个小时和头几天要多吸吮母乳，以达到促进乳汁分泌的目的。宝宝饥饿时或母亲感到乳房充盈时，可随时喂哺，哺乳间隔是由宝宝和母亲的感觉决定的，这也叫按需哺乳。宝宝出生后2~7天内，喂奶次数频繁，以后通常每日喂8~12次。

正常喂奶时间 ★★★

一般来说，每次喂奶15~20分钟即可，最多不超过30分钟。母亲将乳头和乳晕全部塞进宝宝嘴里，宝宝的嘴唇、齿龈和舌的吸吮运动，能使奶液从乳晕内的乳腺管中流出。一半以上的奶液在开始喂奶的5分钟就吸到了，8~10分钟吸空一侧乳房，这时再换吸另一侧乳房。两个乳房每次喂奶时先后交替，可刺激产生更多的奶水。喂哺新生儿，母婴均处于学习阶段，喂的次数可多些。

1个月婴儿的食品添加表

母乳	依宝宝的需求来哺乳，哺喂时间不定，平均2~3小时喂1次
婴儿配方奶	一天喂6~10次，每次60~90毫升
喂食须知	洗澡、外出活动后要适当补充水分，特别是人工喂养儿

正常喂奶间隔 ★★★

新生宝宝喂奶的时间间隔和次数应根据宝宝的饥饿情况来定，也就是说宝宝饿了就要喂。若宝宝还不饿就喂，宝宝消化不了，容易造成腹泻；也不能长时间不喂，以免宝宝一下子吃得过饱，消化不良。一般白天每3～4小时喂一次，夜间可6～7小时喂一次，一天喂5～7次以上，夜里若宝宝不醒也可不喂，尽量让宝宝休息。刚出生的宝宝因为胃的容量小，所以喂奶的次数多一些，随着年龄增长，喂奶的次数会减少，一般出生后2周左右才能

按需要自然形成定时喂养。要注意，不要宝宝一哭就用喂奶来哄宝宝，因为宝宝哭的原因有很多，应查找原因。如果喂奶次数过多或每次喂奶时间过长才能满足宝宝的需要，很可能是奶水分泌不够，应及早咨询医生寻找原因。

在喂奶过程中应注意，要让宝宝安静地吃奶，避免宝宝受惊吓，不要在宝宝吃奶时与之嬉闹，以防呛咳。每次喂完奶后应将宝宝抱直，轻拍宝宝背部使宝宝打出嗝来，以防止溢奶。

怎样判断宝宝吃饱 ★★★

母亲对宝宝是否吃饱了很是关心，由于我们无法直接知道宝宝是否吃饱了，因此可以从以下方面来进行判断：

- 喂奶前乳房丰满，喂奶后乳房较柔软。
- 喂奶时可听见吞咽声（连续几次到十几次）。
- 母亲有下乳的感觉。
- 尿布24小时湿6次及6次以上。
- 宝宝大便软，呈金黄色、糊状，每天2～4次。
- 在两次喂奶之间，宝宝很满足、安静。
- 宝宝体重平均每天增长18～30克或每周增加125～210克。

成功哺喂的关键 ★★★

给宝宝喂奶的姿势

产后妈妈应当尽早让宝宝吸吮母乳。母乳具备宝宝成长所需的营养，并含有抗体，可增强宝宝的免疫力。

摇篮式抱法：把手肘当作婴儿的头枕，手前臂支撑婴儿的身体，让婴儿的肚子紧贴着妈妈的胸腹，使婴儿的身体与妈妈的乳房平行。无论在床上或椅子上，都可采用这个姿势，让妈妈随时随地喂奶。如果坐在椅子上，在双脚下放把小椅子，可减轻背部压力。

摇篮式抱法

橄榄球式抱法：妈妈托住婴儿头部，用手臂夹住婴儿的身体，使婴儿呈现头在妈妈胸前、脚在妈妈身侧的姿势。采取这个姿势时，可在宝宝身体下方垫枕头或是靠垫，使婴儿的头部接近乳房，并协助支撑婴儿的身体，让妈妈不必花力气抱起婴儿，减少肩膀酸痛的情形。

橄榄球式抱法

卧姿：妈妈侧躺在床上，背部与头部可垫枕头，同一侧的手可放在头下，另一只手抱着婴儿头部及背部，使婴儿贴近乳房。如果要换喂另一侧的乳房，可先调整身体使另一侧乳房靠近婴儿，或与婴儿一同翻身后再喂。妈妈坐月子期间，或是半夜婴儿肚子饿时，最适合采用这个喂姿。

卧姿

哺喂

在宝宝的脖子里垫一条小方巾，让奶瓶从宝宝嘴巴侧边慢慢滑入嘴里，并确定奶嘴放在舌头的上方，宝宝的嘴唇整个含住奶嘴，不会内翻到嘴巴里。

排气

通常母乳宝宝喝完奶后不会有胀气现象，因为较少有空气进入宝宝口中。不过，喂配方奶粉的宝宝或多或少都会吸进一些空气，因此妈妈可要记得在喂完奶后替宝宝排气，否则宝宝容易有腹胀或溢奶状况。

方法一：

让宝宝坐在腿上，并让宝宝的头及胸部靠在妈妈手腕上，并以另一只手扶住宝宝的背部。

将手指与手掌弯曲，对着宝宝的背部由下往上拍，帮助她排气。

方法二：

抱起宝宝，让宝宝身体靠在肩膀上。亦可在肩膀上铺毛巾，以毛巾垫在宝宝嘴巴下方，防止溢奶。

手指与手掌弯曲拱起，由下往上拍打宝宝的背部。

专家主张

新生儿需要3~4小时喂食一次。宝宝第一天一餐的奶量大约30毫升，第二天则是一餐60毫升左右，但具体状况仍因不同的宝宝而有差异。如果宝宝没吃饱，每次可多加一点奶量，但增加上限是30毫升。而冲调奶粉的开水温度只要温和不烫伤宝宝即可，最好不要超过40℃。

奶水充足的关键要素 ★★★

供应充足的奶水给宝宝的关键到底是什么？儿科医生提出以下几个要点：

1 尽早开始喂奶。妈妈应尽早试着喂奶，让婴儿尽早学习吸吮并熟悉妈妈的乳房，同时也刺激妈妈身体早点分泌奶水。

2 依照宝宝的需求来喂奶。在宝宝饿时就喂奶，不要限制喝奶的时间与次数。

3 母婴同室。若要依照宝宝的需求喂母奶，妈妈最好能在母婴同室的医院生产，这样才方便依照宝宝的需求喂奶。同时，母婴同室能帮助妈妈早一点熟悉宝宝的作息、个性等，这对于顺利喂母乳也是很重要的。

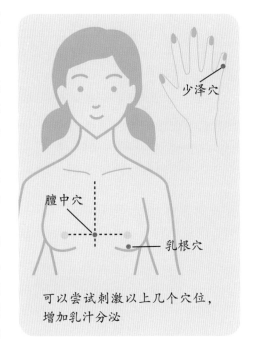

可以尝试刺激以上几个穴位，增加乳汁分泌

4 有信心。妈妈的情绪与信心会影响到催产素的分泌状况。催产素是一种帮助奶水从乳头中喷出的激素，它能够帮助婴儿顺利吸吮到母乳。

5 母乳妈妈要有充足的睡眠与好心情。疲劳、情绪不佳、压力大等因素，都会减少奶水的分泌量。有一些药物、吸烟也会抑制奶水分泌。

如果能尽量依照宝宝的需求喂奶，不限制喂奶的次数与时间，那么，妈妈的奶水与宝宝的需求量会达到供需平衡，也就是奶水平衡建立，这时候妈妈分泌的奶水量恰好能符合宝宝的需求量，而且，妈妈也会在宝宝肚子饿时胀奶。

让宝宝熟悉妈妈的乳房 ★★★

无论妈妈的乳头属于一般长度，或较短、较长，都能够喂母乳。但切记，一定要产后就马上让宝宝吸吮乳房，熟悉您的乳头，尽量不要让宝宝碰到奶瓶奶嘴，免得宝宝不肯吸吮你的乳房。

在关于哺喂母乳的专题文章中，专家们总是一再提醒妈妈们，如果想要喂母乳，一定要谨守三个原则：一是尽早喂母乳，只要宝宝饿了就喝母奶；二是让宝宝自行决定喝完奶的时间；三是不要限制喂母乳的时间、次数。把握这三个原则，不仅可以成功地喂母乳，妈妈也可以免去不必要的苦头。

频繁喂奶可避免胀奶之苦 ★★★

产后妈妈通常会面临胀奶情形，这是因为乳房中充满了奶水，轻微的胀奶并不会影响妈妈喂母乳，甚至只要妈妈持续地喂奶，胀奶的情形也会改善。在宝宝第一个月时，妈妈一天需喂10～12次母乳，反过来，如果妈妈没有将奶水移出乳房，那么乳房有可能变得十分肿胀，且又硬又痛。

治疗乳腺炎 ★★★

如果有乳腺炎，务必先要将奶水挤出来，否则感染现象不会好转，而且妈妈的奶水有可能就此停止供应。感染乳腺炎的乳房，仍然可以直接哺喂宝宝，但妈妈若担心发炎状况会影响宝宝，可以先用手或机器将奶水挤出，并且用未感染的那一侧直接喂奶。此外，亦可在喂奶前热敷，并在两次喂奶的间隔时间里冷敷乳房镇痛，或是做按摩。

得了乳腺炎的妈妈，除了要将奶水挤出来之外，医生也会给予抗生素以及止痛、退烧药加以治疗，而服用这些药物的妈妈仍可继续喂奶，因为这些药物几乎不会对婴儿产生影响。如果婴儿发生嗜睡、起红疹或不吃奶的现象，就须留意是否是药物造成的影响。

至于脓肿，只有在乳腺炎未加以治疗后才会产生，这时候通常需要将乳房切开把里面的脓引流出来。不过脓肿极少发生，即便妈妈不处理乳腺炎，乳房一般可能就此停止奶水的供应，而不会再发展成脓肿。

另外要提醒妈妈，不要穿着过于紧绷的胸罩，因为钢托可能会压迫到乳腺，也不利于奶水的分泌与排出。

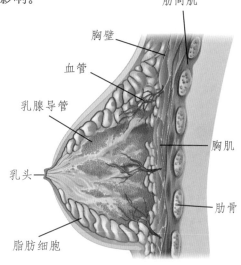

女性乳腺解剖图

产后乳汁不足怎么办　★★★

产后缺乳是指产妇在产后2～10天内没有乳汁分泌和分泌乳量过少，或者在产褥期、哺乳期内乳汁正行之际，乳汁分泌减少或全无，不够喂哺婴儿的，又称"乳汁不行"。本病分虚、实两端，虚者因素来自体虚，或产后营养缺乏，气血亏虚，乳汁化生不足而乳少；实者因肝郁气滞，气机不畅，乳络不通，乳汁不行而乳少或无乳。

由于乳汁过少或无乳的最明显表现为新生儿生长停滞及体重减轻，因此，不仅给婴儿的生长、发育造成影响，而且也会给家庭带来各种困难和麻烦，故对产后缺乳要进行积极有效的防治。

气血亏虚的产妇表现为新产之后乳汁甚少或全无，乳汁清稀，乳房柔软无胀感，面色无华，头晕目眩，心悸怔忡，神疲食少，舌淡、少苔，脉细弱。可食用鲫鱼汤、猪蹄汤等，有补血生精、生乳通络功能。肝郁气滞的产妇表现为产后乳少而浓稠或乳汁不通，乳房胀满而痛，舌苔薄黄，脉弦细。可伴有微热、胸胁胀痛、胃脘胀闷、食欲缺乏。可食鸡粥、山药羹、红枣糯米粥、芝麻糊等，有健脾开胃、补血生乳作用。

什么是发奶食物　★★★

民间流传许多发奶食物，妈妈们应该吃吗？这些食物是否真能增加奶水量？

仔细分析民间的发奶食物，几乎都是高蛋白质与富含水分的食物，这些食物的确有助于奶水的分泌，例如，花生炖猪脚汤、青木瓜排骨汤、山药排骨汤、鲜鱼汤、鸡汤、红糖姜汤、红糖芝麻汤圆、牛奶、酸奶、豆浆、黑麦汁等。

民间流传的发奶食物，不仅能促进奶水分泌，作用也在于为产后的妈妈补充营养，毕竟生产过程耗费了不少精力。当妈妈吃了这些食物之后，体力好，精神佳，也会增

加妈妈喂母奶的意愿。不同居住地区或是族群都各有祖先们流传下来的发奶食谱。只要在饮食均衡的原则下摄取这些发奶食物，对妈妈们都是有益无害的。

🤱 缺乳的饮食方法 ★★★

1 鲇鱼1000克，鸡蛋200克。将鲇鱼去内脏洗净，置锅内，加水800毫升，大火煮沸后，改用小火，将鸡蛋打入鱼汤中，稍候片刻，继续用大火煮至鲇鱼熟透，吃鲇鱼、鸡蛋，喝汤，1日2次，一般3～4天见效。

2 蹄筋350克，鸡脯肉50克，鸡蛋清100克，料酒、盐、葱油、淀粉各适量。将蹄筋切成段，加水烧开片刻后，捞起备用，鸡脯肉去筋放在案板上，剁成细茸，放入碗中用水化开，加料酒、盐、淀粉和蛋清等调成薄浆。锅内调入油，烧熟后放入蹄筋和调味料，待入味后，将鸡茸浆慢慢倒入，浇上葱油即可。适用于产后亏损所致乳汁缺乏。

3 生姜250克，猪蹄1000克，甜醋1000毫升。将生姜刮去皮切块，猪蹄切块，两者同醋煮熟。煮好后若放置一两周再食，则效果更佳。

4 莴苣子100克，糯米、粳米各50克，甘草25克。将4味加水1200毫升，煎汁取700毫升。去渣分3次温服，1～2剂即可见效。对产后血虚乳少、乳无汁有特效。

5 虾米30克，粳米100克。将虾米用温水浸泡半小时，与粳米煮粥，每日早晚温热服食。适用于肾精不足所致的乳汁不通。

6 豆腐、丝瓜各200克，香菇25克，猪前蹄1只。先煮猪前蹄、香菇，加盐、姜调味，待肉熟后，放入丝瓜、豆腐同煮食用。1日内分次吃完。

7 芝麻酱100克，鸡蛋150克，小海米、葱丝、味精各适量，盐少许。先用水将芝麻酱调成稀糊状，然后打入鸡蛋，加适量水搅匀，再加入调料，置锅内蒸熟即可。将蒸熟的羹1次食用。1日2次，一般3日见效。适用于产后气血虚弱所致乳汁不足、乳无汁。

8 人参、生黄芪各30克，当归60克，麦冬15克，木通、桔梗各9克，猪蹄1000克。所有原料洗净，水煎服，1日2次。

9 红衣花生、玉米渣、大米各100克。将玉米渣、花生加水煮至五成熟，加入大米，再加适量水，以小火熬成粥，随口味加糖服。

10 木瓜500克，生姜30克，米醋500毫升。瓦煲中倒入米醋，放入生姜、木瓜，煮至木瓜熟烂。1日2次。

11 红薯叶250克，猪五花肉200克，葱、姜、盐、味精各适量。洗净红薯叶，切碎，猪肉洗净，切块，将红薯叶、猪肉放入锅内，加葱、姜、盐、味精等，大火烧沸后，转用小火炖至肉烂，食肉饮汤。

如何挑选奶瓶用奶嘴 ★★★

对于给宝宝喂配方奶粉的爸妈来说，挑选奶瓶用奶嘴是门大学问。

奶瓶用奶嘴依照"奶洞的大小"，依序分为S、M、L三种：

S号→适合0～3个月内的宝宝

M号→适合3～6个月内的宝宝

L号→适合6个月以上的宝宝

依照奶嘴洞的设计，可分为十字形、圆孔形、Y字形三种：

十字形奶嘴洞：可以借由宝宝吸吮的力道来控制流出奶量多少。宝宝不做出吸吮的动作，奶水就不会自动流出。

圆孔形奶嘴洞：即便宝宝只含住奶嘴而没有吸吮，奶嘴还是会慢慢滴出奶水。建议吸吮动作较差的宝宝选择这种奶嘴。

Y字形奶嘴洞：奶水流出的方式跟十字孔很相似，都是必须靠宝宝吸吮才会流出奶水，适合2～3个月以上的宝宝使用。Y字形和十字形的不同处在于切口的角度，Y字形的切口面积比十字形大，因此使用一段时间后，Y字形奶嘴洞的切口会比较容易变形。

一般来说，奶嘴的外盒包装都标示有"适合月龄"，以方便选购。但是，是否符合宝宝的需求，还是得靠家长耐心观察宝宝喝奶时的习惯。

家长观察宝宝吸吮奶嘴时，如果宝宝吸吮很用力，但是奶瓶中的奶水却下降得很慢，那么就有可能是奶嘴洞太小，建议改用奶嘴洞大一点儿的奶嘴。

喂食配方奶粉注意事项 ★★★

以婴儿配方奶粉喂食宝宝时，需要记住以下注意事项：

○ 冲泡奶粉前要先洗手。

○ 使用前要将喂食器皿彻底清洁干净。

○ 温不温奶瓶均可，但是要选定一种方式不要轻易改变。

○ 冲奶粉要按说明书的比例，不要随意增加奶粉的浓度。

○ 加热奶瓶前，要先拿掉瓶嘴及瓶盖。

○ 120毫升的奶瓶在微波炉中以强波加热时，时间不要超过30秒，240毫升的奶瓶则不要超过45秒。加热后，放好瓶盖及瓶嘴，并将瓶子反复倒转8～10次，不要摇奶瓶。

○ 将加热过的奶水滴一些在您的手腕背面测试温度，不烫也不太凉的温度就正适合，因那个部位比手腕内侧更敏感。

○ 别强迫宝宝将奶水喝完。

○ 过期的配方奶粉不要给宝宝喝。

○ 喂食后倒掉剩余的奶水。

○ 变硬或没有弹性的瓶嘴就别再使用了。

人工喂养要补充鱼肝油 ★★★

由于人工喂养提供的营养不能满足宝宝的营养需求，所以应在出生后2周按医嘱开始补充鱼肝油和钙剂。鱼肝油中含有丰富的维生素A和维生素D。开始时可每日1次，每次2滴，如宝宝食欲、大小便正常，可逐渐增至每日2次，每次2～3滴。同时，还应适量补充钙剂。但要注意，补钙的同时要补鱼肝油，否则钙不能很好地被吸收。

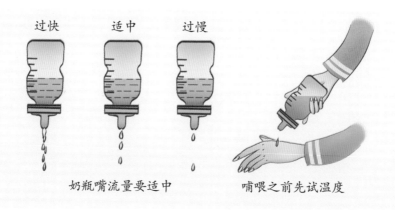

过快　　　适中　　　过慢

奶瓶嘴流量要适中　　　　哺喂之前先试温度

新生女宝宝早教

给新宝宝选择玩具 ★★★

新生宝宝好像不会玩玩具，其实，玩具对新生宝宝来说，并不意味着玩，而是接收对视觉、听觉、触觉等的刺激。新生宝宝可以通过看玩具的颜色、形状，听玩具发出的声音，摸玩具的软硬等，向大脑输送各种刺激信号，促进脑功能的发育。

能看能听的彩色玩具

玩具颜色要鲜艳，最好以红、黄、蓝三原色为基本色调，并且能发出悦耳的声音，同时造型也要精美。这种能同时刺激宝宝视觉与听觉的玩具，对宝宝的智力发展十分有益。彩色气球、吹气塑料玩具比较适用于新生儿。

体积较大的填充玩具

父母可以为新生宝宝选购一些造型简单、手感柔软温暖、体积较大的绒布或棉布制品填充玩具，如绒布熊、绒布狗等，放在宝宝的小床里，这会给她们一种温暖和安全的感觉。

解读女宝宝

女孩和男孩是带着内建的认知性别差异出生的，她们天生就是不同的。

育儿难题 Q&A

Q 宝宝从医院带回家后，体重没有增加反而减轻，怎么会这样呢？

A 宝宝出生一星期内，会有生理性体重减轻的现象，在两星期左右，才会恢复到出生时的体重。因此，爸爸妈妈们不必太担心，只要正常喂奶，体重一定会很快增加。

Q 宝宝现在两周大，在睡醒时或睡眠中常会有脸涨红、好像在用力的样子，这样正常吗？

A 宝宝的用力现象合并脸涨红，是由于宝宝的身体进行某些活动的缘故。大部分宝宝会在半夜的睡眠中醒来，有时还会发出声音，这是正常的。不过若是有此动作时，宝宝还同时有哭闹情形，则要考虑是否有其他问题。这种现象，在满月前会比较明显，之后宝宝身体的其他活动会愈来愈多，就不会发生了。

Q 宝宝睡眠的时间没有固定，经常睡睡醒醒，晚上的时候也常常会醒过来活动，该如何让她白天活动晚上睡觉呢？

A 一般来说，大约在四个月以后，宝宝睡眠会比较固定，四个月以前，晚上还会醒来则是常有的现象。宝宝晚上醒来时，爸爸妈妈可试着让室内灯光不要太亮，让宝宝觉得是夜晚，活动就自然会较少，而白天宝宝睡觉时，让室内光线明亮，这样睡眠时间较短，才能使晚上睡眠时间较长。若宝宝四个月后，仍有此现象，对喝配方奶粉且没有过敏体质的宝宝，可以考虑在睡觉前的那一餐，在奶水中添加米粉或麦粉，让宝宝有饱足感，睡眠时间也会延长。

Q 宝宝的大便稀稀的，有时候包尿布还会漏出来，是拉肚子吗？

A 宝宝的大便，尤其是母乳宝宝的便便，都是稀稀、水水、黄黄的，像蛋花一样，没有味道，这种便便会一直持续到2~3个月大，之后便便才会是软便。而配方奶粉宝宝的便便，则是软便，较干，且味道比较重。如果宝宝的便便有酸味或有血丝，则是异常的大便，应尽快就医。

Q 公婆常说宝宝的衣服穿得太少，但是宝宝的手并没有冰冷现象，我该怎么确定她是不是穿得太少？

A 可以检查一下宝宝唇色是否红润，四肢是否温暖，若是四肢温暖，大致来说就够了，不必担心宝宝穿得太少。

Q 医院鼓励新妈妈产后马上喂母乳，不过我的奶量只有一点点，宝宝吃得饱吗？

A 新妈妈刚开始分泌的奶水称为初乳，初乳量很少，但营养价值极高，同时也能够满足新生儿头几天的营养需求，所以妈妈不需要担心宝宝吃不饱。最重要的是，只要宝宝肚子饿了，妈妈就应哺喂母乳，不要限制哺喂的时间与次数，持续2～3个月之后，妈妈供应的奶水与宝宝的需求量就会形成良好的协调，也就是所谓的奶水平衡建立。

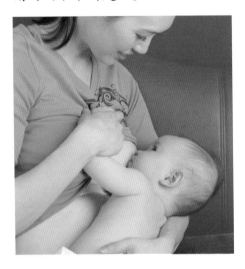

Q 怎么确定宝宝喝到了奶呢？

A 有两种情况。

慢而深地吸吮：宝宝一开始吸吮的速度可能很快，一秒钟两三次，但是当宝宝吸到奶水时，吸吮的动作会变慢，约一秒一次。

有吞咽的表现：你可以看到或听到宝宝的吞咽动作或是声音。你会观察到宝宝有这样的动作循环：嘴巴张大—暂停—再闭起来。

Q 怎样让宝宝吸母乳，有没有需要特别注意的地方？

A 基本上，宝宝的上下嘴唇要翻起来，同时含住乳头与乳晕。若宝宝只吸乳头的话，会造成妈妈的乳头痛、破皮或裂开。喂食过程中不用特别担心宝宝无法正常呼吸，因为鼻子与乳房都是软的，而宝宝如果有任何不舒服的情形的话，也会有反应。建议妈妈躺着喂母奶，这是一个很舒服可以放松的姿势，若半夜喂奶的话，不必再特别起身喂奶。

Q 听说乳头混淆会使宝宝不肯吸妈妈的乳房，什么是乳头混淆，要如何避免？

A 正确的吸奶方式是同时含住乳头与乳晕，如果宝宝曾有吸奶瓶的经验，会以吸奶瓶的方式吸吮乳头，这样会让宝宝喝不到奶水，也会使妈妈的乳头受伤，甚至使宝宝拒绝吸吮妈妈的乳房。因此，要避免这个现象，产后应该马上让宝宝吸吮乳房，熟悉妈妈的乳头，在此之前，不宜让宝宝碰到奶瓶奶嘴，免得宝宝不肯吸吮妈妈的乳房。

Q 喂母乳时，直接让宝宝吸，与挤出奶水来用瓶子喂的差别是什么，哪种比较好？

A 直接喂宝宝时，宝宝与妈妈有直接的身体、温度的接触，有助于建立亲子关系。最重要的是，宝宝通过用力吸妈妈的乳头，对下颚关节的发育有很大的帮助。抱在怀里时，宝宝的视力刚好可以看到妈妈的脸，与妈妈有眼对眼的接触，这对宝宝的心理发展很重要。

因为妈妈跟宝宝讲话、互动的时候，五官会有变化，例如，眼睛、嘴巴会动，其中，新生儿对于黑白的事物（眼睛）会很有兴趣，这些有变化的东西都可以刺激宝宝的心理发育。

Q 听说晚上喂母乳，奶水才不会变少，是真的吗？

A 当婴儿吸吮妈妈的乳房时，会刺激乳头的神经，这些神经会传导信息到大脑，从而制造泌乳激素，并分泌奶水给婴儿。而泌乳激素在夜晚分泌得较旺盛。有关研究指出，凌晨三四点钟可能是分泌的高峰期，因此只要婴儿想吃，妈妈就应该持续在夜晚喂母乳，尤其是婴儿刚出生的两三个月之内，因为这段时期是婴儿与母亲建立稳定的奶水供需关系的关键期。

Q 短乳头或是乳头凹陷的妈妈，应该使用什么工具帮助宝宝吸奶？

A 有几个办法可以改善乳头的伸展性：一是穿戴乳头形成罩，戴在乳头上之后，它会给予乳晕持续的压力，让乳头被推出。如果没有流产经验或迹象，妈妈可以在怀孕中后期的时候就穿戴乳头形成罩，从一天一小时开始，慢慢延长穿戴的时间。

另外，妈妈也可以使用自制针筒拉乳头，方法是，准备一个20毫升的空针筒，将针筒接针头处切开，并将推进器（柱塞）从切开端放入针筒内，放置的方向与平常的放置方向相反，再将针筒的平滑端盖住乳头，并将柱塞拉出产生对乳头的吸出力，乳头会被吸到针筒内。

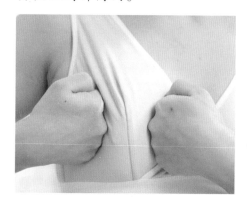

Q 剖宫产妈妈或是产后做了结扎手术可以喂母乳吗，奶量会比自然产少吗？

A 无论是自然产或是剖宫产，都不会影响身体分泌奶水的机制，因此剖宫产妈妈不仅可以喂奶，也不存在奶量比自然产妈妈少的问题。另外，剖宫产使用的麻醉药或是术后止痛药通常很快就代谢掉了，对妈妈泌乳或乳汁的成分不会有影响。同理，生产后做结扎手术的妈妈也可以照常喂母乳。

Q 正在吃药的妈妈可以喂宝宝母乳吗？

A 妈妈服用治疗一般感冒、肠胃炎或是气喘等的药物都不会影响到喂奶，多数的抗生素也不会影响到母乳。除非是服用治疗癌症的化学药物，因为这类药物会影响代谢，或者是妈妈吸毒，否则的话不必担心。若不确定服用的药物是否会影响宝宝的话，可以询问开药医生。

Q 听说喝母乳会引起黄疸，黄疸儿可以继续喝母乳吗？

A 喝母乳可能引起黄疸。若黄疸出现时间在第2～4天，称为"早发性母乳性黄疸"，原因与喂食不足导致排便量减少（随粪便排出的胆红素因而减少）有关，所以需给予足够的喂食。若黄疸在出生后10～14天才出现，则称为"晚发性母乳性黄疸"，可能持续2～3个月才会完全消退，原因和母乳内所含的物质有关。一般而言，母乳性黄疸极少引起严重的病情，不需因怕黄疸而停止哺喂母乳。

当黄疸指数小于15时，仍可放心地哺喂母乳并照光治疗。超过此指数可以持续哺喂母乳，或暂时以母乳加配方奶喂食，或暂时换成配方奶，加上照光治疗。

Q 冷藏或冷冻后的奶水要如何加热使用，有什么禁忌吗？

A 自然分泌出来的母乳温度与体温相近，大约是37℃，因此不必把冷藏或冷冻的奶水加温到过高的温度。冷藏或冷冻奶水（冷冻奶水要记得先解冻）通常可以隔水加热，或放在水龙头下用热水冲就可以。要切记母乳袋不要置于加热水的水面以下，以免奶水被污染。另外，千万不要用微波炉加热，一来会破坏奶水的营养，二来微波炉常有加热不均的现象，有可能会烫伤宝宝。

PART 2

第2个月
女宝宝养育

女宝宝第2个月体格发育指标

项目	年龄组	下限值	上限值
身高	2个月	51.1厘米	64.1厘米
体重	2个月	3.72千克	7.46千克
头围	2个月	约为38.0厘米	
胸围	2个月	约为38.8厘米	
囟门	1～3个月	1.5～2厘米	

第2个月
女宝宝日常保健

纸尿裤使用注意事项 ★★★

1 更换纸尿裤时记得给宝宝皮肤适当的透气时间，等皮肤干爽了再换上新尿裤，这有利于减少尿布疹的发生；一般一个尿裤的使用时间不得超过4小时；新生儿期最好使用布尿布，以便及时更换，还可观察屁屁皮肤情况。

2 纸尿裤的松紧度是否合适。以双手食指刚好放入纸尿裤与宝宝腹部间，测试是否太紧或太松。同一型号的产品不要储存太多。

3 脐带尚未脱落的宝宝，可选择肚脐处有缺口的或有护脐孔的纸尿裤。

4 一旦发现宝宝出现尿布疹、外阴炎、肛周炎、肛瘘等应立即停止纸尿裤的使用。

5 只要发现有大便在尿片上，就应马上更换。

怎样给女宝宝换尿布 ★★★

给新生儿期的女宝宝换尿布时，妈妈会看到偏白色的黏物，这是正常的分泌物，没有必要擦拭。女宝宝1～2个月的时候，可以用纸轴细棉签，蘸点清水，轻轻地卷出白带。大一点了，就在换尿布的时候，先用湿巾轻轻地擦会阴，然后再擦别的地方，不然可能引起小阴唇粘连。而大便后给女宝宝擦拭应该由前往后擦，才不会将便便的细菌带到阴道口及尿道口。

给女宝宝换尿布的具体步骤如下：

1 用纸巾擦去粪便，然后用温水浸湿纱布，擦洗宝宝的小肚子各处，直至脐部。

2 用一块干净纱布擦洗宝宝大腿根部所有皮肤褶皱里面，由上向下、由内向外擦。

3 举起宝宝双腿，并把你的一根手指置于她双踝之间。接下来清洁其外阴，注意要由前往后擦洗，防止肛门内的细菌进入阴道。不要清洁阴道里面。

4 用干净的纱布先清洁宝宝的肛门，然后是屁股及大腿，洗至肛门处。洗完即拿走纸尿布，在其前面用胶纸封好，扔进垃圾箱。再洗干净自己的手。

5 用纸巾擦干宝宝的尿布区，然后让她光着屁股玩一会儿，使她的臀部暴露于空气中。

6 在宝宝的外阴四周及肛门、臀部等处擦上防疹膏。女宝宝一般不建议用爽身粉。

注意保护宝宝的视力 ★★★

要注意保护宝宝的视力。最近，美国有学者对宝宝进行了视力差异试验，发现较强的光线能削弱宝宝的视力。这位学者对宝宝室的两组宝宝用不同的吊灯，一组用60瓦吊灯，另一组用25瓦吊灯。结果发现两组宝宝的眼睛血管有所不同，受强光照射的宝宝视力发生了微妙变化，受弱光照射的宝宝视力明显优于前者。科学家认为，这是由于未成熟血管易受光线影响，其发育和细胞的新陈代谢发生了变化的缘故。

时间	视觉发育
孕期30周	瞳孔已有光觉反应
出生后1个月	眼位稳定，但只能看清楚20～30厘米以内的东西
出生后1～3个月	❶ 视线能够跟随着物体缓慢地移动；❷ 将物体靠近宝宝的脸，宝宝的眼睛将会出现会聚反射；❸ 已能看出厚薄、前后、深浅等视觉上的立体感
出生后2～5个月	❶ 能够固视；❷ 视力约为0.1；❸ 喜欢看亮灯，且有东西靠近时会眨眼；❹ 手眼协调，会试着伸手触碰所见事物
出生后3～7个月	❶ 立体感发育完成；❷ 可正确地控制眼球运作；❸ 可持续性地固视；❹ 看得到远方或是较小的物体；❺ 已有缩瞳反应及眼球内聚现象；❻ 眼睛可看远近调聚（睫状肌调适），黄斑部发育成熟；❼ 宝宝若有斜视现象，约在6个月大时可被发现，妈妈可多加留意，发现异状就尽早治疗，避免影响日后视觉发展
出生后6～8个月	❶ 视线能持续性地跟随物体移动；❷ 视力约为0.1；❸ 已能判断大概的距离位置；❹ 可清楚分辨物体的位置、形状与大小
出生后7个月～2岁	❶ 对比敏感度发育完成；❷ 视神经（髓鞘）发育完成；❸ 视力开始逐渐增加；❹ 视力与捏、抓等精细动作越来越协调；❺ 视线可稳定跟随移动速度快的物体；❻ 已可区分物体的远近，并且可自行拿取或闪避

不要给宝宝剃满月头 ★★★

在有些地区，有宝宝满月时给宝宝剃满月头的习俗，即用剃刀把头发剃光，认为以后头发就会又黑又多，这是没有科学根据的。剃满月头不可能改变头发的数量。

宝宝的头皮相当嫩，用未经消毒的剃刀给宝宝剃满月头时，容易刮伤皮肤，引起细菌感染、发炎化脓。大多数宝宝头上都有一层胎脂，对宝宝头皮有保护作用，随着宝宝的日渐长大，这层胎脂会自动地慢慢脱落，而剃满月头时会把这层胎脂刮掉，使宝宝头皮失去保护，细菌易乘隙而入，容易发生感染，引起宝宝头皮发痒，导致各种皮肤病。

宝宝满月后头发的好坏受很多因素的影响。营养不良小儿的头发干稀易断；佝偻病小儿的头发生长不好，易脱落；有脂溢性皮炎的小儿，头发结有很厚的黄痂，头发也很稀疏。要使小儿头发长得又黑又密，需要合理喂养，及时添加辅食，预防发生佝偻病。

如何预防宝宝猝死 ★★★

这种情况最常发生在未满1岁的宝宝身上，这种情形几乎没有先兆，原因也尚未查明。父母应注意以下几点：

睡姿很重要

研究显示，趴睡的宝宝出现宝宝猝死的概率比较高，采用仰睡或侧睡睡姿后，死亡率降低50%。要知道的一点是，当宝宝侧睡或仰睡时，宝宝的头会变得扁平。假如宝宝无法仰睡的话，就让宝宝侧睡，同时将宝宝的下手臂往前拉，这样可防止宝宝滚成趴睡的姿势。

宝宝床上别堆东西

建议父母在婴儿床上，除了固定的床单和宝宝本身外，不要放任何东西。小床上不要放软垫、玩具、枕头、安抚物品等，另外要确定宝宝的床垫是否坚实平坦。

其他安全建议

◯ 别在宝宝周围吸烟，被动吸烟也会导致宝宝猝死。

◯ 别将宝宝放在柔软的表面上，如沙发、水床、成人床、棉被等。

◯ 亲自哺乳。

◯ 别让屋子或房间过暖。

◯ 假如宝宝和你一起睡的话，让宝宝睡在近旁，但是别太靠近，以减少窒息的可能。

解读女宝宝

俯卧姿势是最接近婴儿在母体内的自然状态，所以对婴儿的神经发育、心理安全感都有好处，也有研究认为俯卧的宝宝更聪明。对于女宝宝来说，俯卧姿势还能改变亚洲人天生的大饼脸。但对于一个月内的新生儿，由于其不会转头，因此不建议俯卧姿势。

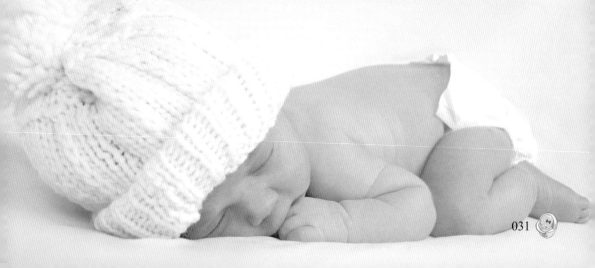

怎样判断宝宝的大便 ★★★

宝宝一天解几次大便才算正常，没有一个绝对的数据。不同体质、不同的饮食种类和不同的排便习惯，使每个人每日的排便次数不相同。宝宝每日大便3～4次或每1～2天一次，均能视为正常。如果宝宝平时每日只排大便一次，当忽然增加到5次以上时，就可能是不正常了，应检查有无疾病。若宝宝平时经常每日排便4～5次，但其他情况良好，体重依然不断增加，就不能认为是大便异常。

大便的性状因喂养方式不同而异，纯母乳喂养的宝宝大便是金黄色的，比较黏稠，软膏状，有酸味，无臭味；配方奶喂养的宝宝的大便是淡黄色的，硬膏状，略带腐败样臭味；既吃母乳又吃配方奶的宝宝，大便是黄色或淡黄色，比单吃配方奶的宝宝大便量多，质软，有臭味。食物中添加了粥与面条等淀粉食品后，大便的量增加，稠度比单纯吃配方奶时稍减，呈轻度暗褐色，臭味增加。

大便颜色也受食物或药物的影响而改变。正常呈黄色，是胆汁中胆红素产生的颜色所致。褐色大便是受吲哚和便中的含铁化合物的影响而造成的。多食糖类食物后，大便多为黄色；多食蛋白质后，大便呈褐色；如服了某些中药，大便颜色也会加深。含叶绿素多的食物及叶绿素制剂、铁剂等，食后可使大便呈绿色或黑色。

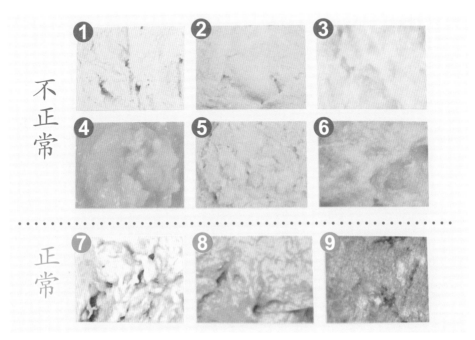

不正常

正常

宝宝为什么手脚抖动 ★★★

婴儿会有手脚不自主抖动的情形，尤其在哭泣或四肢伸直时，这是正常的表现，主要是因为神经系统功能尚未发展成熟，神经对肌肉的支配控制不完全所致。若是常常发生，且呈现一侧规律性的动作，可能是抽筋的现象，建议带宝宝让脑神经科医生评估与检查。

解读女宝宝

冰心曾说过"世界上如果没有女人，那么这世界至少要失去5/10的真、6/10的善、7/10的美"。所以，对于女孩的父母来说，拥有女儿，真是一种天赐的福气和幸运。

新生儿相对来说容易兴奋、容易激动。这些可能是生理现象。比如给孩子刚打开包被的时候，孩子会抖几下，甚至会反复出现，你把她的手扶住或者把手放在小肚子上，安抚一下她，抖动马上就会消失，这是一种正常的新生儿颤抖。

睡眠肌阵挛是由于孩子兴奋性神经的递质高，发育得相对好，抑制性相对差造成的。在睡着以后，大脑皮层兴奋进一步降低，因为高级神经系统对下一级的神经元有抑制的作用，睡着之后抑制作用更加低，这样孩子睡着之后会有快速的小动作，甚至可能会频繁反复地出现。但在醒的状态下从来就没有这样的情况，这叫"睡眠肌阵挛"。一般是良性的，没有太大的问题。极少数的肌阵挛不是睡眠的情况，这种孩子可能需要关注她除了睡觉之外，醒的时候还有没有这样的症状，必要的时候作一些检查。

睡觉时使劲是长个吗 ★★★

有的孩子，睡觉睡不踏实，睡觉老使劲，实际上这种现象不完全属于生理现象，不属于要长个、长身体的现象，这是神经系统发育协调能力差造成的。但是这种现象有轻有重，轻的话可以暂时不管，随着发育会慢慢调整过来。但有非常严重的，孩子几乎睡不了很深，睡眠不好的孩子，发育肯定会受到影响，精神状态也差，吃奶也不好。对这样的孩子要对她进行安抚，更多需要母亲的怀抱，需要包裹得相对紧一些。如果情况非常严重，可以看医生吃药。短期用药对孩子的影响不是太大，比她睡不好觉的结果要好一些。

孩子在两三个月以后，体重增长非常快，尤其是前半年，前半年体重增长迅速。这一段时间由于生长发育迅速，营养需求会比较多，可是相对这一段时间消化功能也容易不好，会造成营养缺乏的疾病，常见的就是佝偻病。佝偻病孩子的表现为惊跳，尤其在睡觉中出现惊跳，然后出汗多，睡得不踏实。如果发现这样的现象，给她补充维生素D和钙以后，症状会很快消失。

睡姿会改变宝宝的头形吗 ★★★

宝宝出生时头骨柔软可塑，而出生后头骨就迅速钙化变硬，以便保护脑部，因此对出生不久的宝宝来说，不同的睡姿确实会改变她的头形。

1岁半前，头部具有可塑性

宝宝刚出生时，头盖骨还没有长到彼此之间相连在一起的位置，不像成人的头骨是互相融合在一起的，在宝宝还没有互相融合的头骨上，前后有两个大开口，也就是头顶前1／3处的"前囟门"，以及头骨后枕部的"后囟门"。前囟门在宝宝1岁半前闭合，后囟门大约在2~6个月之间闭合，因此宝宝的头部约在1岁半前是具有可塑性的。而欧美宝宝因为睡觉时多为趴睡，所以脸形普遍较狭长且后脑较圆；而习惯仰睡的我们，宝宝的脸形则较宽大而后脑扁平。

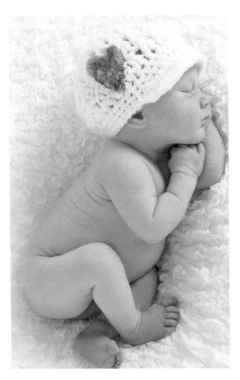

因身体状况，调整宝宝睡姿

在医院里，刚出生的小婴儿若无特殊因素，通常都采用平躺，也就是仰睡。新生儿睡觉时，大都把腿蜷曲着，靠近身体，两手握成拳，摆在头两边，满2个月后，婴儿手脚才会伸开成"大"字形。

不满3个月的宝宝，因为头部发育尚未成熟，为避免呼吸道阻塞，不建议采用趴睡姿势，同时也能预防因疏于注意而造成的新生儿猝死。满3个月以后的宝宝，头颈部大都已发育成熟，也就是会抬头及翻身，此时就可让宝宝趴睡；趴睡时记得要把床铺得硬一点，如果床太软，宝宝的身体会陷下去，由于头还不能灵活运动，就可能跟着陷下去而造成窒息。

此外，常有口鼻分泌物的宝宝，建议采用侧卧的睡姿；若宝宝有消化不良、腹胀等症状，也较适合侧卧。侧卧时要注意让宝宝的头左右侧轮流睡，不然容易使头倾向同一侧；若是有腹痛的症状，趴睡会是较好的姿势，可对腹部施以些许压力，解除部分疼痛。

头部大小出现异常是健康警讯

只要宝宝的头围在正常发展指数内，头形的大小、圆扁并不会影响宝宝的智力与健康。若是脑部异常地大或小，就有可能是婴儿健康的警讯，例如，患有水脑症的孩子，脑部会比一般的宝宝大很多；而头围过小，则有可能是宝宝脑部头骨过早闭合，限制了脑部发育，使得脑容量无法正常地扩张。

有些宝宝因先天性感染、染色体异常、代谢异常或母亲怀孕时服用酒精及极度营养不良等，也会造成脑部发育障碍及心智发育迟缓的现象，这些情况下，从外观看起来头部就会显得比其他小孩小。

解读女宝宝

当女孩刚刚来到这个世界上，母亲和女儿的关系非常和谐，非常亲近，任何东西都没有办法剪断她们之间的这种脐带式关系。由于这样一种特殊的关系，女孩从小就对母亲有种特别的依恋和亲近。无论是妈妈的一言一行，还是一颦一笑都是女孩模仿的对象。

父亲则影响和决定着女儿的做人做事标准，决定着女儿学习和事业方面的能力。女孩能否拥有完满的个性、幸福的婚姻、成功的事业，取决于父亲的教育是否科学。

第2个月
女宝宝的喂养

奶少试试催乳方 ★★★

新妈妈如遇乳汁不足，请奶妈或催乳师负担又太重，那么，还有什么好方法呢？中医和民间历来对于缺乳有许多方法，现介绍如下：

民间最常用的食疗方法是吃猪蹄汤，各地所加的辅料不同，但一般都可促进乳汁分泌。如加入海带、黄豆、花生、核桃、木瓜、章鱼、干黄花菜、黑芝麻等。还可加入中草药，如通草（若2只猪蹄可用通草15克），中药通草不管煮什么汤，都放10克左右即可。还可加入王不留行、穿山甲。

药煎猪蹄

原料：王不留行、漏芦、僵蚕、穿山甲各10克，母丁香6克，天花粉15克，猪蹄1000克。

制作：水煎诸药3次，每次均去渣留汁，用药液煮猪蹄至烂即可。饮汤吃猪蹄，分顿服食。

应用：产后乳汁不下，乳房胀痛，按之有块，触痛。

鲜拌莴苣

原料：莴苣250克，彩椒末10克，食盐、味精、黄酒各适量。

制作：将莴苣洗净，去皮，切片，与彩椒末、食盐、黄酒、味精调拌，分顿佐餐食用。每日一剂。

应用：产后乳汁稀少，尿频。

通草猪肝汤

原料： 黄花菜、花生米各30克，通草6克，猪肝200克。

制作： 将黄花菜、通草加水煮汤，去渣取汁，入花生米、猪肝煲汤。以花生米熟烂为度。吃猪肝、花生米，饮汤，每日一剂，连服3天。

应用： 产后乳汁量少，乳房柔软，食欲缺乏。

除了食疗，还可以用适当的按摩理疗。先用干净的毛巾，蘸些温开水，由乳头中心，往乳晕方向成环形擦拭，两侧轮流热敷，每侧各15分钟。同时配合按摩。一是指压式按摩，俗话说就是挤奶，双手张开，置于乳房两侧，由乳房向乳头挤压。二是感觉奶胀时，用木梳子，将梳子烤热后(以不烫伤皮肤为度)，从乳房外周向乳头方向按摩。按摩可增加乳房血液循环，促进乳腺发育和乳汁分泌。但切忌用力粗暴出现损伤。

有些药物和食物会影响乳汁分泌。如大小麦、韭菜、辣椒、腌制食品等。要少盐，量是平时的一半，少吃寒凉食物，不要油腻太过，多吃易消化的带汤食物。

猪蹄黄豆汤

原料： 猪蹄200克，黄豆60克，黄花菜30克。

制作： 猪蹄1只洗净剁成碎块，与黄豆60克、黄花菜30克共同煮烂，入油、盐等调味，分数次吃完。2～3日一剂，连服3剂。

应用： 产后乳汁稀少，无乳胀，乳房柔软。

归芪鲫鱼汤

原料： 鲫鱼250克，当归10克，黄芪15克。

制作： 将鲫鱼洗净，去内脏和鱼鳞，与当归、黄芪同煮至熟即可。饮汤食鱼，每日服一剂。

应用： 产后气血不足，食欲缺乏，乳汁量少。

每天给宝宝补充多少钙 ★★★

市场上的配方奶粉种类繁多、琳琅满目，但其中含钙量却大相径庭，每100克奶粉中少到300毫克，多达800毫克。如果按照100克奶粉可以冲到800毫升奶液计算，每100毫升的配方奶中含钙量，则波动于

解读女宝宝

女孩的味觉和嗅觉比男孩敏感：女孩有更多的味蕾，更容易受到气味的吸引。

38毫克到100毫克之间。中国营养学会推荐，6个月以下的婴儿每天应该补充300毫克钙，6个月到1岁补充400毫克，1岁到4岁每天补充600毫克。可以根据奶粉包装上所标明100克奶粉（相当于800毫升奶液）究竟含有多少钙，然后按照宝宝每天实际摄入的奶量，算一下能否达到上述标准。如果不足，就应该另外补充钙。母乳喂养的孩子，如果妈妈饮食营养充足，可以不用补钙，但是孩子要多晒太阳。钙制剂的种类很多，每一种钙都有其特性，适用不同人群。比如，碳酸钙含钙高，相应价格低，但溶解度也低，胃酸不足的人及婴儿不宜服用，因为碳酸钙要消耗胃酸才能成为离子钙形式而被吸收，不过成年人及大一些的儿童可以服用；有机酸钙含钙低，但容易溶解，婴儿比较适宜服用。乳钙制剂是液体钙，因而含钙量较低。目前，市面上的乳钙每丸含钙元素约50毫克。由于乳钙味道好，宝宝比较爱吃。

家长需要注意的是，钙是指钙化合物中的那部分钙，它的含量才是真正摄入的钙量。所以，在给宝宝购买钙制剂的时候，不要忽视了产品上的标注，一定要注意看清楚产品包装上写明的是"钙"的含量，还是"钙化合物"的重量，这样才能给宝宝清清楚楚、明明白白地补钙。

给宝宝补钙的同时，一定还要补充维生素D，这样才能起到良好的补钙效果。

常见的各种钙剂的含钙量

钙剂名称	含钙量	钙剂名称	含钙量
碳酸钙	40%	氯化钙	27%
磷酸氢钙	23.3%	枸橼酸钙	21.2%
乳酸钙	13%	葡萄糖酸钙	9%

过敏儿该怎么吃 ★★★

有过敏体质的宝宝，自出生起即应作好饮食保健，以免日后出现过敏疾病。

若诊断出宝宝为过敏体质，6个月以前应注意以下饮食须知：

1 母乳至少喝6个月，而且越久越好。在母乳哺育期间，母亲应避免摄取容易导致过敏的食物（虾蟹类、坚果类等），避免吸入过敏源，远离二手烟。

2 无法哺育母乳时，让宝宝改喝水解蛋白奶粉。水解蛋白奶粉是将牛奶中的蛋白质水解成较小、较不会引发过敏的蛋白质，因此宝宝喝了不易引发过敏。

3 勿轻信偏方。民间有些偏方如花粉、蜂胶、羊奶、草药等，并无医学证实可预防过敏病的发生，有些甚至会诱发过敏，因此不宜服用，年纪较小的婴幼儿更不可尝试。

喂母乳和喂奶粉的宝宝大便不一样 ★★★

喝母乳的宝宝的便便比较黏糊。这是因为新生儿的胰脏功能尚未成熟，对脂肪和淀粉的消化能力较差，胃肠蠕动较快，母乳的成分较容易被消化吸收，所以喝母乳的新生宝宝排便次数会比喝配方奶粉的宝宝来得多。

新生儿的大便通常呈现较稀的黄色酸便，排便次数一天可达5～6次；等宝宝满月后，肠胃功能趋于成熟，解便的次数开始减少，甚至要累积2～3天才排一次便。喝配方奶的宝宝的便便颜色偏黄。配方奶粉的宝宝，排便通常呈糊状或条状软便，大便的颜色偏黄、黄棕色或墨绿色，气味比较臭，大便中的白色颗粒较大（白色颗粒是未消化完全的蛋白质），排便次数一天为2～3次。建议妈妈在更换婴儿配方奶粉后，不仅要以渐进式的调整比例添加新配方奶粉，同时也要记下宝宝排便的状况，当宝宝出现肠胃不适时，能及时提供记录帮助医生了解病情。

第 2 个月
女宝宝的早教

🍼 给2~4个月宝宝选玩具 ★★★

宝宝发育

宝宝虽无法移动身体，但她的眼睛会注意到移动的物体。同时她的视力尚未发展完全，只能看到较近的物体，而颜色对比强烈的物体特别能吸引她的注意。

宝宝的手部只能抓较大的物体，无法使用手指进行较精细的动作。

宝宝喜欢进行重复的动作，像手拉、握或是抓住东西、脚踢物体等，对她来说，这样重复做某些动作就是件好玩的事情。

建议选购玩具

会自行移动且有声光变化的物体：会自行移动、转动的物体，例如悬吊式的玩具能吸引宝宝的目光，若再加上声音或音乐以及色彩的变化，多数的宝宝都会被吸引住。

颜色对比强烈的物体：宝宝对黑白色或是其他对比色强烈的物体非常有兴趣，黑白色的玩具、毛巾、手帕等都可作为玩具。

可以让宝宝抓、握、咬的玩具：宝宝喜欢抓、握东西，而后还会将东西放到嘴巴中咬，这是因为她要利用嘴巴来探索物体。

安全镜子或附有镜子的玩具：宝宝喜欢看人脸，有一说是喜欢看妈妈的脸，因为看到妈妈就知道会有奶水可以喝。当她看到镜中影像时她并不知道那就是自己，但看镜子可以帮助她认识人的脸部轮廓。

任何玩具类型只要改变了材质，对宝宝来说就又是新的玩具，多让宝宝碰触不同材质的玩具或物体可以刺激她的触觉发展。

育儿难题 Q&A

Q 因宝宝黄疸暂停哺喂母乳1~2天，奶水为什么变少？

A 如果妇产科医生建议妈妈暂时停喂母乳，妈妈一定要依照宝宝平常吃奶的频率，继续挤出奶水。

否则，当宝宝的黄疸症状消退后，妈妈的乳头会因为已经有一段时间没有受到吸吮刺激，使得奶量跟着变少。

Q 妈妈躺着喂乳后，也要帮宝宝拍打嗝吗？

A 躺着哺喂母乳对妈妈来说，是最舒适的哺育方法。因为妈妈无须费力去支撑宝宝的重量，自己也可以得到充分的休息。

但是无论你运用哪种哺喂方式，宝宝喝完奶水后，你一定要帮宝宝做拍打嗝的动作，才能减少宝宝溢奶的情形。

Q 为什么妈妈乳头会出现小白点或小水疱？

A 乳头上若出现小水疱或小白点，多半是因为宝宝吸吮的力道太大或是吸吮的时间太长，而造成乳头出现小水疱。如果出现这种状况，并不建议妈妈自己戳破水疱，因为器具若未经完整彻底的消毒，反而容易造成细菌感染，建议交由专业护理人员处理会较妥当。

Q 为什么宝宝一到晚上就大哭不停？

A 初生婴儿刚离开母体温暖舒适的子宫，要适应外界独立生活，常会有些暂时性的不适应，因而容易在晚上啼哭，大部分宝宝再长大一些后，夜晚啼哭的状况便会逐渐改善。不过，宝宝啼哭，也是婴幼儿正常运动之一，哭泣本身并不会对宝宝的健康造成任何后遗症或不良影响，家长反而得注意宝宝哭泣的原因，是否是因为身体不适而发出的警讯。

Q 宝宝正常排便习惯的改变代表什么？

A 宝宝正常的排便习惯如果发生改变，可能是有问题的先兆。假如妈妈有疑虑的话，就带宝宝去找医生诊断。假如宝宝连着两次以上排便比正常情况稀湿，或是注意到粪便中有血的话，就要尽快去医院就医。

Q 如何判断宝宝想睡觉了？

A 当宝宝想睡觉时，你会发现宝宝的手会开始揉眼睛，身体也会扭来扭去。不过，当宝宝开始想睡觉，却无法静下来睡觉的时候（譬如正在帮宝宝拍照、带宝宝出去玩时），宝宝便会开始哭闹，当你抱着宝宝时，也会感觉宝宝的头一直想往自己的怀里钻，或是宝宝会不断做出往后仰的动作，这就表示你该让宝宝好好休息了。

Q 如何观察宝宝因为肚子饿而哭泣？

A 如果宝宝在啼哭之余，还会主动将头转向母亲的胸怀寻找乳头，或是头部转来转去似乎在寻找什么东西似的，甚至妈妈用手指接近宝宝的嘴巴附近，宝宝会不由自主地伸出舌头做出吸吮的动作，那么这就表示，宝宝肚子饿了。

Q 如何观察宝宝的哭泣代表想撒娇的意思？

A 如果你发现宝宝哭泣时，只要是大人一接近，宝宝就停止哭泣，大人一走远，宝宝马上又开始大哭的情形，就代表宝宝只是想跟你撒娇了。

这种情形大多发生在宝宝想念妈妈的时候，譬如妈妈是上班族或是妈妈离开宝宝的时间变长了，这些都会让宝宝感到紧张，甚至会以哭声来找寻妈妈。

Q 如何判断宝宝生气了？

A 假使宝宝的哭声尖锐、脸部涨红，并出现握拳、蹬腿等肢体动作，那么就表示宝宝正在生气。

对于还不会说话的宝宝，哭泣是她唯一表达情绪的方法，但是生气时的哭声是非常洪亮且尖锐的，而且还会伴随比较大动作的肢体语言，与平时哭两声就停下来的感觉比较不同。

Q 我女儿出生已39天，发现其耳朵背面长有细毛（长约0.7厘米），请问是否为正常现象？年龄较大后是否会自然脱落？如无脱落，有何方式可除毛？

A 小婴儿（尤其是早产儿）在出生后，经常会在耳朵背面、肩部及背部发现有一些棕色细毛，称为胎毛，一般在出生后1～2个月会消失，并不需要特别处理，唯应注意若是在臀部尾骨上方下有一丛毛发时，或同时有痣存在，须请小儿专科医生诊察。

Q 自从将宝宝从医院抱回来后，发现她眼睛四周常会有或多或少的眼屎，是否正常？该如何处理呢？还有，宝宝在睡觉时，有时呼吸声非常大且急促，是不是宝宝的身体不舒服？

A 新生儿的眼屎较多最常见的原因是先天性鼻泪管阻塞。这是因为新生儿的鼻泪管发育未成熟，导致鼻泪管不通，眼泪无法顺利经由鼻泪管排入鼻腔中，所以患儿眼睛看起来会水汪汪的，眼屎的分泌也会增加，有时会并发细菌性的感染。先天性鼻泪管阻塞多半会自己痊愈，不过，溢泪及眼屎增加的症状也可能是其他一些较严重的疾病所造成的，如倒睫毛、先天性青光眼、先天性结膜炎。所以，还是应该找医生诊察，加以鉴别诊断。

若只是单纯的先天性鼻泪管阻塞，医生会指导家长帮新生儿作鼻泪管按摩，促进鼻泪管的通畅，必要时配合抗生素眼药膏的使用，以治疗或预防细菌感染的发生。若到6个月大以上还不通的话，可能会考虑小手术治疗。

新生儿在睡觉或躺卧时呼吸声会比较大，一般是正常的现象，新生儿的鼻梁较塌，鼻腔较小，所以较容易鼻塞，导致呼吸声较大。只要小儿的睡眠安稳、食欲正常、活力不错，就没有大碍，通常大一点就会改善。

Q 宝宝于35周又4天出生，是否为早产儿？观察宝宝的发展需扣掉一个月吗？因为有医生说婴儿如已超过35周出生，脑神经发育和足月宝宝是一样的，但另一个医生却有相反的说法，请问到底何者正确？

A 在怀孕37周前出生的婴儿，都属于早产儿，但由于每位宝宝的成长发育过程虽循一定的模式，但发展时间的差异可以达到前后1个月左右，所以对于超过35周出生的宝宝，因为已经接近足月生产，如果生产顺利，宝宝的体重、成熟度够且无特殊医疗问题的话，不一定需要用矫正年龄（由预产期当天开始算的年龄）来评估发展。但是如果出生时即有体重不足或重大医疗问题时，这时候的发展评估，可能就要由新生儿科医生专业判断了。但无论如何，如果在宝宝生长过程中有什么问题，都希望爸妈能在平时就记录在宝宝手册上，健康检查时能跟医生详尽讨论。

Q 我听说有些家长会在宝宝两三个月时就给予果汁，但辅食不是应该在宝宝四个月以后才给吗？否则不是会增加宝宝肾脏的负担吗？

A 宝宝的肾脏确实在六个月左右发育才会完全，但是经过适当方式处理的果汁、蔬菜汁，即便是在宝宝两三个月之后就少量给予，也不会增加宝宝肾脏的负担。但要避免处理不当而导致宝宝肠胃不适。原则上，爸妈只要在4～6个月这段时间开始给予辅食就可以了。提前喂宝宝辅食没有什么益处。

Q 长辈说宝宝要趴睡，头形才会漂亮，可是趴睡好像与婴儿猝死有关，应该让她趴睡吗？

A 婴儿猝死的原因目前仍旧不明，不过，目前认为婴儿趴睡与猝死率有关，这是因为过去习惯让婴儿趴睡的欧美国家，特别是英国与新西兰，婴儿猝死的概率较亚洲国家高，而亚洲国家通常让婴儿仰睡。在欧美国家减少婴儿趴睡的情形之后，猝死率也下降了不少。如果想让宝宝趴睡，为了安全起见，一定要有大人在旁。夜晚睡眠时间较长，而大人也已入睡，最好能使宝宝采取平躺的睡姿。

有些人会因为要让宝宝的头形漂亮而让宝宝趴睡，如果真的很在乎宝宝的头形，除了趴睡之外，侧睡也是不错的姿势，不过宝宝侧睡与趴睡都需要有大人在旁边看顾，以防意外发生。

Q 为什么我家宝宝生下来头发那么少？

A 宝宝在妈妈肚子中长到15～16周就会开始长毛发，这种在肚子中长的毛发称为胎毛。初生宝宝的发量，有多有少不需介意。胎毛的多寡和先天的遗传关系最密切，有的宝宝一生出来发量多，有的却很少，这都是正常的。宝宝在妈妈肚子中已经被保护得很好，头发的保护作用不大，因此其必要性也不高，更何况宝宝器官成长所需的养分量很大，并没有太多的养分分给毛发，所以就算宝宝一出生发量稀少，家长也不需过于介意。

头发的发量受到人体激素的影响，所以宝宝刚出生的发量并不能作为长大后发量的参考，人的发量要到青春期之后才能确定，青春期激素的变化会影响发量的多寡；之后到年纪渐大时，激素分泌又会发生变化，有些人就会因此发量变少。

PART 3

第3个月
女宝宝养育

女宝宝第3个月体格发育指标

项目	年龄组	下限值	上限值
身高	3个月	54.2厘米	67.0厘米
体重	3个月	4.40千克	8.71千克
头围	3个月	约为39.5厘米	
胸围	3个月	约为40.8厘米	
囟门	1~3个月	1.5~2厘米	

第3个月
女宝宝日常保健

给宝宝作空气浴和日光浴 ★★★

室外空气相比之下比室内空气新鲜，含氧量高，宝宝常到室外接受新鲜空气，进行空气浴，不仅能使宝宝的皮肤得到锻炼，而且可以增强抵抗力，减少和防止呼吸道疾病的发生，有利健康。

宝宝出生后2～3周，就要让其逐步与外界空气接触。夏天要尽量把窗户和门打开，让外面的新鲜空气在室内自由流通。春、秋季，只要外面的气温在18℃以上，风又不大时，就可以打开窗户。冬天在温暖的时刻，也可每隔一小时打开一次窗户，每次5～8分钟，以流通空气，让宝宝呼吸到新鲜空气，有利于宝宝生长发育。

宝宝在逐渐适应室外空气后，从第3个月起可以作日光浴。

日光浴有促进血液循环、强壮骨骼和牙齿生长的功效，并能增加食欲，帮助睡眠。

作日光浴须循序渐进，刚开始时可选在中午阳光照射充足的房间，打开窗户晒太阳（隔着玻璃的日光浴达不到效果），每天一次，每次晒4～5分钟，持续2～3天。适应后，再让宝宝到户外作全身的日光浴，时间最长不超过30分钟。最好每天晒晒太阳，对宝宝更有好处。作完日光浴后，要给宝宝喂些水或果汁。

日光浴时要注意的事项：

1 不要让宝宝的头部特别是眼睛晒到太阳，注意把头部置于阴凉处或者让宝宝戴上帽子。

2 只可以在宝宝身体状况良好的时候作日光浴，在宝宝身体状况不佳时，不要勉强。

3 作日光浴时要避免阳光直射。

解读女宝宝

在女孩的成长过程中，父亲必须在女儿需要的时候及时出现，关于女孩成长中的一切，父亲应积极参与，并进行适当帮助。只有这样，女儿才能从父亲那里得到健康成长所需的养分。

给宝宝测量胸围和头围 ★★★

胸围是沿乳头下缘绕胸一周的长度。测量时，应取呼气与吸气时的平均数记录。

胸围反映了胸廓、胸背肌肉、皮下脂肪及肺的发育程度，营养差者胸围较小，显著的胸廓畸形见于佝偻病、肺气肿和心脏病。所以，定期为婴幼儿测量胸围，是保持健康、预防疾病的措施之一。

测量胸围时，3岁以下的小儿宜取卧位，3岁以上的小儿宜取立位；两手自然平放或下垂，将软尺0点固定于乳头下缘，拉软尺接触皮肤，经两肩胛骨下缘回至0点，取平静呼、吸气中间读数，或呼、吸气时平均数。

新生儿出生时胸围比头围小1～2厘米，平均为32.4厘米；1岁时胸围与头围大致相等；1岁后胸围超过头围。

测量头围时，先寻找宝宝两条眉毛的眉弓（眉弓就是眉毛的最高点），将软尺沿眉毛水平绕向宝宝的头后；寻找宝宝脑后枕骨结节，并找到结节的中点，再将软尺绕回重叠交叉，交叉处的数字即为宝宝头围。

注意软尺不能过松或过紧，否则测出的数据也不会准确。

观察头、胸围交叉时间亦可作为衡量发育是否正常的一项指标。一般说来，若头、胸围交叉时间延至2岁以后，表示胸围发育落后。

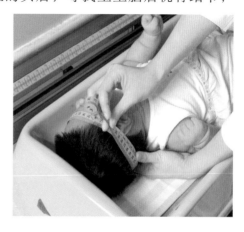

如何给宝宝测量身长 ★★★

身长——指从头顶至足底的垂直长度，它是反映骨骼发育的一个重要指标。身长又称身高。其增长规律和体重一样，年龄越小增长越快。出生时平均为50厘米，生后前半年每月平均长2.5厘米，后半年每月平均长1.5厘米；1周岁时达75厘米；2周岁时达85厘米；2岁以后平均每年长5厘米。所以，2岁以后的小儿身长可按"年龄×5+75"计算。注意12岁以后不能按上述公式计算身长。

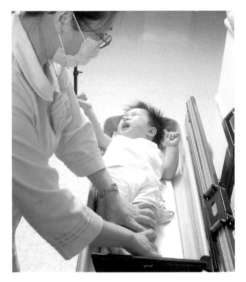

身长包括头部、脊柱、下肢的长度。这三个部分的发育进度并不相同，一般头部较早，下肢发育较晚。因此，医学上有时须分别测量上部量（从头顶到耻骨联合上缘）及下部量（从耻骨联合上缘至足底），以检查其比例关系。

影响身长的内外因素很多，如遗传、种族、内分泌、营养、运动和疾病等。身长显著异常者大都由于先天性骨骼发育异常或内分泌疾病所致。一般低于正常30%以上为异常，宝宝可能患有佝偻病、营养不良、软骨发育不全、克汀病、糖尿病等。

学会使用宝宝生长曲线图 ★★★

生命初期宝宝的体重、身高、头围等的观察记录是不容忽视的健康指标。家长想要了解宝宝的生长发育是否正常，了解宝宝和妈妈的膳食营养情况，不妨学会使用"儿童生长曲线"。在各大医院的儿童保健门诊，都有适用于0～5岁宝宝生长发育评价的分析图表，主要用于儿童生长发育评价。爸爸妈妈要学会自己看宝宝的生长曲线图，对宝宝的生长发育做到心中有数。

儿童曲线图上有女孩身高、体重与头围的生长指标百分位图，每张图上均有5条曲线，由上而下分别代表同年龄层之第97、85、50、15、3百分位。2岁之前是测量宝宝躺下时的身长，2岁以后（含2岁）是测量宝宝站立时的身高。使用方法如下：

步骤一：先找到横坐标所标示的年龄（足月／年）。例如：目前6个月大的宝宝就选择横向坐标写着"6个月"的位置。

步骤二：找到纵坐标所标示的身长（厘米）、体重（千克）、头围（厘米）数值。例如：身长68厘米，就去找位于65～70的范围，找到68的位置（体重和头围也是用相同方式）。

步骤三：依据两条线的交叉点，就可比对到宝宝在同年龄层中所占的百分位。例如：交叉点落在第85百分位，这表示在100个6个月大的宝宝中，身长超越85人，以比例来说算排名靠前。

生长指标落在第97及第3百分位两线之间均属正常，若超过第97百分位和低于第3百分位就要多加注意观察。生长曲线是连续性的，需要观察一段时间，可以3个月为一个阶段。宝宝的每个不同阶段落点可连成线，这条线应该要依循生长曲线的走势。若是发现生长曲线在短时间内偏离超过两条曲线（高于或低于两个曲线间）的情况，就需请医师评估检查。

足月新生儿的体重2500～4000克。宝宝从出生后第2个月开始，体重每日会增加35克左右，第4个月时的体重会增加到出生时的2倍，第6个月之后体重每日增加10～15克，宝宝到了1岁时，体重约是出生时的3倍。排除先天性或疾病问题，假如体重未达标准，要注意是否摄取了足够营养。

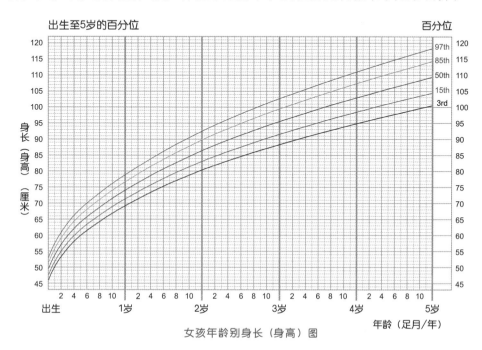

女孩年龄别身长（身高）图

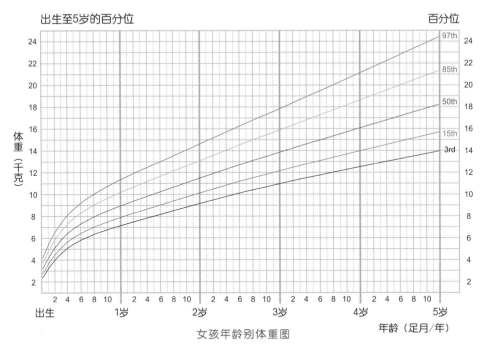

女孩年龄别体重图

新生儿的头围32～37厘米，6个月39～45厘米，1岁42～48厘米。头围主要是神经的发展，假如头围过大，可能是颅内出血或脑积水等特殊性疾病感染；头围过小，可能是遗传、营养或感染等问题。除了注意头围大小问题，另外也要观察前囟门和后囟门有没有依正常时间关闭。通常后囟门在宝宝2～6个月会闭合，前囟门则为宝宝12～18个月闭合。假如头围正常发展，囟门较早闭合，不必过于担忧。但若是头围较小，囟门也较早关闭，则要注意是否有发育不全、甲状腺、内分泌等功能问题。

早期发现宝宝听力障碍 ★★★

大脑听觉中枢是在出生后，不断受环境的声音刺激，才得以发育完成。3岁以后人脑的可塑性逐渐变差，大脑中原先被设计用于听力、语言的细胞逐渐转变成其他用途，故此时要再让它恢复原有的听语功能，就相当困难。而这3年当中，又以前6个月的听力对听语的正常发展最为重要。

据统计，每1000名新生儿中，就有2～3名有双耳听力上的问题。由于听力问题较不易由外观上发觉，往往轻、中度听损的婴儿会错过0～6个月大的黄金疗育期。对于重度听损儿童诊断出的年龄平均为1.5岁，中重度听损为3.5～4岁，然而，孩童发展语言的黄金时期是0～6岁。

可惜的是，多数家长没有警觉到宝宝听力有问题，因而错过早期治疗黄金时段。虽然双侧轻、中、重度听损发生率大约是2‰～3‰，但90%以上仍具有可利用的存余听力，多数借由佩戴助听器或少数需要植入人工电子耳，只要善加利用所扩增的存余听力，孩子仍有机会能学会开口说话。

简易居家听力语言行为评量表

出生～2个月大	*巨大声响（如用力关门声、拍手声）会使孩子有惊吓反应 *孩子浅睡时会被大的说话声或噪声干扰而扭动身体
3～6个月大	*当你对着孩子说话时，她会偶尔发出咿咿呀呀的声音或是有眼神的接触 *会对一些环境中的声音表现出兴趣（如电铃声、狗叫声、电视声等）
7～12个月大	*开始牙牙学语，并自得其乐 *喜欢玩会发出声音的玩具
1～2岁大	*当你从背后叫她，她会转向你或者有咿咿呀呀的声音 *可以说简单的单字（如爸爸、妈妈） *2岁左右时能够重复你所说的话、词组（如不要、没有了）或是短句子（如爸爸去上班）
宝宝有下列的状况，需要作听力检查	*说话比同年龄的孩子不清楚 *无法像同年龄的孩子一样与人沟通 *常要求别人重复述说 *在家或在学校似乎都不专心 *在看电视或听音乐时，音量设定得比其他人大声 *有多次中耳感染

注：以上评量表仅供家长参考，不能取代专业的听力检查，若怀疑孩子的听力或说话有问题，请带孩子作进一步的专业听力检查。

根据研究统计，妈妈直觉观察宝宝听障之正确率高达94%。对于有怀疑的病例，便须作进一步检查。

专家主张

哪些宝宝应主动接受听力筛检？

❶ 有听障家族史；❷ 婴儿出生时伴随先天性的感染（如弓形虫症、德国麻疹、水痘、梅毒等）；❸ 出生时有严重呼吸困难；❹ 出生体重小于1500克；❺ 曾有急需输血的黄疸现象；❻ 曾经严重缺氧；❼ 曾罹患细菌性脑膜炎；❽ 需机械性辅助呼吸5天或以上者；❾ 头颈部有先天性畸形的新生儿。

帮助宝宝学翻身 ★★★

第一步：从仰躺到侧卧

先将宝宝仰面放在床上，从后轻轻地把右腿放在左腿上面，使宝宝的腰自然扭过去，肩也会转一周，多次练习后宝宝便能学会翻身。

让宝宝侧身躺在床上，逗引宝宝，她会顺势将身体转成仰卧姿势。

第二步：从侧卧到俯卧/仰卧

同样从宝宝的身后，扶住宝宝的肩膀和大腿，帮宝宝翻转身体。翻身后可能会出现其中一只手臂压在胸下动弹不得的情形，要帮宝宝挪好手臂的位置，以后再慢慢训练她自己把手臂抽出来。

一旦宝宝学会了翻身，就会喜欢翻过来翻过去这种运动。这时要谨防宝宝从床上翻落下来。

由于个体差异，宝宝学习翻身会有早有晚，如果到了半岁，宝宝仍然不会翻身，妈妈就应该引起重视了，看看是不是以下因素阻碍了宝宝学会翻身。

体重超标。宝宝如果长成了大胖子，可能就懒得动弹了。

体弱缺钙。肌肉和骨骼是动力的源泉。如果肌肉无力，骨骼缺钙，宝宝就会觉得运动困难了。父母要留心观察宝宝是不是营养不良，及时调整饮食。

衣服束缚。宝宝穿多了，自然想动也动不了。所以如果宝宝在冬天学习翻身，妈妈要尽量保持室内温度，减少衣服对运动的阻力。

宝宝有趣的翻身姿势

第3个月
女宝宝的喂养

怎样提高母乳质量 ★★★

宝宝在这一时期里生长发育是很迅速的，食量增加。当然每个宝宝因胃口、体重等差异，食量也有很大差别。做父母的，不但要注意到奶量多少，而且还要注意奶的质量高低。母乳喂养要注意提高奶的质量，有的母亲只注意在月子中吃得好，忽略哺乳期的饮食或因减肥而节食，这是错误的。宝宝要吃妈妈的奶，妈妈就必须保证营养的摄入量，否则，奶中营养不丰富，会直接影响到宝宝的生长发育。3个月是宝宝脑细胞发育的第二个高峰期（第一个高峰期在胎儿期第10～18周），也是身体各个方面发育生长的高峰，营养关系到今后的智力和身体发育，因此一定要提高母乳的质量。

宝宝是否可以夜里不吃奶 ★★★

大概需要到4个月大之后，宝宝夜晚喝奶的次数才会逐渐变少，可能从一晚喝4次奶变成喝1～2次。倘若妈妈想要改变宝宝喝夜奶的习惯，譬如宝宝的睡眠时间是晚上11点，且喝过一次奶，那么下一次喝奶的时间可能是次日凌晨1～2点，这时候，妈妈喂奶之余，可以让宝宝再喝一点水，然后逐渐增加喝水的量，并逐渐减少喝奶的量。如此一来，宝宝便不会习惯晚上喝奶了。

第3个月
女宝宝的早教

如何增进宝宝触觉发展 ★★★

宝宝刚出生时，嘴巴、手心、脚底都是触觉比较敏感的部位；到3个月大时，宝宝便开始触摸伸手可及的物品，对任何抓得到的物品都感到相当好奇；6个月大左右，宝宝已经能做出抓、握、拍、拿的动作了，也能分辨出不同形状的玩具；当宝宝9个月大以后，对于周遭的一切更是感到兴致勃勃。

生活在都市中的宝宝们，因受到空间环境的限制，活动空间仅限于居住的房屋内，加上现今父母过于保护孩子的心态，宝宝很少有机会能接触到婴儿床外的世界。

那么，在有限的生活空间内，如何创造让宝宝增加触觉刺激的机会呢？

建议家长多让宝宝尝试碰触不同的东西，当宝宝的手开始学习抓取物品的时候，家长便可以试着让宝宝去摸摸软软的布偶，或是大小不同的圆球、各种形状的积木、柔细的棉布和略为粗糙的布面；等宝

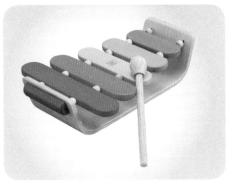

宝的手部抓取能力更强之后，便能开始让宝宝尝试抓取不同形状的物品，训练宝宝的手部肌肉。当然，你也能利用市面上各式各样的游戏书（布书），来帮助宝宝认识这个崭新的世界。

当宝宝开始学习爬行后，宝宝探索世界的行为更是大为展开，此时宝宝对于任何物品都充满着好奇，看到任何新奇的玩意儿，都会想爬过去瞧瞧，活动力相当惊人。这时候，建议家长在家中可以利用巧拼垫或是地毯、棉被，让宝宝在不同的表面上爬爬看，也能带给宝宝不同的刺激，增进宝宝的触觉发展。

等宝宝开始学步后，探索的世界就更为广泛了。这时候，无论是地上的泥土、落下的树叶、盛开的花朵等，都能让宝宝感到相当新奇好玩，而这时候若能让宝宝多接触大自然，对宝宝的触觉发展是相当有帮助的。

不过，需提醒父母的是，在宝宝尽情探索的时候，一定要有人在一旁注意小宝宝的安全，将太过尖锐的物品事先收好，才不会让小宝宝受伤。

怎样促进宝宝听觉发展 ★★★

听觉是人类最原始的感官知觉之一，宝宝一出生便有一定程度的听觉能力，包括会对声音有反应、会试着寻找声源等。科学研究显示，宝宝的听觉在胎儿约5个月时开始发育，而此时胎儿最常听见的声音是妈妈的心跳声。

哪些声音能安抚宝宝的情绪

与母亲心跳频率相近、持续、轻柔的声音，都能让宝宝有安全感。小宝宝在妈妈子宫中时，最常听到的就是妈妈的心跳声，所以当宝宝情绪不稳的时候，只要妈妈将宝宝抱进怀里，宝宝就会立刻安静下来了。此外，挂在婴儿床上的音乐铃，铃声频率相似、节奏缓慢、一直重复播放，也能帮助宝宝安定情绪。

该用什么声音和宝宝说话呢

宝宝和大人一样，都不喜欢刺耳嘈杂的尖锐声音，加上宝宝的耳内鼓膜还很脆弱，无法负荷太过嘈杂的声音，因此，和宝宝说话时，最好能像妈妈和宝宝说话时的轻柔语调一样，慢慢地以柔和的语气和她们说话。

大自然的声音，对宝宝听觉感官刺激有帮助吗

宝宝喜好规律、轻柔、低频的音调，而大自然中包含了虫鸣鸟叫、山川溪流的声音，对宝宝来说，这些声音都是非连续性的声音，因此，对于刺激宝宝的听觉发展帮助并不大。

多听声音，可以说得更好

家长诱导宝宝学说话的过程中，常常会对宝宝说，妈妈、妈妈或是爸爸、爸爸，就是希望通过这些重复性的音律，帮助宝宝将这些音记下来。因此，重点是通过不断重复的听力练习，帮助宝宝学语。

> **解读女宝宝**
> 研究证明，女孩的视觉更好，在黑暗中女孩看得要比男孩更清楚。这也是因为男女的大脑构造不同产生的。

如何提供视觉感官的刺激 ★★★

妈妈爸爸蹲下来，和宝宝保持同水平

对宝宝来说，爸爸和妈妈的身高可能是非常巨大的，但是大人往往容易忽略这点，因此经常都是脸朝下地对躺在婴儿床中的宝宝说话。建议家长不妨试着让自己蹲下来，让自己的视线和宝宝平行。如此一来，您便会了解，从这个高度所看出去的世界，和大人高高在上时的世界是那么的不同，也能更加体会宝宝看出去的世界。

宝宝开始只能辨别黑白

刚出生的宝宝的视力几乎只看得到黑白两色，而随着视觉发展，宝宝对物体的辨视程度加深，会开始快速移动视线去注意每一个部分。当宝宝四五个月大时，因椎体细胞成熟，能够辨视简单的颜色，以红、蓝、黄三原色为主。因此，这时候家长不妨让宝宝多看一些各种原色的图形或色彩鲜艳的玩具，帮助刺激宝宝的视觉感官。

让宝宝练习凝视及拿东西

宝宝再大一些之后，家长可以先在地上到处放置彩色圆球，让宝宝练习把圆球捡回来。刚开始，宝宝只能看一个捡一个，但等到学会作笼统的观察时，就可以依颜色或形状来辨别大致的位置，并从远到近一个个地捡回来。宝宝一岁之后，家长就可以进一步训练宝宝把纸屑拿去垃圾桶、把糖果饼干拿给姐姐等移动式的动作，每天至少2～3次，教宝宝到达指定的地点，去做某事，也能增进宝宝的五感刺激。

让宝宝练习用双眼看会动的东西

家长可以准备各种小玩偶或是玩具，在宝宝的视线范围内，不断地移动小玩偶，并吸引宝宝注意，家长也能以声音诱导宝宝看移动中的玩具，让宝宝练习用双眼看会动的东西。

育儿难题 Q&A

Q 我是爱漂亮的妈妈，坐完月子后，何时才能吃减肥药呢？

A 坐完月子后，若仍在哺喂母乳，则减肥药等仍需避免。且在喂食母乳期间，母亲的营养需求仍很高，不应刻意减肥造成营养不良而影响母乳喂食的质量。若是想靠减肥药减肥，需看内分泌科门诊，由内分泌科医生决定。

Q 我是喂母乳的妈妈，夏天到了，很容易流汗，可以使用腋下止汗剂或体香剂吗？这些东西会影响我的母乳品质吗？

A 一般来说，止汗剂或体香剂的使用并不会影响母奶的质量，但因为位置太靠近乳房，因此不能不注意卫生问题，建议每次喂奶前仍要清洗乳头及周围皮肤，以避免婴儿误食。

Q 我家宝宝快满3个月了，她习惯仰睡，头已经睡得有点扁扁的了，该如何让宝宝头形睡得漂亮一点呢？另外，我姐姐的小孩6个月，她经常趴着睡，结果脸有点歪、不对称，该如何让宝宝的脸形恢复对称形状呢？

A 宝宝在前4个月大时，可塑性强。头形哪一种算是漂亮是因人而异的，有人喜欢扁的，有人喜欢圆的，不同的睡姿会产生不一样的脸形。4～6个月前的宝宝不会翻身，还能任人摆布，过了这段时间也只能顺其自然了。最重要的是不要老是摆同一个方向，而造成头形不对称、脸大小边，可以利用布卷或枕头当依靠，让宝宝左右平均睡，以维持头形及脸形的对称。

Q 为什么要给宝宝穿纱布内衣？

A 纱布内衣的透气性高，可以帮助宝宝排汗，保持肌肤干爽。宝宝的汗腺较为发达，加上体温比成人高，因此很容易就会玩得满身大汗。这时候如果宝宝没有穿纱布内衣，汗水浸湿外衣，加上风一吹，很容易就会带走皮肤表层的温度，让宝宝开始打喷嚏。

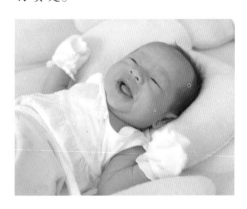

Q 早产儿多大后可以参照正常婴幼儿的标准?

A 早产儿通常以矫正月龄为成长曲线的参考依据,但过了2岁以后,就可以依照正常小孩的曲线来衡量。

Q 体重的生长曲线呈现什么走向,父母就该注意?

A 新生儿出生体重以3500克为标准,只要曲线落在正常范围(第10~90个百分位)内,且一直都沿着曲线往上走,就是标准的。但若在没有任何特殊状况(如感冒、厌奶期),掉下一格还能接受,超过两格标准差就是有明显意义的异常。持续维持高或低的曲线都是能接受的范围,但如果在一两个月内突然掉了两格,也就是上下差了30~50个百分位时,就有其特殊的意义,可能有厌食严重、某方面的疾病、营养素不足等问题,必须关注。

Q 各国生长曲线标准都一样吗?

A 各国的生长曲线标准不尽相同,略有差异。

Q 我的宝宝3个月,宝宝预防接种是全国统一的吗?

A 接种种类全国统一。卫生计生委规定:各级卫生行政部门应对接种单位和接种人员的资质进行认证,严格按卫生计生委《预防接种工作规范》规定,规范预防接种服务,任何单位和个人不得擅自进行群体性预防接种。

Q 宝宝3个月,周围有些妈妈说宝宝接种疫苗后,不能吃鸡蛋、鱼等食物,生怕这些食物会使接种部位“发”起来,宝宝因此发烧而使抵抗力降低,这样做对吗?

A 其实这样做是走进了一个误区,因为接种后获得的免疫作用常常体现在所产生的抗体质量上,如果多吃蛋白质含量丰富的食物,身体吸收后就会使制造抗体的原料增多,恰恰能促进免疫力的增强。

PART 4

第4个月
女宝宝养育

女宝宝第4个月体格发育指标

项目	年龄组	下限值	上限值
身高	4个月	56.7厘米	70.0厘米
体重	4个月	4.93千克	9.66千克
头围	4个月	约为40.7厘米	
胸围	4个月	约为41.3厘米	
囟门	4个月以后	逐渐骨化而变小	

第4个月
女宝宝日常保健

给宝宝选择合适的枕头 ★★★

3个月以前的宝宝颈部较短，一般不适宜使用枕头。而4个月以后的宝宝发育正常的话，头部活动已经很灵活，颈部增长，肩部增宽，已出现第一个脊柱生理弯曲，这时可以给宝宝睡枕头了。

父母给宝宝选择合适的枕头非常重要，需要从高度、厚度、内部、外部、材料、软硬度等各方面综合考虑。父母为宝宝挑选枕头时，可以参照以下标准选择：

厚度：3厘米左右为宜，以后随着宝宝长大，可适当提高。

长度：30厘米左右为宜，宝宝枕头长度与其肩宽相等为最佳。

宽度：15厘米左右为宜，宽度要比头稍长一点儿。

枕套：最好是棉布，因为其柔软，透气好；不要使用化纤布，这种布透气性能很差，夏天宝宝出汗时容易引起头部痱子、疖肿等皮肤病。

枕芯：应保持一定的松软度，可选用荞麦皮或者木棉做的。不宜太硬（如填充大米、绿豆），这样容易使宝宝颅骨变形，并且容易擦伤皮肤或引起头的枕部脱发；也不能太软，这样容易使宝宝的头陷下去，不利于宝宝血液流动，有时还有可能堵住宝宝的口鼻而发生意外窒息。

女孩头发稀疏怎么办 ★★★

即便在宝宝出生的时候头发就很稀少，家长也不必过度担心。

头发对女孩子而言，就如同面貌一样重要，所以头发比较稀少，一定会让父母相当担心。然而头发的量其实是因人而异的。一般来说男孩的头发就会长得比较缓慢一些，女孩则快一些。

女孩子头发少不用担心，孩子越长越大，头发也越长越多，2岁以后，她的发量和其他孩子比较，不会出现太悬殊的现象。所以，即使是在孩子年幼的时候，发量比较稀少，家长们也不需要太过于担心。

宝宝洗澡注意事项 ★★★

1 清洁次数。清洁次数必须视宝宝的汗水多少和活动状况而定。夏天，宝宝通常汗流得较多，可以天天洗澡，有时候甚至需要一天洗两次。冬天，宝宝的皮肤比较干燥，汗流得也相对较少，可为宝宝清洗流汗或有脏污的部位，并不一定要天天洗澡，只要宝宝的身体不脏，甚至可以三天洗一次澡。不过宝宝的皮肤褶皱处，如手臂、腿部内侧、生殖器官（腹股沟、外阴部）以及其他有褶皱的地方，一定要用清水冲洗或是以湿布擦拭干净。

2 清洁方式。无论是夏天或冬天，洗澡水的温度不要太高，因为太热的水容易将宝宝皮肤上的保护膜洗掉。在门诊中常接触到洗澡过度而使皮肤异常干燥的宝宝。其实宝宝的皮肤并不脏，只要使用清水，或是再加上一点清洁用品就可以了。

3 选择温和低刺激的清洁品。一般的清洁用品可分为三大类，第一类是皂碱，也就是传统肥皂，其pH通常较高，介于9~10之间；第二类则是由多种界面活性剂混合而成的清洁品，pH介于5.5~7.0；第三类则是为极端敏感的皮肤所设计的无脂质清洁乳，这种清洁乳相当温和。宝宝应使用温和不刺激的清洁产品。因此宝宝不适合使用肥皂，而第二类清洁品中，则应选择界面活性剂效果不太强者，最温和的第三类产品则适用于所有宝宝。冬天洗澡时甚至可以只用清水清洗，而较脏的地方再用清洁品清洗即可。

🍼 女宝宝皮肤需要特别呵护　★★★

　　婴儿的皮肤很娇嫩，也容易受伤，需要精心护理。

1 皮脂腺不发达。婴幼儿的皮脂腺不发达，所分泌的油脂较少，因此抵御外界细菌、病毒入侵的能力也较差，容易受到外界侵害。

2 汗腺不成熟。由于婴儿的汗腺不成熟，因此排汗功能较成人差，当天气太热或是衣服穿过多时，汗水容易阻塞在汗腺里，形成所谓的汗疹或痱子。

3 保水功能佳。婴儿皮肤的油脂虽然较少，但是角质层的保水功能却很好，所以看起来特别水嫩。

4 角质层薄。婴幼儿时期在一生中是皮肤角质层最薄的时候，这也代表皮肤抵御外界侵害的能力最差，因此，婴幼儿必须避免太阳光的强烈照射。一个人一生中所接收到的紫外线，有80%以上都是在儿童与青少年时期前接收到的，因此，爸爸妈妈得帮宝宝作好防晒。

5 汗流得多。宝宝大一些以后容易流汗，尤其是皮肤有褶皱的地方，像手、脚内侧、脖子等。

6 皮肤不脏。因为婴儿脸上分泌的油脂不多，因此不易黏附到空气中油溶性的脏污，例如，香烟中的尼古丁，汽机车、工厂排放出的废气等。

7 冬季偏干。天气冷时，空气中的湿度下降，宝宝皮肤中的水分也会减少，再加上皮肤油脂少，保不住水分，所以皮肤会较夏天干燥。

第4个月
女宝宝的喂养

4~6个月健康宝宝可开始喂辅食 ★★★

一般健康的宝宝应在满4～6个月开始添加辅食，一方面是因为4个月以下的宝宝肠胃消化能力较差，辅食可能会对肾脏造成过大的负担；另一方面，4个月以内的宝宝可由母乳或是配方奶粉获得成长所需的所有营养，并不需要再额外添加辅食。对于有过敏家族史、有过敏体质或是已经出现过敏症状的宝宝，满6个月之后再给予辅食较为恰当，以免诱发或者强化宝宝的过敏体质。另外，若是宝宝有代谢异常或其他先天性的疾病，医生建议，也要延后给予辅食的时间。

宝宝在4～6个月时会出现下列现象，这些现象也在告诉爸妈们，可以为宝宝添加辅食了。

◐ 头颈部可以挺直，并且与躯干呈一直线。

◐ 会注视家人进食，有时候会伸出手靠近食物。

◐ 对可以吃的食物表现出兴趣，并且有伸手拿取的动作。

◐ 唾液的分泌量比以前多，有时候会闭着嘴做咀嚼状。

◐ 喝奶时较不专心，且喝奶的时间拉长。

专家主张

什么是婴儿辅食

母乳以外的婴儿食品都是广义的辅食。从初期的流质食物如果汁、蔬菜汁，半流质食物如米糊、麦糊、水果泥、肉泥，到一般成人食用的半固体、固体食物，都可以称为辅食。

早产儿该何时添加辅食

早产儿添加辅食的时间点和正常儿一样，也是4～6个月，但必须要以矫正后的月龄来算，而非从出生后算起。

🍲 辅食添加原则 ★☆★

从好吸收、不易过敏、有纤维质的食物开始

辅食的添加种类顺序必须先从肠胃好吸收、不容易过敏，且又能增加肠胃蠕动的食物开始。在这个原则之下，建议的食物种类顺序大致是水果蔬菜，再者是糖类食物（如米、麦、马铃薯等），最后才是蛋白质与油脂类的食物，因此肉类、蛋等食物应晚点再给宝宝吃。

一次喂一种新食物，从少量开始

刚开始添加辅食时必须从少量（一茶匙或更少）试起，等到宝宝没有任何不适症状，如皮肤起红疹、腹泻等，再渐渐加量，同时每次只单独选择一种食物吃，等到适应后（3～4天之内）再吃另一种。如果吃得很顺利，才能够混合之前吃过的各种食物来吃，或以各类食物轮流喂食。

若宝宝的家族有过敏史，增加辅食种类的速度就必须再放慢，最好在一个星期以上。这样一来，如果宝宝发生过敏反应，才能知道是由什么食物造成的。如果宝宝吃完辅食发生腹泻、呕吐、皮肤起红疹等症状，应立即停止食用该种食物，并带宝宝去看医生，以确定过敏原。

浓度由稀渐浓

辅食的形态应按照流质（果汁、蔬菜汁、汤汁）→半流质（糊状。糊状又可依照稀糊状、糊状、稠糊状的顺序来给予）→半固体（泥状）→固体食物这样的顺序来添加。

另外，当宝宝刚开始吃辅食时，也可让宝宝喝水，饮用的原则亦须从少量开始，慢慢让宝宝习惯喝水。

解读女宝宝

专家研究证明，女宝宝的视觉、听觉、味觉、嗅觉、触觉都较男宝宝灵敏。所以，她们对食物更挑剔。女宝宝对新事物的戒备比男宝宝强，不容易接受新口味。

🍼 喂辅食的时机与次数 ★★★

在正餐（喂奶）之前给予

　　每个宝宝的体质不同，对新食物的接受度亦有别，有些宝宝可能一开始会拒绝新食物，若在宝宝吃完母乳或是配方奶粉之后喂食，很难吸引她吃，但如果在肚子饿的时候，也就是在喂奶之前先喂她吃一点辅食，而后再喂奶，成功的概率会比较高。

先从取代一餐开始

　　添加辅食一定要慢慢来。假设宝宝原来一天吃六餐，那么可将一餐改为辅食，等到七八个月大之后，再增加为两到三餐。但最重要的还是依据宝宝的接受度来做调整。爸妈可选在自己时间较为充裕时为宝宝制作辅食，通常是白天，或是宝宝精神状况较好的时间，并选在三餐的时间给予，如在早、中、晚餐时给予，帮助宝宝逐渐养成在这三个时刻进食的饮食模式。

　　至于辅食要取代母乳或配方奶粉到什么地步，就得看宝宝接受辅食的状况了。一般来说，1岁左右的宝宝所能吃的食物种类已经几乎与成人相同，如果宝宝接受度很好，辅食就可成为主食，而母乳或是配方奶粉的角色就转为辅食了。

　　早产儿家长要特别注意，早产儿添加辅食的时间点也是4～6个月，但必须要以矫正后的月龄来算，而非从实际出生后算起。否则对早产儿的成长不利。

4～6个月婴儿辅食

辅食	蔬菜水果类	糖类食物
建议形态	果汁、菜汁	白米粥、米糊、麦糊
一天建议分量	5～10毫升	30～50克

为宝宝添加辅食四忌 ★★★

忌过早

过早添加辅食会增加宝宝消化系统的负担，消化不了的辅食不是滞留在腹中"发酵"，造成腹胀、便秘、厌食，就是增加肠蠕动，使大便量和次数增加，最后导致腹泻。因此，出生4个月以内的宝宝忌过早添加辅食。

忌过晚

有些父母怕宝宝消化不了，对添加辅食过于谨慎，还只是让宝宝吃母乳或牛奶、奶粉。殊不知宝宝已长大，对营养、能量的需要增加了，光吃母乳或牛奶、奶粉已不能满足其生长发育的需要，应合理添加辅食了。同时，宝宝的消化器官已逐渐健全，味觉器官也发育了，已具备添加辅食的条件。另外，此时宝宝从母体中获得的免疫力已基本消耗殆尽，而自身的抵抗力正需要通过增加营养来产生，若不及时添加辅食，宝宝不仅生长发育会受到影响，还会因缺乏抵抗力而导致疾病。因此，4～6个月的宝宝要开始适当添加辅食。

忌过滥

宝宝虽能添加辅食了，但消化器官毕竟还很柔嫩，不能操之过急，应视其消化功能的情况逐渐添加。如果任意添加，同样会造成宝宝消化不良或肥胖。让宝宝随心所欲，要吃什么给什么，要多少给多少，又会造成营养不平衡，并养成偏食、挑食等不良饮食习惯，可见添加辅食过滥同样也是不合适的。

忌过细

有些父母过于谨慎，给宝宝吃的自制辅食或市售的宝宝营养食品都很精细，使宝宝的咀嚼功能得不到应有的训练，不利于其牙齿的萌出和萌出后牙齿的排列；食物未经咀嚼也不会产生味觉，既勾不起宝宝的食欲，也不利于味觉的发育，面颊发育同样受影响。这样，宝宝只能吃粥和面条，不会吃饭菜，制作稍有疏忽，宝宝吃了就会恶心呕吐，于是干脆不吃或者吃了也要吐渣。长期下去，宝宝的生长当然不会理想，还会影响大脑智力的发育。

🍼 为宝宝添加蛋黄 ★★★

　　4个月的宝宝容易出现贫血，这是因为从母体带来的微量元素铁已经被消耗掉，如果日常食物比较单一，便跟不上身体生长的需要。因此要在辅食中注意增补含铁量高的食物，例如，蛋黄中铁的含量就较高，可以在牛奶中加上蛋黄搅拌均匀，煮沸以后食用。贫血较重的孩子，可在医生指导下，口服宝宝补铁剂等，千万不要自己乱给宝宝服用铁剂药物，以免产生不良反应。

　　开始时将鸡蛋煮熟，取1/8蛋黄用开水或米汤调成糊状，用小匙喂，以锻炼宝宝用匙进食的能力。宝宝食后无腹泻等不适后，再逐渐增加蛋黄的量，6个月后便可食用整个蛋黄，或者将1/8个蛋黄加少许牛奶调为糊状，然后将一天的奶量倒入调好的糊中，搅拌均匀，煮沸后，再用文火煮5～10分钟，分次给宝宝食用。如宝宝无不良反应，可逐渐增加一些蛋黄的量，直至加到一个蛋黄为止。

🍼 宝宝辅食制作 ★★★

萝卜水

原料： 萝卜50克。

做法：

1 萝卜去皮，洗净，切片。

2 锅中倒入适量水煮沸，放入萝卜，大火煮沸，改小火再煲1小时，隔去渣。

3 用萝卜水冲奶粉或米糊即可。

特点： 萝卜含有丰富的胡萝卜素，功能是宽中行气、健胃助消化及防治因缺乏维生素A所引起的疾病。婴儿或幼儿消化不良，或上火，可喂以用萝卜煲水来冲开的奶或米糊，有一定的食疗功效。

胡萝卜汤

原料： 胡萝卜50克，清水100毫升。

做法：

1 将胡萝卜洗净，切碎，放入锅内，加入水，上火煮沸约2分钟。

2 用纱布过滤去渣，调匀。

注意： 胡萝卜直接生长在土壤中，易受到污染，建议皮削厚一点，只留下心作为原料。

橘子汁

原料： 橘子1个。

做法：

1 将橘子外皮洗净，切成两半。

2 将每半只置于挤汁器盘上旋转几次，果汁即可流入槽内，过滤后即成。

3 每个橘子约得果汁40毫升。饮用时可加水稀释1倍。

番茄汁

原料： 熟番茄50克，温开水适量。

做法： 将熟番茄洗净，用开水烫软去皮，切碎，用清洁的双层纱布包好，把番茄汁挤入小盆内，用温开水冲调后即可饮用。

注意： 制作此汁要注意炊具卫生，番茄要去皮挤汁。并要注意要选用新鲜、成熟的番茄，不成熟的青番茄是有毒的。

青菜水

原料： 青菜50克(菠菜、油菜、白菜均可)，清水100毫升。

做法：

1 将菜洗净，用开水焯一遍，切碎。

2 将锅放在火上，将水烧沸，放入碎菜，盖好锅盖烧开煮5~6分钟，将锅离火，再闷10分钟，滤去菜渣留汤即可。

第 *4* 个月
女宝宝的早教

👶 女孩子应该体态优美 ⭐⭐⭐

因为是女孩子，所以自然就很在意她的外表。如果可能的话，当然希望自己宝贝的手脚修长，不管穿什么样的衣服，都能体态优美。孩子将来的体形，应该跟刚出生的体形没有太大的关系，但有可能会跟父母亲的体形类似。

1 避免长期跪坐以影响到腿形。尽量不要让小孩子跪坐。这样的姿势很容易给双脚带来不良的负担，还会影响脚的发育。

2 对婴幼儿来说没有过度担心孩子肥胖的必要性。因为，当她们一进入断奶期后，乳制品以及肉类就成了骨骼及肌肉成长的重要因素，所以，父母亲要让她们多摄取这类的食物，这样体态才会长得美。

3 做婴儿体操来帮助宝宝运动双脚。在替小孩子更换尿布的时候，若要促进脚部血液的新陈代谢，最好是能替她们运动双脚。妈妈可以一边说着话，一边给宝宝轻松快乐地做体操：第一步，脱掉尿布，将婴儿的双脚并拢，慢慢地弯曲她的膝盖；第二步，弯起婴儿膝盖，大人轻轻地用手指顶着婴儿的脚底；第三步，从肩膀至腰间抚摸婴儿，然后轻轻压着婴儿的大腿；第四步，当她自然将腿伸直了，再从大腿至脚尖，轻轻地按摩。

宝宝音乐智能的发展关键期 ★★★

2～3周的宝宝，已有明显的听觉，能对声音做出各种不同的反应。2～3个月时，能够安静地倾听周围的音乐声和成人的说话声。在3～4个月时，听到声音头就会转向发出声音的一侧，视觉和听觉开始建立联系。2个月的宝宝已能分辨出不同物品性质的不同声音，如风琴的声音、摇铃的声音；到5个月时就能辨别妈妈的声音；1岁以

解读女宝宝

女孩偏重于关注人——刚出生的女婴比男婴更喜欢观察人的脸孔，女孩喜欢探求人生，注意人与人的关系，而且对这种关系很敏感。她们天生喜欢语言、社交和与人交流，这促使她们去发展与之有关的技能。

后宝宝对声音很着迷，很爱听音乐；5岁左右能分辨出她熟悉的歌是否唱跑了调，以及不同乐器演奏的声音。5岁左右是宝宝音乐智能发展的关键期，爸爸妈妈应该让宝宝多参加以音乐为中心的活动。

听力，女孩比男孩强

佛罗里达州立大学的研究生肯恩研究了音乐治疗对早产儿的效应，发现听音乐的那一组早产儿长得较快也较少发生其他并发症，比没有听音乐的那一组早了5天出院。萨克斯医生进一步从这个研究中发现，有接受音乐治疗的女婴比没有听音乐的平均早了9天半出院；但是听音乐的男婴和没有听音乐的男婴却没有任何差别。也就是说音乐治疗对女婴很有用，对男婴却没有任何效应。而另一个以更小、更早出生的早产儿为研究对象的研究则再次确认了肯恩的发现，以及男女婴听力上的差异。

为什么会有这种差异？为什么音乐治疗对女孩这么有用，对男孩却没有用？萨克斯医生认为，最有可能的解释是男婴没有像女婴听音乐听得那样清楚。儿童听力学家孔魏森、罗默雷兹及辛宁杰作了一个很仔细的新生儿听力实验，他们发现新生的女婴的确听得比男婴好。而其他研究也发现少女比少男听得清楚。当孩子长得越大时，这个听力的差别越大。

听力有别，教养策略不同

萨克斯医生认为，正因为男女听力上有差别，父母亲和孩子讲话的方式就要有不同。例如，爸爸用他认为正常的声音对女儿说话时，这个女孩听到声音的感受会比男孩听到的大十倍。因此，女儿会认为爸爸在对她吼，但爸爸并不自觉，因为两人对同样的声音有着两种不同的感受。

萨克斯医生认为，两性在听力上的差异也代表着在课堂上应该采取不同的教学策略，他指出：女孩被噪声干扰的程度，比同年纪的男孩大，某个噪声如果到达了干扰男孩的程度，那么比这个噪声低十倍的声音就足以干扰女孩了。因此，假如老师教的是女生班，就不需要提高嗓门上课，而是要尽量让教室没有额外的噪声出现，因为女孩子在嘈杂的课堂中学习效果不佳。

给宝宝听音乐时要注意什么 ★★★

　　我们知道音乐对开发宝宝的智力很有好处，但父母在给宝宝听音乐时要注意一些问题，以使音乐能更好地提高宝宝的智力。

1 音乐节奏要慢一些。最初给宝宝听的音乐作品速度以中等或稍慢为宜，乐曲的情绪变化起伏不要太大。可选择优美、轻柔、明快的中外古典音乐，现代轻音乐和描写宝宝生活的音乐，最好选择胎教的音乐。

2 曲子要短一些。给宝宝听音乐的时间一次不超过15分钟。

3 音量要弱一些。播放的音量要适中或稍弱，长时间地听音量较强的音乐，会使宝宝产生听觉疲劳，甚至损伤听觉能力。

4 反复听。在一两个月内，反复听两三首曲子，使宝宝有个识记过程，以便加深印象。

5 不要打搅。在听音乐的过程中妈妈不要说话打扰宝宝。

解读女宝宝

　　音乐家冼星海曾说："音乐，是人生最大的快乐；音乐，是生活中的一股清泉；音乐，是陶冶性情的熔炉。"只要爸爸妈妈能够在早期注重对女儿音乐天赋的引导，就能为孩子日后的音乐学习奠定良好的基础。

育儿难题 Q&A

Q 家庭床有什么好处?

A 有些父母会从出院的第一天起,就让宝宝睡在自己的房间里;有些父母希望宝宝睡在近旁,如将摇篮放到父母房中;还有些父母则希望与宝宝共睡一张床,即为"家庭床"。共睡一张床可发展亲子间的亲密性。这么做的另一个好处就是亲自哺乳的妈妈不用起床喂宝宝。每当宝宝需要喝奶时,妈妈只要转个身就可以给宝宝哺乳了。这种情形只适用于宝宝不会打搅到父母,而且妈妈能够很快睡着的情况。

Q 我家宝宝目前四个半月大,满月时回院做超声波检查,心脏超声波报告里写道:二尖瓣膜轻微闭锁不全、三尖瓣膜轻微闭锁不全、卵圆孔未闭合。医生请我完全不必担心,等宝宝6个月大再来复检。请问到底要不要紧?

A 这些问题不要紧,小孩子也不会有症状,只要半年后再追踪即可,请家长不用太过忧虑。

Q 女儿现在4个多月,因为2个月时吃的奶粉使她出现腹泻的情况,因此给她换了一个品牌,没有出现不良情况,最近亲友又送了我一箱另一品牌的奶粉,请问奶粉品牌可以常换吗?

A 不同的婴儿奶粉虽然主体成分上大致相同,但仍然有其不同成分和特点。一般来说无经常更换奶粉的必要。

至于孩子腹泻的问题,未必可全归罪于所吃奶粉。既然喂食这种奶粉已有2个月,一般不会到此时才突然发生对此奶粉不适应的情况;而小孩胃肠功能发育未完善,容易因各种原因发生消化不良,出现腹泻,这就要注意当时除了腹泻外是否还有其他问题。

当然,不同品牌奶粉也可能对大便有不同影响,有的干结一些,有的稀烂一些,如无其他不适症状则可放心喂哺;如情况明显,可尝试更换其他品牌奶粉,但更换不能太频,且新奶粉的添加量从少量开始逐渐增加,如婴儿反应无异常则可继续增加至全部更换为止。

PART 5

第5个月
女宝宝养育

女宝宝第5个月体格发育指标

项目	年龄组	下限值	上限值
身高	5个月	58.6厘米	70.2厘米
体重	5个月	5.33千克	10.38千克
头围	5个月	约为41.6厘米	
胸围	5个月	约为43.0厘米	
牙齿	5个月	长出下中切牙	
囟门	5个月以后	逐渐骨化而变小	

第5个月
女宝宝日常保健

6个月以下宝宝头发清洁 ★★★

　　用温水给宝宝洗头就可以达到足够的清洁效果。如果想更好地给宝宝的头发做清洁，肥皂是不错的选择，可用来洗头。宝宝需要的肥皂量很少，家长先将肥皂放在自己手中加水搓到起点泡再抹在宝宝头发上，才不会让宝宝一次接触太多清洁用品。洗发精与沐浴乳的用法也是一样，千万不可直接倒在宝宝头上或身上，会让宝宝局部皮肤受到过多刺激。

　　有一个原则需要爸爸妈妈注意，一般来说，洗发精的去油效果较强，用洗发精来给宝宝洗身体容易让宝宝的身体皮肤过于干燥，但拿沐浴精来洗头则无这个问题。

　　如何为宝宝挑选洗发沐浴品呢？洗发精、沐浴乳有许多都含有人工化学合成的界面活性剂、防腐剂、香精等对人体会造成不良影响，建议家长在选购时一定要注意看成分。除了选择天然成分产品外，也建议选择单一成分的用品，也就是洗发精最好选不是洗发润发合一的产品，一方面宝宝并不需要用润发乳，另一方面洗润合一的产品更容易添加化学成分。

不要让宝宝长时间坐小车 ★★★

宝宝车式样比较多，有的宝宝车可以坐，放斜了可以半卧，放平了可以躺着，使用很方便。但注意不能长时间让宝宝坐在宝宝车里，任何一种姿势，时间长了都会造成宝宝发育中的肌肉负荷过重。另外，让宝宝整天单独坐在车子里，就会缺少与父母的交流，时间长了，影响宝宝的心理发育。正确的方法应该是让宝宝坐一会儿，然后父母抱一会儿，交替进行。

洗宝宝衣物用什么洗涤剂 ★★★

宝宝的衣物多半是纯棉材质，最好能选用中性的清洁剂来清洗。避免使用含有苯、磷化合物与荧光剂的清洁剂。洗衣肥皂成分比较天然，不容易造成洗剂残留，较适合用来清洗宝宝的衣物。

如果宝宝生病了，宝宝的衣物需要经过特别的杀菌处理。可将衣物放在水温较高的水中浸泡后再清洗，或挑选具有杀菌、防螨、抗菌的中性洗剂来清洁。

衣物清洁剂容易让化学物质残留在衣物上，造成衣物纤维残留洗衣精、漂白水、柔软剂等成分，对于皮肤较敏感的宝宝来说，很容易引起接触性皮肤炎。建议在冲洗衣物的时候，多冲洗几次，让衣服几乎不会再产生泡泡，才算冲洗干净。

宝宝生长迟缓的原因 ★★★

一般而言，生长迟缓是宝宝的体重或身高的增加远落后于该性别年龄应有的正常范围。宝宝生长迟缓，主因有二：一是总热量不足，二是营养分配不均。

医生会根据宝宝的体重、身高及头围数值，区分为三大类：

1 体重最差、身高其次、头围正常。这一类宝宝多半因为饮食摄取不够造成，在检查有无肠胃问题之后，配合营养师的协助给予饮食指导。

2 只有身高较差。这类宝宝可能有内分泌疾病，或是骨骼、软骨异常，应该做内分泌如生长激素的检查，同时看看骨龄是否正常。

3 身高、体重、头围都差。这一类宝宝可能是胎内感染、怀孕时接触致畸物质、染色体变异或基因疾病所造成。

第5个月
女宝宝的喂养

只吃钙片不能预防佝偻病

单纯地给宝宝吃钙片并不能预防佝偻病，必须在适量的维生素D的促进下，才能使身体吸收的钙达到抗佝偻病的效果。

人体摄入维生素D后，经过肝脏、肾脏的代谢，转变为有活性的维生素D，才能使肠道吸收钙、磷进入血液，维持血液中钙的正常浓度，并能将钙、磷输送到骨骼。所以说，只吃钙片不吃维生素D达不到预防佝偻病的目的。

解读女宝宝

女宝宝相对比较安静，不像男宝宝那样好动，所以体能消耗量较小，食物的需要量相应也较少。女宝宝与妈妈分享零食的机会比男宝宝多，因此过量的、不合理的零食也成为她们正餐吃得少的主要原因。许多女宝宝并不是真的吃得少，事实上，她们一天中几乎不停地在吃，仅仅是正餐吃得少而已。

哪些果蔬农药少

宝宝开始吃辅食，爸爸妈妈最担心的问题是："哪些果蔬可能含农药多，哪些果蔬含农药少？""怎么才能尽量让宝宝少吃含农药的食物？"

2008～2009年，绿色和平组织曾对北京、上海、广州三个城市中多家大型超市的17种蔬菜、水果进行过抽样检测，结果显示，农药残留量排在前三位的分别是：黄瓜，含有4～13种不同农药残留；草莓，含1～13种；油菜，含1～12种；其次为豇豆、砂糖橘、荷兰豆、扁豆、芥菜、小西红柿和菠菜。总的来说，市场上90%以上的果蔬都是符合国家农药残留标准的。尽管大多数果蔬是符合国家标准的，其所含农药量也不足以对成人健康构成损伤，但宝宝代谢能力差，有害物质通过肝、肾代谢，摄入越多，宝宝肝肾负担就越重，因此我们还是要尽量减少宝宝农药的摄入。

因为各种原因，有些果蔬用的农药稍多一些，有些则稍少。胡萝卜、土豆、圆白菜、大白菜、生菜、香菜，用农药都比较少；而豇豆、洋葱、韭菜、黄瓜、西红柿、油菜、茄子则用的农药比较多。一般来说，叶菜要比根茎类菜的农药残留多，因为它们的叶片柔软、水分多，虫子爱吃；根茎类埋在地底下不易招虫。樱桃、早桃、杏都属于打农药比较少的水果。但由于产地、品种等原因，每种蔬果的农药残留量有很大不同，不能一概而论。

1 豇豆、韭菜农药多；黄瓜、西红柿杀菌剂多。豇豆比较爱长虫，种植时会用较大量农药。洋葱和韭菜一样，根部容易长韭蛆等害虫，常会灌较浓的农药，有些农药毒性较大，且容易残留。黄瓜和西红柿的生长环境湿度大，易生病，一般用药量都比较大，尤其杀菌剂用得多。不过相对于杀虫剂，杀菌剂对人体的危害要小一些。

2 大白菜其实是放心菜。大白菜一般在秋季种，只在苗期用一些防治蚜虫、小菜蛾的杀虫剂，距离上市时间，也就是大家吃到菜的时间比较远，农药残留较少。生菜也是如此。

3 大棚蔬果农药少。大棚里可以用防毒网等物理方法防治害虫，因此打的农药比较少。露地菜看上去好像更天然，但防治病虫害的难度更大，用的农药会比大棚菜多。

4 冬季吃叶菜最安全。冬季和春秋季的叶菜类很安全，因为虫子少，几乎不打农药。不过夏季吃菜就要小心了，因为这时候不仅虫子多，而且温室大棚菜几乎都已经收完，菜市场里卖的，绝大多数都是露地菜，农药残留比较多。

5 有香味的菜可多吃。茴香、茼蒿、香菜等本身有一种很浓的香辛味，是天然的驱虫剂，虫子少，这些菜自然不用打农药了。

6 野菜。市售野菜中的蕨菜是真正长在山里的天然野菜，苋菜、荠菜几乎都是人工种的。苋菜用农药较少，荠菜易生蚜虫，用农药较多。

宝宝辅食制作 ★★★

蔬菜米汤

原料：大米15克，土豆、胡萝卜各20克。

做法：

1 大米淘净，用水泡好；将土豆和胡萝卜均去皮，洗净，切成小块。

2 将大米和切好的蔬菜倒入锅中，加适量水，大火煮沸，转小火煮熟，将煮好的材料过滤一遍即可。

特点：适宜缺奶的婴儿食用。开锅后用微火熬，要熬到米开花、米汤发黏。

果汁藕粉糊

原料：藕粉30克，时令新鲜水果40克。

做法：

1 将水果洗净，去皮、去核，榨成汁。

2 把藕粉和水放入锅内均匀混合，用微火熬，边熬边用勺搅拌，10分钟后，将果汁加入锅内，煮至呈透明状即可。

肉汤蛋糊

原料：熟蛋黄1/4个，肉汤1大匙。

做法：

1 将蛋黄捣碎。

2 将蛋黄与肉汤和在一起，搅匀即可。

第5个月
女宝宝的早教

对宝宝进行综合感官训练

5个月的宝宝对周围环境更感兴趣了，因此很有必要改变一下环境的布置，使她有新鲜感以便提高她观察、探索的兴趣和能力。不仅床单、衣服，小床周围的玩具、物品，还有墙壁四周和天花板上的色块，小动物头像、图案也要适当变换。有关研究表明，在明快的色彩环境下生活的宝宝，其创造力远比在普通环境下生活的宝宝要高。白色会妨碍宝宝的智力发育，而红色、黄色、橙色、淡黄色和淡绿色等却能发展宝宝的智力。

要让宝宝多看、多听、多摸、多嗅、多尝、多玩。要让宝宝有机会接触更多的物品，同时要注意宝宝的安全。给宝宝的玩具物品应当轻软、有声有色、无毒、无棱角、卫生、不怕啃、不易吞吃、易于抓握玩耍。最好用橡皮筋悬挂玩具，使她能将抓到的玩具拉到自己眼前仔细观察摆弄。注意不要让宝宝把绳子绕在脖子上，要防止玩具上的

解读女宝宝

从出生到7岁，是塑造女孩一生的关键期。这一阶段，女孩会呈现出很多女性的优点，如乖巧、听话、善解人意等。但女孩天生的个性弱点也会初露头角，如脆弱、懦弱、依赖性强等。因此，家长在这一阶段对女孩的教育，会影响她们的一生。

小珠子、橡胶玩具里的金属哨子等脱落，被宝宝误吸入气管里。玩玻璃镜子一定要有大人相伴。还可以让她闻闻醋，尝尝酸，嗅嗅香皂、牙膏，听听钟表走、闹钟响的声音，带她上街进公园，观察一下动植物和热闹的人群，增长见识。更重要的是要让她把视、听、触、嗅、尝、运动等感觉联系起来进行综合感官训练。每玩一样东西都应给她看，讲给她听。能摸的都要让她摸一摸，能摇动的都要让她摇一摇，锻炼宝宝完整的感知事物的能力。

教宝宝认识各种日常用品 ★★★

现在，你要有计划地教宝宝认识她周围的日常事物了。宝宝最先学会认的是在眼前变化的东西，如能发光的、音调高的或会动的东西，像灯、收录机、机动玩具、猫等。认物一般分两个步骤：一是听物品名称后学会注视；二是学会用手指。开始你指给她东西看时，她可能东张西望，但你要吸引她的注意力，坚持下去，每天至少5～6次。通常学会认第一种东西要用15～20天，学会认第二种东西用12～16天，学会认第三种东西用10～16天。也有1～2天就学会认识一件东西的。这要看你是否能够敏锐地发现她对什么东西最感兴趣，宝宝越感兴趣的东西，认得就越快。要一件一件地学，不要同时认好几件东西，以免延长学习时间。只要教得得法，宝宝5个半月时就能认灯，6个半月能认其他2～3种物品。7～8个月时，如果你问："鼻子呢？"她就会笑眯眯地指着自己的小鼻子。一般的宝宝，常在会走以后才学认五官，而此时开始教育几乎提前了半年。

育儿难题 Q&A

Q 婴儿米粉的主要成分是什么?

A 宝宝长到4~6个月时,应该及时科学地添加辅食,其中很重要的就是婴儿米粉。婴儿米粉的主要营养成分是碳水化合物,是一天需要的主要能量来源。小宝宝吃米粉,像我们大人吃饭一样,是为了消除饥饿,补充能量。需要提醒妈妈们的是,添加婴儿米粉的同时,还应坚持母乳或配方奶粉喂养,两种食物在这个阶段是同等重要的。

Q 宝宝多大时吃婴儿米粉?

A 宝宝在3个月内唾液分泌非常少,唾液中所含的淀粉酶和消化道里的淀粉酶也是相当少的,如果这个时候就给宝宝喂婴儿米粉,不容易消化。一般来说,在宝宝4个月以后,可以开始为宝宝添加米粉,由少到多,逐量添加。米粉可以吃多长时间,并没有具体规定,等宝宝的牙齿长出来,可以吃粥和面条时,就可以不吃米粉了。

Q 怎么选择婴儿米粉?

A 按常规,米粉的分类是按照宝宝的月份来分阶段的。第一阶段是4~6个月的婴儿米粉,此阶段的米粉中添加和强化的是蔬菜和水果(有的也会添加一些蛋黄),而不是荤的食物,这样有利于小宝宝的消化。第二阶段是6个月以后,此时婴儿米粉里常常会添加一些鱼、肝泥、牛肉、猪肉等,营养就会更为丰富。妈妈选择米粉时,可按宝宝的月份选择不同配方的米粉。当然,除了注意月份,妈妈还可以根据自己孩子的需要,挑选不同配方的米粉,如交替喂养胡萝卜配方和蛋黄配方的米粉等,以让宝宝吃得更均衡、更全面。

Q 婴儿米粉中的添加物对宝宝有益吗?

A 现在婴儿米粉都会添加各种各样宝宝容易缺失的维生素和矿物质。对于市场上比较正规的婴儿米粉品牌,妈妈可以按照它的说明书指导去喂养。但是如果是不合格产品,则可能会添加防腐剂等不利于宝宝健康的成分,所以妈妈们在购买时,一定要注重选择。

Q 宝宝吃奶量变少怎么办?

A 6～12个月的宝宝，总吃奶量通常不会再大量增加，甚至会逐渐减少。家长应先看看宝宝的生长发育是否正常。"生长"指的是体重、身长、头围，可参考幼儿保健手册中的生长百分位是否已低于第3百分位，或有无在短时间内急速下降。"发育"指的是宝宝到了该月龄的功能是否已经成熟，如三个月翻身、五六个月坐、七八个月会爬等。

Q 家有宠物，宝宝衣物洗涤时要注意什么?

A 家中若饲养有猫狗，宝宝的衣物（包括内外衣着、纱布巾）最好都和大人衣物分开洗涤。洗涤之后一定要在阳光下暴晒杀菌，或是用熨斗干烫处理之后，再进行收纳。这些步骤的功效除了高温杀菌之外，还能防止衣物潮湿发霉。

Q 宝宝枕头上掉了一堆头发是怎么回事?

A 有些家长看到宝宝在枕头上遗留一堆毛发，或是看到宝宝头上一块块没有毛发的头皮，就担心宝宝是否会发生秃头危机。初生宝宝掉发是正常现象，家长不必紧张。从妈妈肚中带出的胎毛，一出生后就会开始慢慢掉落，宝宝只要在枕头上摩擦头部就会让胎毛掉落，洗头时也会掉，在枕头上摩擦的部位不同，会影响胎毛掉落的位置。而胎毛掉落后，新的头发需要两三个月的成长时间才能将掉落部位的毛发补足，在这种青黄不接的时期，就会发生宝宝头上一块块没有头发的状况，家长需要一点耐心等待。但若是宝宝胎毛掉后过了三四个月甚至更久没有长出新的头发，就要注意宝宝是否有营养不足或是其他身体上的问题，必须就诊询问医生的意见。

Q 宝宝的头发天生比较偏黄，长大会变黑吗?

A 宝宝刚出生的头发是在妈妈肚子中长的胎毛，胎毛比较细软，而且颜色偏黄。宝宝出生后长的毛发就已经不再是胎毛了。大约在10个月大之前，宝宝的胎毛会渐渐掉落而头发会慢慢成长，新长出的头发会比胎毛硬，颜色也会比较深，这是家长认为宝宝长大头发会变黑变硬的原因。

PART 6

第6个月
女宝宝养育

女宝宝第6个月体格发育指标

项目	年龄组	下限值	上限值
身高	6个月	60.1厘米	74.0厘米
体重	6个月	5.64千克	10.93千克
头围	6个月	约为42.4厘米	
胸围	6个月	约为43.6厘米	
牙齿	6个月	长出下中切牙，上中切牙	
囟门	6个月以后	逐渐骨化而变小	

第6个月
女宝宝日常保健

6个月的宝宝学坐 ★★★

一般来说，6个月至6个半月的婴儿开始学坐，但是如果倾倒了，就无法自己恢复坐姿，一直要到八至九个月大时才能不须任何扶助，自己也能坐得好。宝宝坐得稳了，表示其骨骼、神经系统、肌肉协调能力等发育渐渐趋于成熟。当然，此时宝宝的颈部发育也慢慢稳定了。

训练宝宝坐稳主要是训练宝宝腰、背部肌肉和脊柱肌肉的力量，开阔视野，诱导宝宝活动的范围更大，使她探索的世界更宽广。刚开始坐的时候是向前倾着坐的，慢慢地她才能把腰直起来像大人一样坐着。刚开始练习坐着的时候3～5分钟就可以了，以免宝宝的脊柱受到过大的压力。

在宝宝学会坐的时候，应该特别注意宝宝坐的时间不宜太久，因为这个阶段宝宝脊椎骨尚未发育完全，如果长时间让宝宝坐着，容易脊椎侧弯，生长损伤。

要注意的是，如果让宝宝过早学坐，脊柱过早负重，由于脊椎骨缺钙柔软，背部肌肉不发达，自然会出现脊柱侧弯畸形或驼背，并随年龄增长逐渐加重，可造成永久性体态异常，既不美观又有碍健康，酿成终生痛苦与遗憾。

另外，不要让宝宝采取跪姿使两腿形成"W"状或将两腿压在屁股下，如此都容易影响将来腿部的发展，最好的姿势是采用双腿交叉向前盘坐。

有些宝宝坐着时背脊突出，说明宝宝太瘦了；如果发现在背脊突出处有皮肤颜色异常的状况，就更须小心留意。

宝宝蹬被子怎么办 ★★★

要想解决宝宝爱蹬被子的问题，就必须找出宝宝爱蹬被子的原因，并采取相应的改进措施。一般来说，宝宝爱蹬被子有以下几种原因。

被子太过厚重

因为总担心宝宝受凉，所以给宝宝盖的被子大多都比较厚重。其实除新生儿或3个月以内的小婴儿需要保暖外，绝大多数宝宝正处于生长发育的旺盛期，代谢率高，比较怕热。加上神经调节功能不成熟，很容易出汗，因此宝宝的被子总体上要盖得比成人少一些。

如果宝宝被盖得太厚，感觉不舒服，睡觉就不安稳，最终蹬掉被子后才能安稳入睡；而且，被子过厚、过沉还会影响宝宝的呼吸。因此，给宝宝盖得太厚反而容易让宝宝蹬被子受凉。少盖一些，宝宝会把被子裹得好好的，蹬被子现象也就自然消失了。

不妨实验一下，看怎样盖被子会使宝宝睡觉更安稳。第一天先按你的想法盖被子，四周严实；第二天稍减一些被子，四周宽松；第三天再减一些被子，脚部更轻松一些。每天等宝宝睡熟2～4小时后观察情况，你会发现，被子越厚，四周越严实，宝宝蹬得越快。所以，建议给宝宝少盖一些，蹬被子现象自然消失。

睡眠时感觉不舒服

宝宝睡觉时感觉不舒服也会蹬被子。不舒服的常见因素有：穿过多衣服睡觉、环境中有光刺激、环境太嘈杂、睡前吃得过饱等。这样，宝宝会频繁地转动身体，加上其神经调节功能不稳定，情绪不稳或出汗，结果将被子蹬掉了。

疾病导致睡不踏实

患有佝偻病、贫血或感觉统合失调的孩子夜间睡不踏实，爱出汗，容易惊醒。

怎样给宝宝自制睡袋 ★★★

睡袋的款式有很多种

长方形：如信封样，用一条小被子对折，侧边安拉链。这种睡袋结构简单，使用双头拉链底部可以打开，方便更换尿片。但是由于睡袋下部尺寸偏小，束缚了宝宝双腿的活动，宝宝也不喜欢使用。

上窄下宽形：为圆底设计，颈部收窄，防止宝宝溜出睡袋或钻到睡袋里，底部圆大，让宝宝双腿可以自由活动，增加了宝宝睡眠的舒适度。

大衣形：有袖、帽，给宝宝穿上睡觉，可随宝宝的身高调节睡袋的长度。

袖被形：普通被子上多出两只袖子。介于睡袋和被子之间，既可以有盖被子一样的舒适和活动自由，又防止了宝宝睡觉时乱动导致的露被着凉。用一个压在宝宝身下的带子，保证被子不会掉。

婴儿睡觉时双手上举，双腿膝盖向外弯曲，并需要频繁更换尿片；睡眠中手上下挥舞，双腿如青蛙划水状运动，极易把被子蹬掉；要是限制手脚活动，则会哭闹。遇到这些情况应该选用宽松型的睡袋，不要给宝宝束缚感。

预防宝宝夜惊 ★★★

有的宝宝夜里睡觉时突然惊醒，醒后大叫，并有惊恐的表情，有时一夜惊醒数次或连续几夜都发生，搞得父母和宝宝都休息不好。

首先，注意养成宝宝良好的睡眠习惯。睡觉时不要趴着，仰卧位时双手不要放于胸前，以免压迫心脏影响血液循环。也不要蒙着头睡觉，以免造成大脑缺氧。其次，在

缝制上窄下宽形睡袋的步骤

❶ 将小被子从中间裁成两块

❷ 剪成上窄下宽、底部为弧形的两片

❸ 将侧面和底部缝合好

❹ 在入口的两边缝上带子即可

入睡前不要让宝宝剧烈活动。父母不要讲惊险可怕的故事，也不要和宝宝嬉戏打闹，否则会使宝宝大脑处于一种兴奋状态，夜间容易做噩梦而惊醒。平时也不要打骂和恐吓宝宝，如说"不听话，大灰狼就来咬你"等话，这样会使宝宝的精神高度紧张。有些疾病如癫痫、哮喘等，也可造成宝宝夜惊，父母应注意观察，发现异常情况，及时到医院就诊。

宝宝睡觉为什么爱出汗 ★★★

　　1岁以下的宝宝睡觉总是出汗，甚至冬季寒冷的时候也会看到入睡后宝宝的额头上布满一层小汗珠，这是什么原因造成的呢？

　　一般而言，如果宝宝只是出汗多，但精神、面色、食欲均很好，吃、喝、玩、睡都正常，就不是有病。因为宝宝新陈代谢旺盛，产热多，体温调节中枢又不太健全，调节能力差，只有通过出汗来进行体内散热，这是正常的生理现象。父母要做的，就是经常给宝宝擦汗。但若宝宝出汗频繁，且与周围环境温度不成比例，尤其是夜间入睡后出汗多，同时伴有其他症状，如低热、食欲缺乏、睡眠不稳、易惊等，就说明宝宝有些缺钙。如还有方颅、肋外翻、O形腿、X形腿症状，则说明缺钙较严重，需合理补充钙及鱼肝油。此外也有可能是患有结核病和其他神经血管疾病以及慢性消耗性疾病，这时父母应该带宝宝去医院检查，找出病因，及时治疗。

应该让宝宝独睡吗 ★★★

　　与爸妈同睡的宝宝是否会依赖性比较强？与爸妈分开睡则会养成独立的个性吗？实际上，宝宝独睡并不能完全与独立画上等号，独睡好还是与

宝宝睡婴儿床的情况

比较常见的妈妈和宝宝同睡情况

并不常见的"家庭床"同睡情况

爸妈同睡好也与各国各地的文化有关。欧美国家习惯让婴儿独自睡一个房间，但在我国的习惯做法，是照顾者要能直接看到宝宝，再加上半夜要喂奶，以及空间有限的情形下，多数父母会让宝宝与他们同房。折中的方法是让宝宝与爸妈同房，但是独自睡婴儿床，等到宝宝大一点，再告诉她需要换房。

宝宝的乳牙萌出顺序 ★★★

小儿的乳牙共有20颗，上下颌的左右侧各5颗，其名称从中线起向两旁，分别为乳中切牙、乳侧切牙、乳尖牙、第一乳磨牙、第二乳磨牙。

乳牙从出生后6个月长出（最早4个月，最晚12个月），2岁至2岁半时出齐。出牙是一种生理现象，个别小儿可有暂时性流涎、睡眠不安及低热等现象。

小儿萌出的乳牙数目，可用公式计算：

乳牙数＝月龄-6（或4）

例如，13月龄的幼儿，其估算方法是：

13-6（或4）＝7（或9），即宝宝的乳牙应是7～9颗。

乳牙的萌出有一定的发育顺序，见下表：

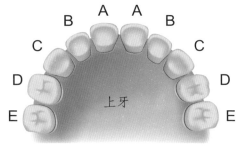

乳牙的名称

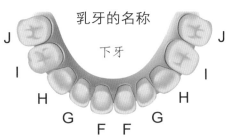

A：乳中切牙 B：乳侧切牙 C：乳尖齿
D：第一乳磨牙 E：第二乳磨牙 F：乳
中切牙 G：乳侧切牙 H：乳尖齿 I：第
一乳磨牙 J：第二乳磨牙

乳牙发育顺序表

牙名	上颌	下颌
乳中切牙	6～8月龄	5～7月龄
乳侧切牙	7～10月龄	8～12月龄
乳尖牙	16～24月龄	16～24月龄
第一乳磨牙	18月龄	18月龄
第二乳磨牙	20～30月龄	20～30月龄

第6个月
女宝宝的喂养

6个月宝宝吃多少 ★★★

为了宝宝的健康，希望做妈妈的至少要坚持母乳喂养到12个月。

如果条件不允许，可以人工喂养，奶量不再增加，每天喂3～4次，每次喂150～200毫升。可以在早上6：00、中午11：00、下午5：00、晚上10：00时各喂一次奶。上午9：00～10：00及下午3：00～4：00时添加两次辅食。

6个月的宝宝每天可吃两次粥，每次1/2～1小碗，可以吃少量烂面片，应保证每天一个鸡蛋黄，每天要喂些菜泥、鱼泥、肝泥等，但要从少到多，逐渐增加辅食。

6个月宝宝正是出牙的时候，所以，应该给宝宝一些固体食物，如烤馒头片、面包干、饼干等练习咀嚼，磨磨牙床，促进牙齿生长。

注意预防宝宝缺铁 ★★★

缺铁性贫血是6个月到2岁的婴幼儿最常见的疾病。宝宝出生后体内储存的铁只能满足4个月生长发育的需要，而4～6个月的宝宝，体重、身高迅速增长，对铁的需要量增加，因此，容易发生缺铁性贫血。轻度贫血的症状、体征不明显，待有明显症状时，多已属中度贫血，主要表现为口腔黏膜、眼结膜及指甲苍白；肝、脾、淋巴结轻度肿大；食欲减退、烦躁不安、注

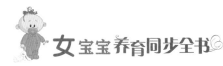

意力不集中、智力减退；明显贫血时心率增快、心脏扩大，常合并感染等。化验检查血中红细胞变少，血红蛋白数降低，血清铁蛋白降低。

具体预防措施：

○坚持母乳喂养，因母乳中铁的吸收利用率较高。

○及时添加含铁丰富的辅食（如蛋黄、鱼泥、肝泥、肉末、动物血等）。

○及时添加绿色蔬菜、水果等富含维生素C的食物，促进铁的吸收。

○应当用铁锅、铁铲做菜、做汤，粥、面不能在铝制餐具里放得太久，因为铝可以阻止人体对铁的吸收。

○定期检查血红蛋白数，出生6个月及9个月时需各检查一次。

挤母乳有窍门 ★★★

当妈妈必须与宝宝短暂分开时，特别是休完产假回去上班时，不得不挤出奶水。挤奶可以很轻松，也可以很费力，那要看妈妈有没有掌握正确的技巧。

用手挤奶不难，可是如果方法不对，妈妈不仅会挤得很辛苦，还可能会造成乳房的不适。提供给妈妈几个简单但重要的挤奶原则。

1 以手挤压乳晕边缘。因为奶水储存在乳房中的输乳窦，在皮肤表面的位置就是乳晕，因此，正确的挤奶方式是用大拇指与食指按压乳晕边缘，并改变按压的角度，才能将乳房中的所有奶水挤出来。通常只要乳腺通畅，用手挤奶水并不会痛。

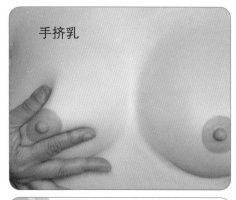
手挤乳

2 手固定在一个位置挤压。手要直接固定在乳晕边缘的位置并且挤压，不要在皮肤上滑动，例如由乳房前方往乳晕的位置推挤，这样一来，附近的皮肤容易不舒服或变粗糙，挤奶效果也不好。

3 千万不要挤压乳头。乳头只是奶水的出口，并不是储存奶水

用挤奶器

的地方，挤乳头不仅挤不出奶水，还会使乳头受伤。

通常，当妈妈开始喂奶之后，宝宝一天需要喝6～7次，也就是每隔3～4个小时需要喂一次奶，因此妈妈若模拟宝宝的喝奶时间来挤奶的话，3～4个小时需要挤一次。至于要挤多久，只要挤到乳房舒服，不再胀奶，或是挤到宝宝需要的量

> ### 解读女宝宝
>
> 从婴儿期开始，女宝宝就喜欢和谐、融洽的交流，无拘无束地与人相处。沟通和交流是她们维持联系的方式，渴望关爱和友谊等亲密情感是她们的天性。

即可。挤奶顺利时，通常10～12分钟就可结束，如果奶水较少，有时候必须花半小时才能挤完奶。

当宝宝吸吮乳房时，妈妈也可以用手触摸乳房周围，感觉是否还有哪个部位仍有肿胀，若有肿胀则表示这个部位的奶水尚未移除，此时可用手按压这个部位，帮助奶水流出来。

使用双手挤奶，是妈妈一定要学会的基本功，只要妈妈有需要，就随时随地可以挤，不必有任何限制。不过，必须长期将奶水挤出来的妈妈，可用挤奶器代劳，让自己省时省力。

宝宝辅食制作 ★★★

香蕉奶糊

原料： 香蕉50克，黄油少许，肉汤100毫升，配方奶50毫升，面粉20克。

做法：

1 将香蕉去皮之后捣碎。

2 用黄油在锅里炒制面粉，炒好之后倒入肉汤煮沸，用木勺轻轻搅匀，继续煮至黏稠，放入捣碎的香蕉，加适量配方奶略煮即可。

土豆苹果糊

原料： 土豆50克，苹果20克，海带清汤100毫升。

做法：

1 将土豆和苹果去皮，洗净。

2 将土豆入锅炖烂，盛出捣成土豆泥，苹果用擦菜板擦好。

3 将土豆泥和海带清汤倒入锅中小火慢煮。

4 将苹果放入另一锅中，加入适量的水煮成苹果糊。

5 土豆泥煮至稀粥样时关火，盛出，上边放上苹果糊即可。

胡萝卜糊

原料： 胡萝卜、苹果各25克。

做法：

1 将胡萝卜去皮，洗净，入锅炖烂，盛出捣碎。

2 苹果去皮、去核，切碎。

3 将捣碎的胡萝卜和擦好的苹果加适量的水用文火煮烂即可。

牛奶鸡蛋糊

原料： 牛奶200毫升，面粉10克，蛋黄30克。

做法： 锅内放入150毫升牛奶，煮开，加入面粉，用勺搅拌均匀，用50毫升牛奶加蛋黄调成糊状，加入锅内微火煮至黏稠状，凉凉即可。

鸡肝糊

原料： 鸡肝15克，鸡架汤100毫升。

做法：

1 将鸡肝洗净，放入水中煮至没有血水，换水煮10分钟，取出冲净，放入碗内研碎。

2 将鸡架汤放入锅内，加入研碎的鸡肝，煮成糊状即成。

豌豆糊

原料： 豌豆8个，肉汤2大匙。

做法：

1 将豌豆洗净，入锅炖烂，盛出捣碎。

2 将捣碎的豌豆过滤一遍，与肉汤和在一起搅匀即可。

第6个月
女宝宝的早教

培养快乐女宝宝

情绪是宝宝的需求是否得到满足的一种心理生理反应。从出生到半岁再到1岁，是宝宝的情绪萌发时期，也是情绪健康发展的敏感期。半岁时，在女宝宝身上似乎产生了一种欢快的情绪惯性，一种身心反应的稳定模式。这是由于你对满足她的需求的敏感性，你温暖的胸怀、香甜的乳汁、富有魅力的眼神和音容笑貌，以及和她一起活动和游戏的快乐时光，使她经常产生欢快的情绪，从而建立起对你的依恋和对周围世界的信任。

那些缺乏细心照料、需求经常得不到满足的宝宝，起初她还用哭叫来呼唤亲人的爱抚，渐渐地，她发现这些努力都是徒劳的时候，便会减少哭叫，情感就会变得淡漠起来。1~2岁时，我们可通过宝宝经常的活动和举止，区别出个性倾向不同的宝宝来：如经常快乐的或郁郁寡欢的、活泼的或冷淡的、敏感的或迟钝的、好交际的或羞怯的

解读女宝宝

女孩从很小的时候，就会有更多屈从于他人需求的心理——对父母的教育更加遵从，为满足他人的需求尽力而为等。

等。实际上，还在襁褓中，这些秉性就被你的育婴方式、你与宝宝情感交流的质量所左右着了。因此，那种怕宝宝抱惯了，而对宝宝的情感需求漠然置之的做法是不可取的。

要注意，不要在生人刚来时，突然离开宝宝，也不能用恐怖的表情和语言吓唬宝宝，更不能把自己在工作中的怨愤发泄在宝宝身上，对宝宝冷落、不耐烦、甚至打骂等。

要使你的宝宝经常绽开幸福的笑脸，你就必须经常调节并保持愉快的情绪状态。经常愉快地面对宝宝将使你的宝宝开放心理空间，接收和容纳更多的外界信息，更主动地接近他人，探索周围的世界，为心理健康奠定基础，为智力发展提供一片欢乐的"绿洲"。

和宝宝一起去游泳 ★★★

根据医学研究显示，游泳可以增进宝宝和爸妈之间的互动、增强宝宝心肺功能、让宝宝睡眠安稳、吃得更好。游泳有助于增进宝宝的水感，帮助开发宝宝的右脑创造力。在宝宝游泳的过程中，通过拍水、踢水的全身运动，能刺激宝宝的神经系统发育和强健骨骼发展。水中的浮力能够帮助宝宝不费力的做任何动作，在宝宝游泳玩水的过程中，无论是扶着宝宝在水中踢水或抱着宝宝一起在水中行走，都能训练宝宝的平衡感。

世界各国鼓励宝宝开始学习游泳的年龄各不相同。欧美国家鼓励宝宝在出生4～6周后就可下水游泳，日本当地政府则建议宝宝约6个月大时再开始接触游泳；在我国，因为顾及6个月以下的宝宝的抵抗力较弱，加上颈部发育尚未完全，为了避免宝宝在游泳池不慎被别人推挤，伤害到宝宝脆弱的颈部，建议还是等宝宝6个月大之后再让宝宝开始感受游泳的乐趣。

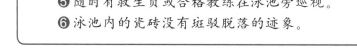
专家主张

如何挑选质量好的游泳池

❶ 游泳池采光干净明亮。

❷ 淋浴间整齐干净，没有斑驳老旧的地面或墙面。

❸ 游泳池有固定的清场时间，彻底保持水质干净。

❹ 泳池空间的动线良好，地面防滑垫没有斑驳磨损的迹象。

❺ 随时有救生员或合格教练在泳池旁巡视。

❻ 泳池内的瓷砖没有斑驳脱落的迹象。

适合0～6个月大新生儿的水温，在32℃～33℃，6个月大以上的宝宝，水温则维持在30℃～31℃即可。不过，这个温度对同池的成人而言，可能会觉得水温偏热。

适合宝宝游泳的水温，不能和室温差距太大，以避免宝宝因为温差过大而感冒。因此，宝宝上岸后，家长一定要记得帮宝宝迅速用大毛巾擦干，再稍微冲个温水澡即可。

泳池中的氯会伤害宝宝的肌肤吗?目前技术上可以做到长时间在水中维持杀菌功能的只有氯，所以一般泳池都会选择加氯以保持水质的清洁。有些家长或许会担心，泳池内的氯会不会对宝宝的肌肤造成伤害？倘若宝宝不小心喝到泳池的水，会不会对宝宝身体造成影响？

质量优良的泳池会固定一个小时就检测一次水质，同时告示在明显处。根据目前规定，泳池的含氯量是在0.5～1.0 ppm之间，其实跟家里的自来水无异，家长们还是可以放心地带宝宝一起去享受游泳的乐趣的。

基本上水中的压力让宝宝不会容易感到想尿尿或便便，不过，家长如果看到宝宝的表情有类似在用力的样子，最好先抱宝宝上岸。假使宝宝的游泳尿布有少量的尿液流出，游泳池中的氯和臭氧也能迅速杀菌消毒，家长无须过于担心。

睡前两小时最适合宝宝游泳。适合宝宝的最佳游泳时段是睡前两小时，虽然小宝宝睡觉的时间不一定，家长还是可以尽量挑选宝宝睡前的时段，让宝宝去玩玩水当作睡前运动，游泳后宝宝还能睡得更香甜呢。不过，需注意的是，游泳时段要避开宝宝疲劳或肚子饿的时间。

 育儿难题 Q&A

Q 我有个小宝宝6个月大，喝母乳，但未长牙，我尝试喂她吃粥、水果泥，但她总是吐出来，这样还要继续喂吗？

A 通常开始给宝宝尝试固体食物，至少要试8～10次才会成功，所以妈妈不要灰心，一次只试一种新的辅食，每次的量不要太多，一小口一小口慢慢来，通常就会成功的。等一种辅食适应了一个星期后，再尝试另一种新的辅食。

Q 医生通常建议过敏宝宝满6个月之后再添加辅食，我的宝宝没有过敏现象，也没有家族史，但我想让她也满6个月以后再吃辅食，这样对她的肠胃是不是比较好？

A 对于健康的宝宝来说，在适当的时间添加辅食是非常重要的，这不仅是因为较大的婴儿需要母乳以及其他食物的营养，而逐步添加辅食也是建立迈向成人饮食的重要过程。因此，除非宝宝有过敏家族史、过敏症状，或有其他代谢异常等疾病，否则不应该延后添加辅食的时机。

Q 宝宝不肯吃辅食怎么办？

A 假使宝宝较难接受新食物，最好在她肚子饿的时候先喂食辅食，不要等到宝宝喝完奶之后再来尝试。另外，喂食的环境相当重要，尽量要让宝宝专心地吃东西，不要边吃边玩，分散注意力。有时候如果有大人或是其他婴幼儿在进食，也会吸引她吃东西。要把握的大原则就是有耐心地慢慢引导她接受新食物，千万不要强迫宝宝进食。

Q 宝宝不喝解冻母乳，怎么办？

A 对上班族妈妈来说，喂母乳实在不易，若宝宝不肯喝解冻后的母乳更令人困扰。建议妈妈不妨等宝宝很饿时再喂奶。当宝宝饿到发慌，对解冻后的母乳的接受度就会提高。倘若宝宝就是不喜欢解冻后的母乳，但妈妈在上班期间又无法回家哺乳，那么妈妈可以参考搭配"配方奶粉＋母乳"的哺喂方式。上班期间，请家人或保姆先帮忙哺喂配方奶粉，等妈妈下班后再哺喂母乳。

PART 7

第7个月
女宝宝养育

女宝宝第7个月体格发育指标

项目	年龄组	下限值	上限值
身高	7个月	61.3厘米	75.6厘米
体重	7个月	5.90千克	11.40千克
头围	7个月	约为43.1厘米	
胸围	7个月	约为44.1厘米	
牙齿	7个月	长出下中切牙，上中切牙，上旁切牙	
囟门	6个月以后	逐渐骨化而变小	

第 7 个月
女宝宝日常保健

半岁以后宝宝抗病力下降 ★★★

7个月以前的宝宝，体内有来自于母体的抗体等抗感染物质以及铁等营养物质。抗体等抗感染物质可防止麻疹等多种感染性疾病的发生，而铁等营养物质则可防止贫血等营养性疾病的发生。

一般从7个月大开始，由于宝宝体内来自于母体的抗体水平逐渐下降，而自身合成抗体的能力又很差，因此，宝宝抵抗感染性疾病的能力逐渐下降，容易患各种传染病以及呼吸道和消化道的感染性疾病。

许多小儿要到9～10岁以后自身的各种抵抗感染的能力才能到达有效抗病的程度，那时，各种感染的机会就会明显减少。

提高抵抗疾病的能力，主要应做好以下几点：

⟲ 按期进行预防接种，这是预防小儿传染病的有效措施。

⟲ 保证小儿营养，各种营养素如蛋白质、铁、维生素D等都是小儿生长发育所必需的。

⟲ 保证充足的睡眠也是增强体质的重要方面。

⟲ 进行体格锻炼是增强体质的重要方法，可进行主、被动操以及其他形式的全身运动。

⟲ 多到户外活动，多晒太阳和多呼吸新鲜空气。

女孩子不容易生病吗 ★★★

许多妈妈认为：相比男孩子，女孩子不仅比较不容易生病，而且也不会动不动就受伤。所以，女孩子比较好照顾。

虽然在身高、体重、胸围的平均数值上，男孩子会比女孩子高出许多。可是在成长速度方面，女孩子一直都比男孩子快。这是因为女孩子在出生之后，会比男孩子提早成长3～6周。另外，在进入小学之后，有的甚至发育得比男孩子提早约一年的时间。在进入青春期之后，女孩子的成长则已经比男孩子快两年左右的时间了！

而依照这样来推算的话，到了幼儿期，因为女孩子的成长已经比同年龄的男孩子快上许多，所以，一旦遇到了外界的刺激，抵抗力当然也会比男孩子还要强上一些。

宝宝发烧什么情况去医院 ★★★

发烧是人体跟病原体作战的反应。人体合适的温度是37℃，细菌病毒生长也适合37℃，当人体发高烧的时候，细菌、病毒也不易繁殖。发烧是人体对抗疾病本能的反应，所以，宝宝发烧不要太紧张。

但是长期发烧消耗比较高，宝宝神经系统发育不完善，高烧会抽风，一般情况下到了38.5℃就要去医院。

发烧时一定要看宝宝身上有没有出血点，要看有没有疹子，嘴里、手上、胸部有没有长疱疹，如果有一定要去医院。宝宝发烧出现红斑、疱疹，这些都提示有其他疾病存在。

退烧的方法有哪些 ★★★

孩子发高烧的时候以退烧为主，需要把体温降下来以免过高的体温造成大脑损伤。降低体温有几个方法。

对流或温水浴

环境温度越低，越有利于对流，但要注意环境温度太低的时候，容易刺激孩子抽风。有的家长用冰块，其实冰块是不宜使用的。冰枕和冰帽通常用于超高热，如41℃、42℃的时候，超高热对孩子大脑有损伤，要用冰来物理降温，这是保护脑子。但是38℃、39℃的时候，突然用冰降温孩子会很难受。

那么，除了打开孩子的衣服或者包裹以外，用什么方式散热好呢？温水浴是公认的最好的办法。把门关起来，室温高一点，没有对流风就行。

酒精擦浴

这种方法不适合小孩，小孩皮肤嫩，对酒精吸收快。用酒精擦浴之后，孩子没准就醉了。大一些的儿童用酒精，可以温水兑，要稀释到40%，也不要大量地用。

退烧药

退烧药都有一定的不良反应，例如对肝脏的损伤。一般发烧不超过38.5℃，不建议家长给宝宝服退烧药，超过38.5℃时，应在医生指导下服用适合小儿的药物。

孩子反复发烧该怎么办　★★★

孩子发烧到38℃、39℃，去了医院，打一针烧退了，回家4小时后又烧，是再抱她去医院还是再吃药呢？

只要孩子精神好，吃饭、喝水没问题，只有发烧，给她吃退烧药就可以了，像对乙酰氨基酚每4个小时吃一次，布洛芬8小时吃一次，一般服用两三天就好了。

无论是病毒感染，还是细菌感染，一般情况下都会烧2～3天。幼儿急疹烧得非常高，可达39℃～40℃。发病年龄是6～9个月，常常是孩子第一次发烧，一来就高烧。但是这个病不厉害，容易好。所以，发烧高，并不意味着疾病严重，只要精神好，没有皮疹，没有出血点，不伴有黏液脓血便，一般就没有太大问题。

高烧要不要先吃抗生素　★★★

孩子发烧以后，家长往往找点抗生素先给孩子吃。有几种情况可用抗生素。例如，一上来就吐、高烧，伴有呕吐的高烧一般情况下都是细菌感染比较多。

常见于急性鼻窦炎，也就是常说的胃肠性感冒。肚子疼，高烧，鼻腔感染，黏液分泌物沿着嗓子流到胃里，鼻涕到胃里面刺激胃，就发生呕吐。鼻窦炎基本上都是细菌感染。还有黏液脓血便，肚子疼，是典型的痢疾。

抗生素不可滥用，应在确有细菌感染时才能使用。且许多种类的抗生素小儿是忌用或慎用的，即使可以使用，剂量也应区别于成人，因此孩子一定要在专科医生指导下使用抗生素。

发烧的家庭护理方法 ★★★

　　◎ 孩子病了以后，一定要保持空气的流通，注意散热。空气流通有利于孩子降温。

　　◎ 让孩子休息，睡得好，孩子的抵抗力就好。

　　◎ 让孩子喝足够多的水，喝水多，出汗就多，尿也多，尿会带走很多热量，也是一个散热的方式。

　　◎ 一定要保证大便通畅，肠道散热是最主要的一个散热方式，大便会带走一部分热量，有的孩子高烧不退的原因就是几天都不排便。

孩子发烧不喝水怎么办 ★★★

　　孩子不喝水有两个原因：

　　◎ 嗓子发炎，嗓子疼，这是最主要的。

　　◎ 孩子难受恶心，不想喝水。

　　这时补充水分是第一要务，孩子爱喝可乐就喝可乐，爱喝果汁就喝果汁，至于说喝了之后会不会咳嗽，暂时不要管。如疱疹性咽炎，症状是高烧、嗓子疼。孩子什么都不吃，什么都不喝。孩子如果想吃冰激凌，就让孩子吃，只要把水喝进去就行。如果实在是喝不下去，就要给孩子输液。

为什么孩子会经常发烧 ★★★

　　孩子偶尔发烧或者一年感冒三四次都是正常的。如果孩子反复发烧，特别是高烧，一定要查原因，可能有一个慢性感染灶，如扁桃体或者咽扁桃体的慢性炎症，把原发病治疗好以后，她就好了。

专家主张

当孩子有下列症状时应尽快就医

　　懒洋洋没有精神时；半天以上没有摄取水分；未满3个月的宝宝，发烧超过38℃而且活动力下降；4个月以上的宝宝发烧超过40℃；出疹或伴有其他症状。

第7个月
女宝宝的喂养

7~9个月宝宝这样吃 ★★★

此时宝宝已经长出牙齿了，能吃的东西愈来愈多，所以宝宝慢慢地也要和大人一样注意均衡的饮食，才会有均衡的营养，可以考虑1天给宝宝喂2餐辅食。

断奶中期的食物形式应以能用舌头打碎的硬度为主，例如，水果泥或可用手拿的固体食物，如磨牙饼干、香蕉等。此外，宝宝也会比较喜欢吃甜甜的果泥，应鼓励宝宝自己进食，食物的不同口感，可增进宝宝味觉的发展。

7~9个月婴儿的食品添加表

母乳，婴儿配方奶粉	一天喂3~4次，每次210~240毫升
菜汤	1~2汤匙/天
果汁或果泥	1~2汤匙/天
稀饭或面条	1.25~2碗/天（分成2次喂食）

过敏儿辅食注意事项 ★★★

1 辅食要6个月以后再添加。一般婴儿在4个月时，即可添加辅食，但过敏宝宝建议6个月之后再添加。如果过敏症状严重时，有些医生甚至建议把辅食的添加时间延至9个月以后。

2 添加辅食的方法。每周添加一种新食物，从少量开始，每天逐渐增加食用量。在确定不会引起

或加重过敏症状时，再换下一种新食物。若出现过敏症状，则立即停止该种食物。不要一会儿给宝宝这种食物，一会儿吃另一种食物，否则，发生过敏症状时，比较难找出是哪种食物引起过敏的。

3 添加辅食的顺序。由低致敏性的食物开始慢慢尝试，例如，米粉、果汁（泥）、菜汁（泥）、稀饭等，10个月之后才开始添加蛋黄、鱼、肉、肝等动物性食物。至于容易引起过敏的食物，如蛋白、有壳海鲜（虾、蟹）、花生坚果类等，最好等1岁至1岁半以后才食用，不过还是少吃为宜。

4 食物过敏会引起的症状。包括腹泻、呕吐、腹痛等肠胃症状；皮肤上会以长疹子、瘙痒、荨麻疹等来表现；此外，咳嗽、流鼻涕、打喷嚏，或原有的过敏症状加重时，也要考虑是否为食物所引起的过敏症状。

5 不要害怕添加辅食。有一些父母怕辅食会诱发宝宝的过敏，因此一直不敢添加辅食。其实辅食可训练宝宝的咀嚼及吞咽能力，对促进脑部发育、颜面神经与肌肉的发展有很大的帮助，牙床的发育也会较健康。只要慎选辅食，就不怕诱发过敏。

6 多样化的食物种类。不要因为怕宝宝吃到易致敏的食物，就限制食物的种类。多样化的食物种类，才能补充孩子成长所需的营养。只吃少数种类的食物容易导致营养不良，因此父母应该供给宝宝不同种类的食物，并避免易导致过敏的食物。

孩子不爱吃辅食可以晚些添加吗 ★★★

小孩有一个口腔味觉的发展过程，过晚添加辅食可能造成很多味觉都不能适应。对于纯母乳喂养，推荐在16周以后、27周以前开始添加婴儿辅食，也就是满4个月，不能晚于6个月，在这之间开始婴儿食品的逐渐引入，这是母乳喂养的过程。

这期间开始小孩子需要各种营养素，单纯靠母乳不能完全提供了，随着小孩子年龄的增长，过晚添加会出现断档，小孩在某一阶段可能出现营养素的缺乏。从纯母乳喂养一下转换过来会比较困难，添加辅食是让孩子接受一些新的事物、新的食品、新的口味，要循序渐进，不能急，需要一段时间来适应。可以用勺来适应，这样可锻炼她的口腔运动功能。

🤰 宝宝辅食制作 ★ ★ ★

南瓜糊

原料：甜南瓜10克，肉汤1大匙。

做法：

1 将南瓜去皮之后切成小块，炖熟，并过滤。

2 将南瓜和肉汤倒入锅中同煮。

胡萝卜泥

原料：胡萝卜150克，牛奶100克。

做法：

1 将胡萝卜洗净，刮去皮，上屉蒸熟，取出后研碎，加入牛奶搅拌均匀。

2 把搅拌好的胡萝卜泥放在锅内，加入少许清水，用小火熬成糊状即可。

特点：胡萝卜泥含有较多的钙、磷、铁、胡萝卜素等，是婴幼儿常食用的辅食。

菜蛋米粉糊

原料：高蛋白米粉100克，鸡蛋1个，胡萝卜20克，小白菜10克，鸡汤100毫升。

做法：

1 鸡蛋煮熟，取出蛋黄研成泥。

2 将煮软的胡萝卜和烫熟的小白菜剁成菜泥，

3 将菜泥和蛋黄泥、米粉一起加入煮开的鸡汤中，微火煮5分钟，和鸡蛋泥搅拌均匀即可。

香蕉粥

原料：香蕉1/2根，牛奶100毫升。

做法：

1 将香蕉洗干净后去皮，用勺子背压成糊状。

2 将香蕉糊放入锅内，加牛奶混合上火煮，边煮边搅匀即可。

鱼糊

原料：新鲜去皮去骨刺鱼肉50克，清汤适量。

做法：

1 鱼肉洗净，剁碎。

2 将清汤放入锅内，加入研碎的鱼肉，边煮边搅拌均匀，煮至鱼肉呈糊状糊状即可。

特点：健脑益智，促进生长发育。

第7个月
女宝宝的早教

🍼 婴幼儿智力障碍的危险信号 ★☆★

宝宝生下来以后从不哭闹，吃吃睡睡，很少给你添麻烦，你不要以为这宝宝很"乖"，其实，有些婴幼儿因年龄幼小，心理障碍的表现有时更难辨识，躺在那里不哭，不等于宝宝一切都好。这种"乖"的表现是因为她们对周围事物缺乏兴趣，注意力和反应能力较差的缘故。若是由于爸爸妈妈的误解，致使这些宝宝的智力问题没有及时被发现，得不到早期的治疗与训练，这样会耽误宝宝最佳训练时间，造成终生遗憾。

婴幼儿智力障碍的行为表现主要有以下几点。

1 很晚才出现微笑（正常宝宝2～3个月会微笑），不注意别人说话，伴有运动发育落后。

2 视觉功能发育不良，不注意注视周围人和事物，眼神不会跟踪亮光或物体。

3 对声音或声响缺乏反应，常被误诊为耳聋。

4 由于咀嚼晚，以致喂养困难，当给固体食物时，出现吞咽障碍并可引起呕吐。

﹃ 词汇解读 ﹄

感知能力

　　感知能力主要包括视觉、听觉、触觉、嗅觉、空间直觉和时间知觉等能力。宝宝通过看、听、触摸等活动认识人和环境，认识物品的颜色、形状、大小、光滑、粗糙等特征，这些都是将来进行观察、记忆、思维的基础。宝宝年龄越小，抽象性思维越差，对感知觉的依赖性也就越大，周岁以下的宝宝几乎都是靠感知觉来直观地认知世界。

5 正常的宝宝在会走以后，走路时两脚就不再互相乱碰了，发育迟缓的宝宝到2～3岁时仍可见到这种情况。

6 注视手的动作持续存在。正常宝宝在3～4个月时，时常躺在床上看着自己的双手，反复玩弄双手；智力低下的宝宝在6个月后，这种行为仍持续存在。

7 正常宝宝在6～12个月后，经常将东西放进嘴里，当手的动作比较熟练时，就不再用嘴。但智力发育落后的宝宝用嘴的动作持续到很晚，有时到2～3岁还把玩具放进嘴里。在清醒时，智力低下宝宝可见磨牙动作，这是正常宝宝所没有的。

8 正常的宝宝在15～16个月后就不再把东西随地乱丢，而发育迟缓的宝宝持续的时间要长。

9 智力低下宝宝有时需反复或持续刺激后才能引起啼哭，哭时经常发喉音，有时哭声尖锐，或呈尖叫，或呈高音调，亦有哭声无力。正常宝宝的哭声常有音调变化。

10 正常宝宝在1岁时停止淌口水，有缺陷的宝宝持续时间要长。

11 缺乏兴趣及精神不集中是智力低下宝宝的两个很重要的特点。缺乏兴趣表现在对周围事物无兴趣，对玩具兴趣也很短暂，反应迟钝。

12 智力低下宝宝有时表现为多睡和无目的的多动。

解读女宝宝

女孩的大脑左半球神经末梢的发育早于男孩（女孩的语言大脑组织位于左半脑前区，而男孩的分布在左半脑的前区和后区），她们很早就学会说话、书写、造句，有良好的语言推理能力，并且很少出现阅读问题。

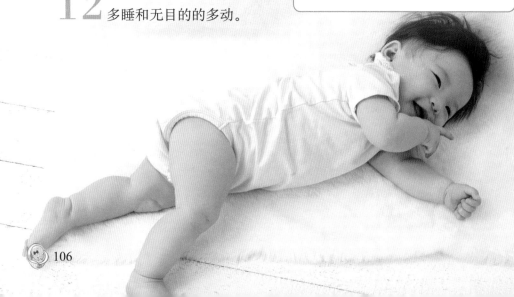

育儿难题 Q&A

Q 我的宝宝已经将近7个月大了，但是她从两个半月起就一直拒绝喝奶，而且这个月以来体重开始下降，请问这究竟是怎么回事？实在让人非常担心！

A 你的宝宝从两个半月开始拒绝喝奶，而且体重下降，要考虑可能患有肠道疾病，如胃食道逆流症、慢性宿便或肠回转不良等疾病，因此建议你的宝宝接受腹部X光片、腹部超声波、肠道摄影检查或胃食道逆流的摄影检查，以查出病因。除了肠道病因外，一些脑部或其他器官（如肺、心、肝、肾）等疾病也可能会导致宝宝厌食。

Q 小孩子3岁以前能喝酸奶吗？

A 可以，但是不能全部代替牛奶。因为酸奶里面有一些益生菌，对小孩子吸收是有帮助的，但是在一些营养素的强化方面有些不如牛奶，不能完全替代牛奶，只能够代替一部分牛奶。

Q 老人家常说发烧会烧坏脑袋，我的宝宝常常发高烧，会不会影响她的智力发展？

A 发烧只是一种现象、一种症状，而不是一种病。面对发烧

宝宝，我们主要做的并非只是退烧，而是寻找发烧的原因。医生会依发烧的时间、温度的高低、发烧的曲线、相关的症状及仔细的身体检查，来判断可能的疾病。此外，发烧也是一种指标，它可以告诉我们问题是否仍旧存在、治疗是否有效。因此，家长必须配合医生的指导，观察与追踪，而不是随便使用抗生素或一味要求退烧。

Q 给宝宝喂药有什么注意事项？

A 给孩子喂药以前，妈妈不宜先进行喂乳及饮水；让孩子处于半饥饿状态下服药，不仅可以防止恶心呕吐，又因饥饿可便于药物的下咽。要按照医嘱服药，药量不要过多也不要过少。喂药前先将药片或药水放置汤勺内，用温开水调匀；爸爸妈妈可将孩子抱于怀中，托起头部成半卧位，用左手拇指、食指轻轻按压小儿双侧颊部，让孩子呈现"O"形的张嘴状，再将药物慢慢倒入其嘴里。不要用捏鼻子的方法硬灌药物，如此药液容易呛入气管；还有也不应将药物直接倒入咽部，以免将药物吸入气管发生呛咳。倘若喂药液时，孩子出现呛

咳的反应，就应立即停服并抱起轻拍其背部；若继续强行灌服，药液呛入气管则会造成肺部感染，或因阻塞气管而窒息死亡。

Q 我的小孩快7个月了，每次到药店，店员就会向我介绍营养品，他说DHA会帮助婴幼儿脑部发育，吃钙粉会帮助骨骼发育，长得高，乳酸菌、乳铁蛋白能照顾肠胃，避免肠病毒，说得好像如果小孩不吃这些东西就会跟不上别的小孩似的。到底这些东西有没有实质的帮助呢？吃这些营养品会不会对宝宝的肾脏造成负担？

A 钙的确有助于骨骼发育，但不宜过量，因为摄食过多的钙可能会与磷酸盐或碳酸盐结合，堆积于肾脏而形成结石。一般正常健康的宝宝只要均衡饮食加上适量配方奶摄取，大多不会有钙质缺乏的问题。

DHA可促进婴幼儿脑部发育，但不宜摄食过量。

乳酸菌对6个月以上的宝宝在临床上有较正面的疗效，可改善便秘、腹泻或胀气等，6个月前的宝宝不建议使用。

乳铁蛋白除了与铁的吸收有关，还可增强人体的免疫功能，可对抗部分病菌，如病毒或霉菌等。

上述营养素对婴幼儿的成长的确有辅助作用，但不宜摄食过量，一般的婴幼儿只要食用配方奶，加上正确的辅食摄取量，大多会正常发育。只要你的宝宝有正常的生长曲线，正常的排便与发育，是否添加上述提及的营养素，可能就不那么重要了。

Q 我女儿7个月了，最近发现她的膝关节活动的时候，有时候会发出"咔、咔"的声音，但是女儿没有任何不舒服的情况，活动力也很正常，请问为何会有如此的情况呢？

A 膝关节在活动时发出"咔、咔"声，在婴幼儿时期不算少见，如果没有疼痛或活动上的限制，就不是一种病理的现象，不需要太担心。但如果是髋关节活动时听到声响、帮婴儿换尿布时发现有一侧大腿不易拉开、婴儿长短脚或两大腿后皮肤皱褶不对称时，就应尽早就医作进一步的检查，以排除先天性髋关节脱臼的可能性。

PART 8

第8个月
女宝宝养育

女宝宝第8个月体格发育指标

项目	年龄组	下限值	上限值
身高	8个月	62.5厘米	77.3厘米
体重	8个月	6.13千克	11.80千克
头围	8个月	约为43.6厘米	
胸围	8个月	约为44.5厘米	
牙齿	8个月	长出上中切牙、上旁切牙、下旁切牙	
囟门	6个月以后	逐渐骨化而变小	

第 8 个月
女宝宝日常保健

宝宝多大时开始会爬 ★★★

宝宝的粗动作循序发展，依序是头、颈、躯干，坐、爬、站、走、原地跳、上下楼梯、向前跳，简单来说就是由头、躯干往四肢方向发展。虽然每个孩子的状况有所不同，大致说来，爬行的准备动作从出生时就略具雏形，至八九个月大时大致成熟。

所谓"六坐，八爬，九叫爸"，一般8～9个月大的宝宝已经可以不扶东西就坐得很稳，也会开始爬行来探索这多姿多彩的世界。对宝宝小肌肉的训练及感觉统合的协调来说，爬行扮演着非常重要的角色。

婴儿学爬的情形

阶段	爬行动作
新生儿	俯卧位时就会有反射性的匍匐姿势
2个月	能在俯卧时交替踢腿，好像匍匐前进
3～6个月	可用手肘撑起上半身数分钟
8～9个月	能用手支撑胸腹，使身体离开地面，能开始爬行了

❶ 先是能用双手手掌支撑起上半身

❷ 能用单手支撑起上半身的时候，另一只手就自由了，想去拿东西

❸ 发现身边有感兴趣的东西，为了拿要旋转身体，这是移动的开始

宝宝移动的原动力是对物体的兴趣和欲求

训练宝宝爬行的方法 ★★★

宝宝要学会爬行，无法一下子就成功，必须循序渐进。

婴儿分阶段学爬要领

阶段	训练宝宝爬行的要领
准备期（7个月）	当宝宝躺着时，可以用手顶住宝宝的脚，轻轻地推几下，活动宝宝的膝关节，并训练脚的力量
腹爬期（8个月）	俯卧，一般宝宝头会自然抬起，屈肘，腿伸直。此时教宝宝右手上伸，左腿上屈，用右肘及左膝的力量向前爬；然后再换左手和右腿，自然能够前进。注意爬行时腹部不能离开地面，屁股不能翘高
由腹爬到匍匐爬行期（8个月）	爸爸妈妈可以用一条毛巾包裹住宝宝的腹部，在宝宝爬行时略微往上提，帮助宝宝以腹部离地的方式往前爬。当宝宝知道这样可以爬得更快时，下次便会尝试腹部离地爬行
由匍匐爬行到手膝爬行（狗爬）期（8个月）	度过一两个星期的不协调期，宝宝的手臂就可以撑地了，借腹部与四肢的力量，带动身体往前爬行。此时可以用玩具吸引宝宝，鼓励宝宝伸手抓取，再渐渐拉远东西放置的距离，激发宝宝爬行的动力

宝宝爬行时的注意事项 ★★★

训练宝宝学爬首重安全，同时注意宝宝衣着，不要穿得过多、过紧或过长，买玩具激发宝宝爬行的欲望。当宝宝爬得高兴后还可变化高度，让宝宝爬高爬低，但一定要注意安全。

当宝宝学会翻身、爬行后，误食异物等的危险便会随之增加。宝宝爬行时期，请注意以下几点。

1 爬行垫的材质。太柔软会让宝宝动弹不得，甚至有窒息的危险；太粗糙的表面，可能会伤害到宝宝细嫩的皮肤。也有很多家长喜

❶ 匍匐爬行

❷ 四肢爬行

❸ 翘臀爬行

欢去买塑料拼装软垫，给宝宝练习爬行，但是要注意材质，有些甚至会释放出有毒的气体，家长务必要小心选择。另外有的拼装软垫上面会镶嵌可以拆装的小图案或字母，有些宝宝会把这些小东西拆下来吃，同时也容易藏污纳垢，家长应该注意。

2 四周的安全环境。不可在楼梯附近练习，以防止宝宝坠落，就算有栏杆，也要小心宝宝会钻出去。在床上练习爬行也要十分注意，曾有妈妈只是起身打电话，一转身宝宝就从床上滚落。散落在四周的小物品也要小心收好，曾有奶奶在旁边缝衣服，小宝宝爬过来就把大针吞下去的案例。

3 永远不要低估你的宝宝。她可以在你不注意的时候，把金属插销插进墙上的插座中，她也会拉扯甚至啃食电线。本来还在学爬的宝宝，会突然扶着桌脚，把餐桌的桌巾拉下来，把热汤淋在身上。她也会从床上爬到梳妆台上，偷吃妈妈的小药片。因此要注意：第一，纽扣、回形针、电池、烟蒂等小件的物品不得放置在宝宝伸手可及之处；第二，因为宝宝会拉桌布来玩，因此不要使用桌布，防止物品掉落发生意外；第三，熨斗不得放置于伸手可及之处。此外，家中最好安装安全插座。

婴儿爬行时的注意事项

原则	注意事项
安全	布置一个安全的学爬环境，地面要平整，可铺放具有弹性的软垫
舒适	注意手掌、手肘与膝关节的保护，但也不要穿过多的衣服，以免妨碍宝宝的动作
诱导	以能发声或色彩鲜艳的玩具吸引，当宝宝伸手取物时后移，刺激宝宝以爬行取物
进阶	创造可以爬上爬下的斜坡环境，如安全的球池与绳梯，让宝宝发展更好的空间判断力

解读女宝宝

女孩在成长过程中面临的最大困境是容易自卑、容易放弃。此时，父母的鼓励，往往是成就女儿一生的好方法。其中父亲的鼓励更在女儿成长过程中具有非同寻常的作用。

爬得太早有害吗 ★★★

"翻身、坐、爬、站、走"是婴儿粗动作发展的五大里程碑，循序发展是最令人放心的。有些宝宝还不会坐稳就能站得直，爸妈不要觉得是件值得炫耀的事，有时医生反而会担心是否中枢神经出了问题，导致肌肉张力过高，因此好像很快就会站立了。此外，若邻居或亲戚的小朋友很快就能爬，自己的宝宝比较慢，也不要灰心难过，因为有时是环境狭隘，不利学习；或者爸妈怕宝宝爬行时手脚弄脏容易生病，不鼓励爬行，也会阻碍宝宝爬行的训练。

不愿意爬就走可以吗 ★★★

在忙碌的时代，不爬的宝宝越来越多。很多父母顾虑环境安全与怕宝宝弄脏，而很少让宝宝爬，常常抱着或背着宝宝。于是很多宝宝便略过了爬的阶段，直接进入站和走的阶段。即便如此，为人父母也不用过度自责，因为目前医学文献并没有多爬的宝宝比不爬的宝宝智能较高或体能较佳的相关报告。因此父母不需要刻意强逼一个不肯爬且已经学站的孩子非爬不可，此时顺其自然就好。

如何清除宝宝耳屎 ★★★

耳屎在医学上称为耵聍，是由外耳道中的耵聍腺分泌出来的浅黄色黏液状物质。当外界的灰尘进入外耳道时，被耳毛挡住，被黏液粘住，加上外耳道脱落的上皮细胞干燥以后形成一片片薄薄的耵聍附着在外耳壁上。由于人们不断地吃东西、说话，使下颌关节运动，能把分泌的耵聍挤出去。

当外耳道患有慢性炎症或被堵塞时，外耳道的异物、分泌物增多，若与脱落的上皮细胞和进入外耳道的灰尘混合在一起，耵聍会很坚硬，如不及时清理，会使耵聍越积越多，堵塞外耳道，还可以引起中耳炎，出现全身症状。耳朵内的炎症常常可以造成婴幼儿听力下降，甚至会造成耳聋，使宝宝落下终身残疾。因此有耵聍时应及时清理。

有些成年人喜欢用发夹、耳挖子取耵聍，这是很不安全的，容易发生意外事故，尤其对宝宝，更不能采用这种方法，可以用棉签将其卷出来。若是比较坚硬的耵聍，可滴少许苏打水或耵聍水将其泡松，再慢慢取出。

宝宝防蚊 ★★★

在夏天，为了避免宝宝受到蚊虫的叮咬，一方面要保持环境的清洁卫生，另一方面要采取合适的方法来防蚊虫。

现在防蚊虫有多种方式，除了传统的用蚊帐来防蚊虫外，许多家庭还用蚊香和杀虫剂来防蚊虫，但宝宝房间最好采用蚊帐来防蚊虫，而不适宜用蚊香和杀虫剂。

蚊香的主要成分是杀虫剂，通常是除虫菊酯类，其毒性较小。但也有一些蚊香选用了有机氯农药、氨基甲酸酯类农药等，这类蚊香的毒性相对就大得多了。因此婴幼儿房间不宜用蚊香。现在用电蚊香来防蚊虫也很普遍，它对一般成人来说是无害的，但对宝宝来说还是尽量不用为好。

宝宝房间也禁止喷洒杀虫剂。宝宝如吸入过量杀虫剂，会发生急性溶血反应、器官缺氧，严重者会导致心力衰竭、脏器受损或转为再生障碍性贫血。

要注意保护宝宝的肾脏 ★★★

肾脏具有排泄废物、调节血液成分及分泌某些激素的作用。泌尿专家认为，保护肾脏要从小儿做起。

感染和冷湿是幼儿患肾脏疾病的重要原因，冬末春初气候多变，更要重视防治上呼吸道感染及急性咽炎、急性扁桃体炎。这些疾病可因链球菌感染引起肾炎，而冷湿则可诱发肾脏疾病。

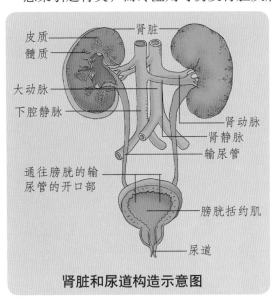

肾脏和尿道构造示意图

据测定，每分钟经过肾脏的血液达600毫升，血中的一切毒物均可直接损害肾脏，另外，各种药物大部分从肾脏排泄。因此，药物也会对幼儿肾脏有损害。对肾脏可能有损害的药物有各种止痛药，如对乙酰氨基酚、阿司匹林等。某些抗生素如先锋霉素、庆大霉素及链霉素等，可能损害肾小管，引起蛋白尿、管型尿。另外，各种可吸收的磺胺药，对肾脏也有损害。因此，幼儿应慎用对肾脏有毒性作用的药物。

第 8 个月
女宝宝的喂养

帮助宝宝断奶 ★★★

如果可能，妈妈可哺喂母乳直到宝宝1岁或2岁以上，之后再由两个人的情况一起决定断奶的时间。比较理想的断奶方式是逐步进行，不建议快速退奶（如1～2周之内）。已确定断奶时间的妈妈，可以提早作断奶的准备，如果可能，甚至可将计划时间设定得长一点，不仅时间比较充裕，提早达成的可能性也很高。

原则上，由于妈妈的奶水与宝宝的需求存在着供需关系，只要宝宝不再吸吮妈妈乳房，或是妈妈不再将奶水挤出来，奶水就会逐渐变少。胀奶的时候，可以先挤出一点奶水，再冰敷乳房减轻不适。不过，若妈妈想要更快退奶，就尽量不要挤出来（代价是乳房会胀得很痛）。另外，推荐妈妈使用卷心菜叶冰敷乳房，除了卷心菜叶的形状正好能覆盖在妈妈乳房上之外，它本身也具有良好的消肿效果。另外，民间流传的退奶饮食则是食用韭菜与麦芽水，妈妈亦可试试。

如果妈妈想要更快速地断奶，可以到妇产科就医，选择打针或吃药，通常可在一个星期内退奶。虽然理论上打退奶针或吃药会使妈妈退奶，但医生表示，确实有发生打退奶针的妈妈乳房比怀孕前小的状况，妈妈要考虑清楚。

1 慢慢延长哺乳的间隔时间。若宝宝两个小时喝一次奶，可慢慢延长到三四个小时喝一次，或是以其他食物取代。如此，可逐渐减少宝宝喝母奶的次数，而妈妈也会因为宝宝喝得少而减少奶水。

2 改变宝宝喝奶的习惯。宝宝会有习惯性的喝奶需求，这种喝奶习惯可以先移除。例如，宝宝早上起床习惯喝母乳，中午必须喝完母乳再睡觉，那么妈妈可以改变自己，让宝宝无法维持这些习惯。例如，妈妈可以比宝宝更早起床，让宝宝无法直接在床上喝奶；中午让宝宝从边喝边睡，改成到公园去玩耍，玩累了就回家睡觉。总之就是尽量让宝宝不要处在想喝母乳的情境。

3 睡前喝母乳的习惯可最后改变。对晚上睡觉前习惯喝母乳的宝宝来说，喝母乳代表与妈妈之间的亲密，喂母乳也可以让宝宝停止哭泣，具有安抚的效果。因此，这一餐，可以放到最后再改变。

4 以其他方式陪伴宝宝。有些宝宝在妈妈无法陪她玩感到无聊时，也会喝母乳。有的宝宝常爱在妈妈打电话时跑到妈妈身边喝母乳。如果妈妈们遇到类似的情形，就应该少讲电话，或不要在陪伴着宝宝时讲电话，而是陪她玩，或做其他有趣的事情，让宝宝不会感到无聊而想喝奶。

5 让宝宝不容易喝母乳。例如，妈妈可穿上比较紧身的衣服，那么宝宝不容易随意掀开衣服喝母乳。

怎样给宝宝断奶 ★★★

　　断奶食品的烹制首先要根据婴儿的实际情况决定。婴儿在用勺的练习阶段，可由父母抱着吃。但若是到了能吃粥的时候还不会坐着吃就不太好办了。因此，父母要让宝宝练习坐的时间。

　　如果婴儿不喜欢吃配方奶以外的其他食品就不要勉强。若是宝宝伸手去抓盛着米粥的勺子，表现出很想要的样子，那么可以断定断奶过程会比较顺利。

　　断奶能否成功，并不在于婴儿已长到七八个月或是体重已达到五六千克等这些外部表征，而是取决于婴儿自身是否有想吃辅食的愿望。但若是因宝宝喜欢吃米粥、果泥等食物，家长就无限度地给宝宝增加辅食的量，也是不可取的。如果宝宝每10日的体重增加超过了300克，就说明饮食过量了，家长就应该控制宝宝的辅食量了。

　　当然，如果宝宝不喜欢吃米粥、麦片粥等糊状的食物而爱吃鸡蛋、面粉制成的小点心，也不妨喂给宝宝，让宝宝牙齿长齐后直接吃米饭，这也是可以的。

婴儿辅食不要用奶精、鸡精　★★★

　　婴儿的肝肾功能不强，容易受到伤害，因此做辅食应该使用天然食材，给孩子吃食物的原味。孩子刚刚品尝食物，跟大人的口味不同，不要为了增加辅食的味道，添加不必要的调料。

　　一般来说，鸡精应该是用味精、食盐、增鲜剂、鸡肉和鸡骨的粉末及浓缩抽取物等制成的，有鸡肉的鲜香味。但我国至今也没有关于鸡精的强制性标准，仅有一个供企业参照执行的行业标准。究竟什么成分能代表鸡的成分，鸡的成分所占比例多少才算"精"，至今也没有明确。所以给宝宝做饭，不要添加类似的调味料。

　　"奶精"实际上是植脂末，植脂末是以精炼氢化植物油和多种食品辅料为原料，经调配、乳化、杀菌、喷雾干燥而成。其中没有用到一滴牛奶或奶油，它的主要成分是氢化植物油。氢化植物油对人体的危害大于动物脂肪。而其他如"牛肉精"等食物调味品，也存在混淆概念的现象，都不要给孩子食用。

给孩子做辅食要清洁 ★★★

给孩子做辅食要注意清洁卫生，有些家长特别是老人在这方面存在认识上的误区：

误区一：有坏味的食物，只要煮一煮，就可以吃了。

有的细菌耐高温，比如能破坏人体中枢神经的肉毒杆菌，其菌芽孢在100℃的沸水中，仍能生存5个多小时。有的细菌虽然被杀死了，但它在食物中繁殖时所产生的毒素或死菌本身的毒素，并不能完全被沸水破坏。所以，变质了的食物，就是加热再吃，也会使宝宝中毒。

误区二：细菌怕盐，所以咸肉、腌鱼等就不用消毒。

实际上，有一种沙门氏菌能够在含盐量高达10%～15%的肉类中生存好几个月，用沸水煮30分钟才能将其全部杀死。这种细菌能使人肠胃发炎，因此食用腌渍食品时，也需要严格消毒。

误区三：冰冻的食物没有细菌。

有的细菌专门在低温下生活、繁殖，如嗜盐菌，使人发生严重腹泻、失水。这种细菌能在零下20℃的蛋白质内生存11周之久。所以，食用冰冻食物时，千万不能大意。

误区四：食物只要经过煮沸，就可以达到消毒、杀菌、防病的目的。

这种说法不全对。食物中毒可分为生物型和化学型两大类。生物型中毒主要是指细菌、病毒、微生物等污染食物，例如腐败食物中的霉菌。这一类食物可用高温蒸煮进行消毒，即使留有少量毒素也不会造成严重危害。但化学型中毒不是高温处理所能避免的，有时煮沸反而会使毒素浓度增大。比如，烂白菜中产生有毒的亚硝酸盐，人吃了就会发生严重的中毒现象。此外，发芽和未成熟土豆中的龙葵碱、油料中的黄曲霉毒素等，均不能通过高温达到消毒目的。

🍼 婴幼儿辅食不可多盐 ★★★

高盐饮食会加重宝宝的心脏、肾脏负担。由于婴幼儿机体功能尚未健全，肾脏功能发育不完善，没有能力充分排出血液中过多的钠，时间长了，就会损害肾脏，同时过多的钠会使体内水分潴留，促使血量增加，血管处于高压状态，使心脏负担加重。

所以父母在给婴幼儿做辅食时一定要注意，1岁以内的孩子尽量不放盐，1岁多的孩子，每日1克盐就够了，千万不要以自己的味觉为准。

🍼 宝宝挑食不要勉强 ★★★

婴儿过了8个月，对待食物的好恶也逐渐明显起来了，喜欢吃的食物她想多吃一点，不喜欢吃的食物一点也不想吃。

不要勉强宝宝

对于小宝宝的饮食偏嗜，父母不必急着在婴儿期去强行改变，有许多在婴儿期不喜欢吃的东西，到了幼儿期宝宝就很高兴地去吃了。在一定程度上的努力是可以的，但父母不能太勉强婴儿。

孩子即使不喜欢吃菠菜、卷心菜和胡萝卜等蔬菜，父母也可以给孩子喂其他蔬菜。对无论如何也不吃蔬菜的婴儿，也可以用水果来补充，只要能保证婴儿摄取到足够的营养素就可以了。

婴儿偏食不会导致营养失调

如果婴儿吃米粥、面包、面条等能获得必要的热量，喝配方奶（500毫升）或母乳能满足婴儿身体对蛋白质的最低限度需要，那么婴儿即使对其他辅食有些偏嗜，也不会导致营养失调。在鱼、鸡蛋、牛肉、鸡肉和猪肉等食物中，婴儿即使对其中的任何两种一点不吃，也不会导致营养失调。在米饭、面包、面条中，只要婴儿能好好地吃一种，就不会引起能量的不足。

第 8 个月
女宝宝的早教

女孩子比较乖巧文静吗 ★★★

男孩与女孩在体质以及性格发展方面的确有相当的差异。女孩子比较擅长哪些呢?

1 男孩子与女孩子在体质上,与生俱来就有明显的差异,从婴儿时期开始,就可以从活动力、敏感度以及营养的摄取方面看出。比较之下,男孩子比女孩子活动力强。

2 对于温度的差异。肌肤比较敏感且立即反应的是女孩子。

3 智能方面。男孩子在推理能力、问题分析以及组织能力上面,大致上都会比女孩子来得较有兴趣。所以,当他们长大了之后,就会比较倾向在数学、体育、物理、政治、财经方面有所发挥。因此在两者相较之下,女孩子在发音、说话、文艺之类的能力,以及手脚的灵活度方面,都会比男孩子来得优秀一些,所以,她们具有在语文、音乐、美术、舞蹈方面较为擅长的倾向。

解读女宝宝

很多女孩子的腼腆、害羞、矜持,其内在原因包含着不自信的因素。事实上,这些本不是专属女孩的个性,无非是自卑感在作祟罢了。

为什么女宝宝也不听话 ★★★

8个月到1岁这个时期的宝宝开始会挑战大人的权威了。

孩子说"不"可能是她对于已经学会的东西失去兴趣，想学新的东西。这时候爸爸妈妈不妨给她玩玩新的东西，如给她挑战性较高的玩具。

宝宝不听话怎么办？

了解原因→说理→告知后果

以宝宝不吃饭为例，爸爸妈妈要先了解宝宝为何不想吃饭，是胃口不好、生病了，或是因为先吃了点心而吃不下，还是故意闹脾气不吃。若是因为闹脾气而不吃，则可告知不吃的后果可能是晚一点肚子饿也没东西可吃，或者是等会儿要去某个地方，无法再进食了等。

有一些爸妈以为孩子小，所以向她说理她听不懂，但孩子并非听不懂，而是在试验谁才是决策者。因此，爸妈还是要耐心地向孩子说明为什么要这样做，为什么那样做不好。

抱持同理心

假使宝宝哭着不肯吃饭，无论原因是否合理，都要先抱着同理心，站在她的角度先安慰她，不要马上说："不行！"以免增加宝宝与大人对抗的趣味（与大人对抗之所以有趣，是因为可以引起大人注意或使大人生气），反而模糊要吃饭这个重点。爸妈可以说："好，那你哭一下，等一下再吃。"或者是先安慰她，但告诉她等会儿还是要吃饭。

使用命令式的语气

直接用命令的方式使她听话，特别是当宝宝会有危险时。

使用生气的眼神加上肢体动作

如果说道理之后，宝宝仍然不听话，爸爸妈妈可以用眼神加上肢体动作（如把宝宝抱离危险的地方）来告诉宝宝自己很生气。同时要宝宝注视自己的眼睛，以简单清楚的语气重述对宝宝的要求，或是阻止她进行危险的行为。

转移注意力

　　无论对多大的宝宝，都可以使用这一招来转移她对某些事的执着，不过这个办法并非对每个宝宝都管用。

　　除了不听话之外，如果宝宝哭闹，爸妈们又该如何面对？以宝宝哭着想吃糖果为例，提供以下几种建议。

解读女宝宝

　　女孩感情丰富，但并不表明她们脆弱。她们的这种丰富的感情如果得到理解和支持，将会产生巨大的力量——很多女孩都会依靠这种丰富的感情，拓展出关心照顾他人的优秀品质。

1 告诉她哭没有用。"你哭我听不懂你在说什么，你说出来。"让宝宝学着以其他方式表达需求。

2 预告下次的做法。在她第一次用哭表达她的需求时，可先满足她，等到她心情好时，再清楚地告诉她："你下次要什么东西要说，不要哭，说出来我就会给你糖，我还会给你拍拍手，因为你好棒哦！"这些原则一定要在她哭闹之前告诉她，因为宝宝哭泣时十分不理性，跟她说理是没有用的。当然，下次宝宝想吃或玩时，一定要主动先观察她的需求并提醒他。

3 练习。可模拟某些情境，教导宝宝用说的方式而非哭泣来告知需求。当宝宝顺利地说出需求时，记得要给予鼓励。

　　教养宝宝并不容易，不过只要能坚守几个重要的原则，特别是不要因为宝宝哭泣就放弃自己建立的原则，就会有助于发展出孩子良好的脾气与个性。

专家主张

尽量避免体罚

　　面对宝宝不听话，不少爸爸妈妈在无计可施的情形下，会采取体罚。其实，只要爸爸妈妈愿意耐心思考，一定能用体罚以外的方式来教导宝宝，让她听话。我们并不赞同爸爸妈妈体罚宝宝。如果要体罚宝宝，可以罚站。要切记绝对不能打耳光，因为打耳光会伤害宝宝的自尊，也可能会伤害到头部。

　　另外，在体罚宝宝时要注意：绝对不能在情绪不佳时体罚宝宝，不可以用器具体罚宝宝。

育儿难题 Q&A

Q 我的宝宝已经8个多月大了，还不会爬，也坐不太稳，是不是我给她的营养太少呢？或是我太过于担心呢？我给她添加羊奶、米粉、钙粉了，难道这些还不够吗？

A "六坐八爬"的说法可说是大家皆耳熟能详的俗语，虽不完全正确，却有助于父母们初步判断小儿的生长发育是否正常。

一般说来，小儿约在3个月大时，脖子开始变得较硬，开始较能控制颈部的动作；六七个月大以后开始会学着坐稳；8个月大以后开始学爬；1岁以后开始学走。这是最常见的生长发育模式，但绝不是一旦背离这几个里程碑，就要给她们贴上不正常的标签，因为永远不要忘了，小儿的个体体质是有差异的，尤其是在爬的这个部分。事实上，现代的小儿跳过学爬的阶段，直到1岁以后直接开始学走的情形并不少见。

不过，你的宝宝已8个多月，若真的还坐得不太稳，倒是有必要注意追踪观察，必要时去找小儿神经科医生当面诊查评估，以确定是否有其他生长发育上的异常。

Q 我的宝宝8个月大，我需要特别纠正她的坐姿吗？让她随便坐会不会影响骨骼发育？婆婆经常会抱着孩子枕着她的手臂睡觉，请问这对孩子的骨骼发育有无影响？

A 婴儿6个月大开始会坐，从往前倾用手撑着到坐稳直立，随着神经肌肉力量的发展，动作自然也跟着发展，一般不需特别矫正，而且这个年纪的婴幼儿也不太听大人教导。值得注意的是，一直有异常姿势的孩子是否存在有神经肌肉的疾病，这点就要请专家诊断了。至于睡觉枕着大人的手臂，对孩子并无特别影响，但对大人的那只手臂可能会有神经压迫的伤害，所以并不建议这样做。

Q 我的宝宝已经8个月大了，现在都喜欢坐着，不喜欢躺着，想要让她学习爬，该如何从旁协助？俗语说8个月会爬，但她没有动静，怎么办？

A 宝宝在成长的过程中，会由本来的躺姿逐渐进步到坐姿，之后又开始有向后及向前的爬行动作产生。大部分的小朋友会按部就班地发展成熟。

有许多认真的家长也常常会很想知道，在这个时期要怎样去帮助宝宝，才能给宝宝最好的协助，同时又不会影响到宝宝的骨骼和肌肉成长。其实最重要的就是顺其自然。宝宝想坐着，你就扶着她坐好，帮她打开两脚，在四周做好安全措施，放一些柔软的垫子，注意一下旁边有没有坚硬的桌角或锐利的玩具。

如果宝宝想要爬行，先注意是否刚吃饱，因为某些容易吐奶或溢奶的宝宝，太激烈的运动或爬行容易造成呕吐。所以在小宝宝刚吃完半个小时内，要注意不要有太刺激的爬行活动。

Q 我的宝宝爱吃米饭，不爱喝粥，可以给她吃米饭吗？

A 如果你的宝宝从一开始就不爱吃粥而特别想吃饭菜，那么可以先试着给她喂一点，如果没有其他不适的反应，就可以给她喂米饭，只要孩子的体重增加在每日5～10克的范围内，即使每日给她喂3次米饭都是可以的。婴儿并不会因为没有长牙就不吃米饭，有很多孩子虽然牙还没有长出来，但并不喜欢吃粥而喜欢吃米饭，遇到这种情况时，只要把米饭煮得稍微烂一些就可以了。

Q 夏天到了，我看到宝宝晚上因为蚊子骚扰睡不好很着急，可以使用蚊香帮宝宝驱蚊吗？

A 使用传统式蚊香及液体式电蚊香来帮宝宝驱蚊，对于孩子的中枢神经有影响。可以在晚上睡觉时，在房间挂上蚊帐，以防蚊虫叮咬。外出时，最简单的方式就是帮宝宝穿上长袖衣物，既可防止蚊虫咬伤，又可避免紫外线的伤害。也可以选择天然成分的防蚊液，如香茅、尤加利成分，虽然效果较弱，但是较安全。对于防蚊贴片，孩子可能会产生局部的过敏性皮肤炎，因此不建议宝宝使用。市面上常见的蚊不叮等防蚊产品用在孩子身上并不安全，也不可喷洒于皮肤及衣物上。

有的人习惯使用樟脑油来防蚊，这也不是好的选择，因为大量使用樟脑油会产生抽搐、过敏等问题，接触2克剂量会有严重的中毒状况产生，4克剂量即有可能致死；家长常常会不自觉地过度使用，因此不建议孩子也使用。

PART 9

第9个月
女宝宝养育

女宝宝第9个月体格发育指标

项目	年龄组	下限值	上限值
身高	9个月	63.7厘米	78.9厘米
体重	9个月	6.34千克	12.18千克
头围	9个月	约为44.1厘米	
胸围	9个月	约为44.8厘米	
牙齿	9个月	长出上旁切牙、下旁切牙	
囟门	6个月以后	逐渐骨化而变小	

第 *9* 个月
女宝宝日常保健

宝宝要定期到医院做体检 ★★★

国家规定的体检有：3岁以内婴幼儿，按照0岁4次、1岁2次、2岁2次的体检原则，可安排在 3、6、9（2、5、8）、12、18、24、30、36个月时进行。3～6岁宝宝每年体检一次，为了方便家长，可于每年5～8月宝宝大体检时一次完成。

给宝宝定期做全面的体检与预防接种同等重要。宝宝从一出生到青春前期，始终处在一个较为迅速的生长发育过程之中，特别是婴儿期的宝宝，在生理、心理、体格、智力等诸方面可以说每时每刻都或多或少地在发生着变化，有些变化是细微的，以至于家长并不能意识到。即便宝宝已经出现了某些方面的问题，家长也很难发现。所以要通过宝宝的保健医生，判断宝宝生长发育是否正常，是否存在疾病。通过体检可以知道宝宝体格发育情况和智力发育情况，可以发现多种疾病。

我国小儿基础免疫程序是什么 ★★★

卡介苗：新生儿初种，7岁、12岁各复种1次。

百白破混合制剂：出生后3个月初种，吸附制剂全程注射2针（非吸附制剂全程注射3针），每针间隔最短不少于1个月，最长不超过3个月，第2年加强1次，7岁时再加强一次。以后可根据情况用百日咳菌苗或百日咳菌苗、白喉类毒素混合制剂或吸附精制白喉、破伤风二联类毒素进行加强免疫。

麻疹活疫苗：出生后8～12个月初种，为了提高免疫成功率，第二年可考虑复种1次，以后在适当时机时进行加强免疫。

脊髓灰质炎活疫苗：出生后2个月初种，先服Ⅰ型，间隔1个月服用Ⅱ、Ⅲ型，4岁时各复服1次。

怎么知道接种疫苗是否成功 ★★★

首先，接种疫苗后2周左右即可产生特异性免疫，1个月时最强。如果接种2周后宝宝并未患上所预防的那种传染病，而且是在流行季节，就表明接种的效果较好。

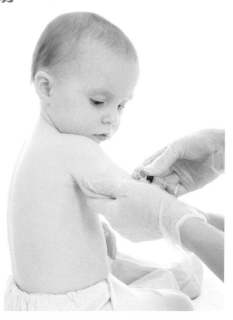

其次，有些疫苗接种后会在全身及接种部位出现反应，并留下永久性的瘢痕，如卡介苗会留下一个凹进去的小瘢痕。如果出现上述反应，则为接种成功。

最后，还可以通过测定血液中抗体增长的情况来判断，如果抗体达到较高的浓度，即为接种成功。

预防接种失败后应该怎样补救 ★★★

如果某种疫苗完成免疫程序以后，发生免疫接种失败时，可采取增加该疫苗接种1～2针的办法，来提高免疫接种的成功率。这个方法简单、方便，是一个可行的补救措施。

免疫接种失败的原因：第一，疫苗的质量欠佳。事实上多数疫苗质量是很高的，其保护率可以达到95%，甚至更高。但有些疫苗质量欠佳，保护率还不能尽如人意，需要进一步提高。第二，接种疫苗的操作技术有误，没有严格按照免疫程序和要求进行，影响了免疫效果。第三，疫苗的销售、运输、保存环节条件不当，使得疫苗的质量下降。第四，被接种者个人的特殊原因，如身体虚弱、体质较差、免疫应答能力低下等。

接种疫苗后有什么忌口 ★★★

忌口一般是为了治疗疾病的需要才忌吃某种食物。打防疫针与生病不同，有些父母认为，打完防疫针不能给宝宝吃鸡蛋、鱼、水果等食物，认为这些食物会影响免疫力的生成，这是毫无科学道理的。

接种后获得的免疫作用常常体现在所产生的抗体质量上。如果多吃蛋

白质食物，身体吸收后就会使制造抗体的原料增多，因而恰恰能促进免疫力的增强。若是饮食上忌口，便会使体内制造抗体的原料不足，阻碍抗体产生，不利于达到预期的免疫作用。所以饮食上无须让宝宝忌口，除了少吃刺激性的食物外，可多摄取蛋白质和维生素。

目前有哪些计划外免疫　★★★

甲肝疫苗：预防甲型肝炎。

口服轮状病毒活疫苗：用于预防婴儿A群轮状病毒引起的腹泻。

水痘减毒活疫苗：适用于12个月以上健康个体预防水痘的主动免疫。

麻疹、腮腺炎、风疹联合疫苗：接种一针预防三种传染病，即麻疹、流行性腮腺炎和风疹。

Hib疫苗（b型流感嗜血杆菌结合疫苗）：适用于6周龄以上婴儿的主动免疫，以预防b型流感嗜血杆菌引起的侵袭性疾病，如脑膜炎、肺炎、败血症、会厌炎等。

流感疫苗：预防流感病毒引起的急性呼吸道传染病。

风疹疫苗：预防风疹病毒引起的急性传染病。

腮腺炎疫苗：预防腮腺炎病毒引起的急性呼吸道传染病。

什么情况不能接种　★★★

一般来说，有免疫缺陷病的宝宝，如先天性缺丙种球蛋白血症；有过敏史及变态反应性疾病的宝宝，如风湿热、哮喘等；有急性传染病接触史而尚未过检疫期的宝宝，如麻疹或百日咳接触后未满21天、白喉或流行性脑脊髓膜炎接触后未满7天的；如果宝宝属于过敏体质，接种疫苗时需要格外谨慎，接种前需要向医生说明。

预防接种不是对所有宝宝都能进行的，有些宝宝终生或暂时不能进行预防接种，如果忽略了这一点，在预防接种过程中常常会出现一些严重的不良反应，甚至可能产生严重的后果。

接种疫苗后出现反应怎么办　★★★

人体经接种后，在局部甚至全身可能引起一系列的生理病理反应。这些反应进行过程中所表现出来的临床表现，通称为预防接种反应。这种反

应的表现形式和强度不一，发生的原因和性质也各不相同，可分为正常反应、加重反应、异常反应。

疑似预防接种异常反应，是指在预防接种过程中或接种后发生的可能造成受种者机体组织器官功能损害，且怀疑与预防接种有关的反应。预防接种的异常反应是指合格的疫苗在实施规范接种过程中或实施规范接种后，造成受种者机体组织器官功能损害而相关各方均无过错的药品不良反应。

患有中枢神经系统疾病，如脑病、癫痫等或既往病史者，以及属于过敏体质的人不能接种，发热、急性疾病和慢性疾病的急性发作期应缓种。接种第一针或第二针后如出现严重的不良反应（如休克、高热、尖叫、抽搐等），应停止以后针次的接种。

解读女宝宝

澳大利亚著名教育家史蒂夫·比达尔夫说过，父母对孩子养育方式、传递的信息以及对他们的期望，应该是根据孩子性别的不同而不同的。但是，父母不必把性别的区别看作男孩女孩各自的局限性。

宝宝预防接种后怎么护理 ★★★

接种疫苗后要加强护理：第一，要好好休息，不要跑跳过多；第二，保护打针部位的清洁，不要用手抓；第三，不吃刺激性的食物，如大蒜、辣椒等；第四，多喝开水；第五，家长随时观察宝宝接种后的反应。

如果局部红肿较轻，可暂不处理。如果局部红肿较重，则最好先抱去请儿科医生仔细检查鉴定一下，如果是细菌性炎症，需要使用抗生素治疗，局部的红肿通过热敷或覆盖纱布或可减轻症状，但一定要医生检查并同意后才能实施。千万不可敷用成分不明的中草药。

错过打预防针的时间怎么办 ★★★

一般的家长都会记得宝宝打各种预防针的时间，可是偶尔也有糊涂的爸爸妈妈把这档重要的事给忘了，或是碰巧宝宝身体不舒服，而错过接种的时间，遇到这些状况，是不是可以补救？该如何补救呢？

宝宝的预防注射通常都在两剂以上，时间间隔为1～2个月，错过了第一针施打的时间，可以立刻补打，但是错过第二针或第三针，有些则必须从头补打（卡介苗超过3个月，要作皮肤测试，没有反应的才能补打）。

第 *9* 个月
女宝宝的喂养

避免使用骤然断奶的方法 ★★★

断奶的前期准备工作从逐渐添加辅食时开始，不应采取骤然断奶的方法。应在逐渐减少喂奶次数的同时，逐渐增加辅助食品的喂食次数和数量，直至完全不喂奶时为止。

避免盛夏时断奶

断奶时间最好选择在气候较凉爽的春、秋季，不宜在盛夏时断奶，在盛夏时节，由于宝宝的消化功能降低，抵抗力减弱，极易出现消化不良。

断奶时间的选择还应视宝宝的健康状况而定。在宝宝身体虚弱或病后恢复期，不宜进行断奶计划，应适当推迟断奶时间。

突然断奶不可取

事先不作断奶准备，突然断奶会对宝宝的心理造成很大的打击。宝宝会认为妈妈抛弃她，导致情绪极不稳定，进而影响进食。宝宝没有适应断奶食物的过程，也很容易生病。

每日给宝宝3次代乳食品，其中有两次在吃完代乳食品后喂母乳，在怎么也断不了母乳的情况下，是否要采取强制性措施停止喂母乳，这就要看喂母乳是否影响婴儿吃代乳食品。如果婴儿虽然断不了母乳，但并不少吃代乳食品，喂他母乳也没关系。

对只想着吃母乳而排斥代乳食品的婴儿，则必须要想办法停止喂母乳。如果只停喂白天的母乳有困难，则可以连晚上的也一起停喂。如在乳头上贴上橡皮膏，告诉婴儿说"这里痛，不能给你吃"。之所以采取这种强制性措施，主要是为了对付那些不分时间场合、整天缠着母亲想吃奶的婴儿，或长大一些，懂得了撒娇，总是咬着奶头不放而不吃代乳食品的婴儿。如果不是这种情况，而只是在白天的午睡前、晚上临睡前、夜里醒来时吃母乳，代乳食品也能好好吃的婴儿，就不必停喂母乳。

宝宝食品要安全 ★★★

想要让宝宝不吃到黑心食品，最有效的方法就是"拒买不吃"，但是如何去辨别食物的好坏，以达到"拒买不吃"的目的呢？

买应季蔬果顺应"自然"

1 购买蔬果时，不购买非当季的蔬果，也就是当季盛产什么，哪种蔬果最多、最便宜就吃什么，绝不去花大价钱购买那些抢先上市的蔬果；买蔬果时尽量挑选个头正常，外形看起来不那么光鲜亮丽，该黑的黑，该黄的黄的品种，这样做可以最大限度避免买到喷洒过多农药、施加过多化肥以及被漂白的蔬果。一些看起来太白、太"完美干净"的蔬果，有可能是经过漂白或喷洒过多农药的，最好避免购买食用。

水果在去皮时，一定要先洗净。蔬菜买回来后，不要立刻放进冰箱，可以在外面多放置一段时间，多少可让农药挥发掉一点。

2 减少甚至不去购买经过多次加工，以及太过精致的食物，如糕饼、面包、比萨、汉堡、鱼丸、肉丸、肉肠、水饺、馄饨等，尽量食用没有经过太多人工或机器工序的"自然粗食"，如不去麸的全麦、糙米，并尽量自己动手去做食物。

3 不要迷信药补。尽量以自然食物来养生，除非是从自然食物摄取上有困难，或是疾病需要之故，不要花大价钱去购买保健品或含有药效的食品。

4 不喝有色的饮料。从孩子小时就养成她喝白开水的习惯。

购买食品不要贪便宜

对吃进肚里的东西绝对不可存贪便宜的心理。大卖场里所贩卖的促销食品，多半是快过期或有某些问题；卖场里的肉类熟食，也尽量不要购买，因为多半是采用在限期内卖不出的鲜货来制作的。

宝宝辅食制作 ★★★

虾蓉粥

原料：鲜虾100克，大米50克，淀粉适量。

做法：

1 将大米洗净加水煮。

2 鲜虾去壳、挑去虾线，用淀粉拌匀。

3 粥快热时放入虾再煮至虾熟米烂，离火即可。

山楂粥

原料：去核山楂30克，糯米50克。

做法：同煮作粥，调蜜服食。

特点：消食积，化液滞。

羊肝粥

原料：羊肝50克，大米30克，食用油少许。

做法：

1 羊肝去筋洗净，刮成蓉。

2 热油爆蒜蓉后，倒入肝泥翻炒至变色，盛出。

3 将大米熬成粥，加入肝泥焖15～20分钟即可。

猪血粥

原料：猪血200克，大米50克。

做法：

1 先将米煮粥。

2 将猪血切块，放清水中浸泡。

3 粥快熟时加入猪血，大火煮开即可。

特点：补血，补铁。

油菜粥

原料：油菜100克，大米100克。

做法：

1 大米洗净，入锅煮熟。

2 油菜洗净，剁碎，加入煮熟的大米粥中，小火煮至油菜熟软即可。

特点：治脾胃不和。

第9个月 女宝宝的早教

男女宝宝的兴趣点一样吗 ★★★

　　女宝宝天性爱观察人，喜欢盯着人看，对新事物比较后知后觉，也有畏惧心理。如果用一件玩具去逗引女宝宝，她会专注地看着拿玩具的人而不是玩具。所以，女宝宝认人、叫人的时间都比男宝宝早，而要求独立的时间却比男宝宝晚。

　　而男宝宝对新的物品感兴趣，喜欢将新买的东西反复看个究竟，动手能力也比女宝宝强。男宝宝喜欢快速移动的物体，如电视、汽车、电脑等。

男女宝宝不一样的玩耍方式 ★★★

　　过了1岁半以后，男宝宝、女宝宝在玩耍方式上便显露出性别差异。男宝宝倾向于运动的游戏，喜欢户外玩耍，而且喜欢将玩具用来拆装。

　　而女宝宝天生就会关心、爱护、照看他人，因此她喜欢对玩具或游戏注入感情，任何玩具在女宝宝的手里都可以变成她的孩子或伙伴，她可以喂它吃东西、给它讲故事、哄它睡觉……女宝宝天生就有当妈妈的潜质。

　　和女宝宝相比，男宝宝多数喜欢依赖妈妈，相反，女宝宝多数都很独立，一个人独自玩耍也没问题。大概是妈妈觉得"不是很清楚男孩子的事情"，因此容易过于关注男宝宝，这样男宝宝会较喜欢黏着妈妈。而女宝宝长大些，会变得爱对爸爸撒娇。

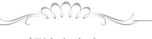

解读女宝宝

　　女孩会把先天优势自然地应用到人际交流中。她们喜欢与他人交往，并注重发展亲密的友谊。她们对人更感兴趣，在摇篮里就表现出与人交流的倾向性。交流使他们感觉到支持。先交流后行动是女孩习惯的方式。

育儿难题 Q&A

Q 我的宝贝女儿现在9个多月，从她一出生开始就很不容易入睡，每天晚上都要一直抱着她摇啊摇、唱催眠曲，经常要搞到一个多小时她才能入睡，我还不敢换手，将她放到她的小床要非常小心，以免惊醒她而前功尽弃，害得我的手酸死了！婆婆说不要抱着她摇，以免惯坏她，可是我要如何才能让女儿乖乖入睡呢？每天这样摇真的好累啊！

A 你的心情我能体会，小宝宝在2岁前很注重安全感的建立，另外个人睡眠周期亦因人而异。可能你的小宝宝在有人摇动时才会感到有人与她在一起，建议其睡觉时灯光尽量暗些，有妈妈的声音陪伴最好。要尽量在她起床时让她可以看到爸爸妈妈的脸。大部分宝宝在2岁之后，安全感建立好，此状况应会逐渐改善。

Q 宝宝感冒或是拉肚子的时候，还是可以照常喝奶吗？如果宝宝已经开始吃辅食的话，要特别注意什么呢？

A 如果是喂母乳的话，还是可以照常喂食，而且有助于疾病提早痊愈。但是喂食配方奶的宝宝，若是腹泻则应遵照医生指导，适时调整或改喝低乳糖或无乳糖配方奶。单纯的感冒不用改变饮食习惯，腹泻时，则辅食要暂时停止，以免对宝宝的肠胃造成太多负担，但可以考虑继续喂食米汤。

Q 我的宝宝目前9个多月还未长牙，是否宝宝钙质不够？

A 时常有人会建议，如果牙齿长得慢，可以吃钙片，这种说法在医学上并无根据。牙齿长得慢的小宝宝，如果骨骼发育得很好，没有任何钙质缺乏的症候，补充钙对促进牙齿的生长不但没有帮助，反而会加重肾脏的负担。先天性缺牙是十分罕见的，如到1岁仍未有长牙迹象，可找小儿牙科医生检查一下。

PART 10

第10个月
女宝宝养育

女宝宝第10个月体格发育指标

项目	年龄组	下限值	上限值
身高	10个月	64.9厘米	80.5厘米
体重	10个月	6.53千克	12.52千克
头围	10个月	约为44.5厘米	
胸围	10个月	约为45.2厘米	
牙齿	10个月	长出上旁切牙、下旁切牙	
囟门	6个月以后	逐渐骨化而变小	

第 10 个月
女宝宝日常保健

女宝宝也要注意居家安全 ★★★

10个月的宝宝已学会爬、坐、扶、站，一旦能自己扶着走，其活动范围更广，加上好奇心强烈，父母很难预测到宝宝会干出什么事情来。宝宝爬的本领大了，开始会攀高，虽能扶着走，但动作不稳，跌跌撞撞，常会摔倒，她开始感到这个世界是属于她的，她会尽全力去探索和寻找，她既不懂什么东西有危险，更不懂怎样保护自己，因而容易发生一些意外的事故。此时做好居室安全工作十分重要。

宝宝的脚步不稳，头重脚轻，易摔倒，且容易碰撞桌椅的棱角，所以这些地方要贴上海绵或橡胶皮，以防止发生危险。如果条件许可，最好让宝宝在空旷的房间玩，应将组合式柜子或桌子等固定好；任何柜子都应该没有可供宝宝踩、抓的地方，使宝宝无法攀爬；室内楼梯应加护栏，桌、椅、床均应远离窗子，防止宝宝攀爬到窗边；宝宝的用品，如坐的椅子应稳重且坚固；床栏应坚固且高度超过宝宝胸部；借用别人的小车应检查挂钩和车轴，以防意外发生。

如果宝宝从高处摔下来，要观察她的神态，若出现呕吐、神志不清，要立即送医院。

隔代教养可能出现的问题 ★★★

隔代教养已是普遍的现象，然而所衍生出的问题也不少。父母能陪伴在孩子身边当然最好，若不得已必须将孩子委托给祖父母照顾时，怎么做才能取得最佳的平衡点？怎么做对孩子最好呢？

隔代教育的定义很广，有的是祖父母全职照料；或是白天由祖父母照顾，晚上由双亲轮流照顾模式；或是假日才由双亲照顾等，都算是隔代教养。普遍出现的问题有以下几个方面。

1 管教问题。人的心情随着年纪不一样而有所改变。许多当了爷爷奶奶的人，多只是想要疼小孩而不是管小孩，再加上活动力下降，面对孩子的吵闹，变为"吵闹的孩子有糖吃"。这和年轻父母期待培养孩子独立照顾自己的能力是不一样的。此外，两代（祖父母与父母）价值观可能有所不同，面对管教的意见、想法、态度、技巧也有所不同，如果没有良好的沟通，很容易造成彼此的冲突。

2 祖父母的体力问题。年迈的两老面对孙子旺盛的活力，常心有余而力不足。除了体力上的限制，祖父母的健康状况也是需要注意的一环。过度的劳累可能会恶化祖父母原本的病情（如高血压、糖尿病等），或是增加发生意外的危险（如制止孙子的追逐而不小心骨折或是跌倒）；有些照顾者出现记忆力下降的情形，也可能影响照护的质量（如重复喂药等问题）。

3 语言沟通问题。6岁以前是孩子各方面发展的黄金时期，语言发展也是非常重要的一环。语言的不同（如祖父母只讲方言）或是语言刺激不足（如祖父母活动力下降，较为沉默）等，皆可能影响孩子的语言发展情况。

4 儿童发展心理层面的影响。婴幼儿期是发展依附关系的重要关键时期。孩子的成长只有一次，孩子的童年也只有一次，父母即使不能时常陪伴在孩子身旁，仍要注意与孩子建立关系。

婴幼儿处于脑部发育的关键时期，最重要的就是借由外界不断的刺激来增进学习。祖父母被认为属于文化刺激较为不足的一群，故被认为较不能提供多样的文化刺激。

当然，隔代教养也有其正面的影响。祖父母除了协助自己的子女照顾孙子孙女，减轻他们的负担之外，有经验的祖父母面对孩子的状况，较能心平气和地处理，不会像有些新手父母的过度焦虑。

另外，祖父母除了扮演抚养照顾的角色，也可以扮演多种角色。在新两代及三代关系中，当亲子之间冲突对立时，祖父母可以成为新两代的桥梁及缓冲。

父母在隔代教养的过程中，应留意下列几点注意事项，妥善处理，以期能增进亲子关系。

父母的爱是他人无法取代的，对孩子应更加留意、关心，多多抽空陪孩子，并参与她的活动，重质胜于重量。

注意3岁以前的教育，在某些关键期尽量不要缺席，多陪孩子建立关系。

考虑祖父母的身体、精神状况及意愿。

父母与祖父母宜多互动，以减少子女适应问题。

祖父母未能协助孩子课业的部分，应委由他人帮忙。

注意孩子由祖父母家回到原生家庭的衔接适应问题。

避免将两代之间的嫌隙战争带到孩子身上，这对孩子是不公平的。

有特殊状况须耗心耗力照顾的孩子，不宜由祖父母接手（如自闭症、脑性麻痹等）。

隔代教养不可否认地有其利弊，但当我们面临无可避免的隔代教养时，应该在这之间取得较佳的平衡点，以孩子的最大利益为考虑，提供给孩子幸福而理想的成长环境，这是父母与祖父母可以共同携手创造的。

宝宝什么都拿来舔怎么办 ★★★

不管是男孩也好女孩也好，总是有些孩子喜欢随便往嘴里塞东西。例如，在沙地里像舔糖果那样舔石子、用牙齿咬玩具车、舔帽子带、咬书、啃积木，有时还会将小珠子、玻璃弹珠等放进嘴巴里。嘴巴就像是宝宝的触觉器官一样。

常舔东西，证明宝宝的好奇心很强，宝宝第一次看见东西时，最先都会用嘴巴来确定物品的触觉。她把东西塞进口中，来判断物品的硬度、形状、质地等。好奇心愈强的小孩，愈有把东西塞进嘴巴里的倾向。遇到这种情况，不要斥责宝宝。这种情况最久会持续到2岁左右。

这并不是说可以让孩子随便啃咬东西，在她将石子或碎石等脏东西放进嘴巴之前，妈妈就应该予以遏止。母亲要注意孩子的卫生问题。

如果发现孩子把弹珠或圆形干电池放进嘴里，大人如果大声呼喊"啊，不行！"则孩子有可能因受到惊吓而将它吞下去，遇到这种情况应尽量保持冷静，然后尽快制止。

非危险的物品就让她舔吧。例如，消毒过的积木、毛巾等既不危险又不脏的东西，让宝宝充分地体验其触感，以满足她的好奇心。尽量不给孩子塑胶制的物品，给她木制的玩具、纸张类的东西，可以放心地让孩子舔、啃东西，这是个非常重要的成长过程。所以只要没有危险性，就不要制止，只需在一旁看护着她就行了。

宝宝发生高热惊厥怎么办 ★★★

高热惊厥都是在瞬间发生，时间段很短，一般两分钟不到。这么短的时间家长要做以下几件事：

☝不要把孩子抱起来，要迅速平躺，头侧下来，衣服的领子要打开，以免抽风误吸，呕吐之后吸到气管里面是很危险的。

☝孩子抽的时候牙关非常有劲，可用筷子绑一个棉的东西放到孩子嘴里面，防止把舌头咬伤。有的孩子抽得厉害，把舌头咬了之后咽下去，发生窒息。如果孩子抽的时候，一时没东西，可以把自己的手先放进去。

☝可在患儿肛门内放入退热栓。

☝孩子惊厥停止后，立即送孩子去医院。如果2～3分钟惊厥没有停止，就不要等待，带孩子尽快去医院。

☝孩子惊厥时，不要随便掐孩子人中，或者按摩。

第*10*个月
女宝宝的喂养

10个月宝宝这样吃 ★★★

这个时期的宝宝，已经开始进入模仿大人的阶段，所以大人可以和宝宝一起吃饭并示范给孩子看。若宝宝有不爱吃的东西或吃的量改变，可换个口味，下次再尝试，千万不要过分勉强喂食，以免造成反效果。

不要给宝宝吃太多甜食、油炸食物或饮料。因为过多的甜食会影响宝宝正餐的食量，甚至会影响宝宝将来的反应能力，有碍健康。

辅食的添加期接近尾声了，为了宝宝的营养以及健康长大，宝宝满周岁后可以和爸妈一起用餐，并且吃一样的东西。而全素食（不吃奶、蛋）的宝宝就必须额外补充维生素B_{12}片剂。

10~12个月婴儿的食品添加表

母乳	一天喂3～4次
婴儿配方奶粉	每次210～240毫升
果汁或果泥	1～2汤匙/天
剁碎蔬菜	2～4汤匙/天
稀饭或面条	2～3碗/天，或干饭1～1.5碗/天
吐司、馒头、麦糊等均可	3次/天
肉、鱼、豆腐泥	蛋黄1～1.5个，豆腐1.5～2个四方块，豆浆1.5～2杯（240～360毫升），鱼、肉、肝泥50～100克，鱼松、肉松30～40克

家长要注意，断奶后期的食物硬度以牙床能打碎的程度为主。硬质（坚果、玉米、硬糖、爆米花、洋芋片等）、粗纤维（芹菜、竹笋等）、黏性（口香糖）、大颗粒状（葡萄、果冻、小热狗）等食物不适合食用，以免宝宝发生窒息意外。

这一时期，宝宝食物形态仍以易咀嚼的为主，依婴儿的能力制备食物。

影响婴幼儿发展的相关营养素

影响问题	相关营养素	营养素食物来源
视力发展	维生素（A、C、E）、DHA、B族维生素	胡萝卜、动物肝脏、豆制品、蛋、肉类、深海鱼类、牛奶、绿叶蔬菜、水果或新鲜果汁等
骨骼、牙齿	钙、镁、维生素D	牛奶、奶酪、酸奶、小鱼干、蛤、豆制品等
大脑发育	DHA、铁	深海鱼类、牛肉、动物肝脏、谷类、豆制品、海带、海苔、葡萄等

宝宝缺锌有哪些表现 ★★★

儿童缺锌主要表现为下肢骨骼发育不良，出现类似关节炎样改变，甚至引起生长发育迟滞，骨龄落后，身材矮小，可引起脊柱异常弯曲；在青春期缺锌可导致性发育迟缓、贫血、伤口不愈、厌食、尝味能力下降等。食欲下降是儿童缺锌的最常见症状，锌与儿童的智力发育关系也较密切。检测分析表明，智力较高、成绩优良的儿童少年，其血锌和发锌含量相对较高。锌还是肝脏和视网膜内维生素A还原酶的组成成分，参与视黄醛的合成和变构。缺锌时酶的活力受影响，影响视黄醛的作用和维生素A代谢，导致暗适应功能失常。缺锌还会导致T细胞功能明显降低，削弱机体的防御能力。

为什么会缺锌 ★★★

儿童缺锌既有先天因素，又有后天影响。母乳喂养是最科学的育婴途径，因为母乳中含有能与锌结合的小分子量配体，有利于锌的吸收，而乳制品中则缺乏这种配体。此外，膳食单一、挑食偏食、精细食物过多都会阻碍宝宝对锌的吸收和利用。

另外，我国大多数人群都喜欢在菜肴中添加味精，味精(谷氨酸钠)随食物进入人体后，在肝脏中被谷氨酸丙酮酸转化，生成谷氨酸后再为人体吸收。但对于婴幼儿，过量的谷氨酸能与血液中的锌发生特异性结合，生成不能被机体利用的谷氨酸锌，随尿液排出体外，从而使婴幼儿体内的锌被逐渐带走，导致机体缺锌。

此外，谷类食物含有较多的磷酸盐，能与锌形成不溶性的复合物而阻碍锌吸收。

🌸 怎样预防缺锌 ★★★

1 坚持合理的膳食。保证膳食中动物性食品占一定比例是预防缺锌的重要措施。

2 纠正不良的饮食习惯。避免给孩子吃过多的精制食品，注意多吃富含微量元素的食物，保证宝宝每日摄入足够的热量、蛋白质和水分，做到荤素搭配、米面混合，坚持改变只吃荤菜或只吃蔬菜的偏食或挑食的不良习惯。

3 提倡母乳喂养。由于母乳中含有特殊的促进锌吸收的结合配体，使得锌具有高度的生物利用率，故提倡母乳喂养对预防婴儿缺锌是十分必要的。

4 用药物补锌最好在医生指导和监测下进行，并有一定的疗程。这是因为体内锌过多也是有害无益的。所以，最理想的补锌方法是吃含锌量较高的食物。因为食物含锌量少，食补很少出现不良反应。含锌较多的食物有：麸皮、地衣、蘑菇、炒葵花子、炒南瓜子、山核桃、松子、酸奶、豆类、墨鱼干、螺、花生油等。另外，鱼、蛋、肉、禽等动物性食物中的含锌量高，利用率也较高。

动物性食物是锌的可靠来源。海牡蛎的含锌量最丰富，以每100克食物中的含锌量计，海牡蛎肉中含锌量超过100毫克。畜肉、禽肉及肝脏、蛋类含锌2～5毫克，鱼及一般海产品含锌1.5毫克左右，奶和奶制品含锌0.3～1.5毫克，谷类和豆类含锌1.5～2.0毫克，蔬菜水果含锌量最少，通常少于1毫克。

〰️🌸 专家主张 🌸〰️

不要强迫宝宝进食

　　大人们在喂食时总是担心宝宝吃得不够，但事实上宝宝的胃容量有限，因此她的身体会有保护机制，只要吃饱了就会停止进食，千万不要强迫宝宝非要吃进多少食物量不可。

　　同样，每个宝宝的味觉与嗅觉敏感度不同，有些宝宝可能会拒绝吃某些气味较特殊的食物。在这种情形下，爸爸妈妈们可以用其他有类似营养价值的食物代替，或是用烹调方式去除其气味，重点仍是勿强迫宝宝进食，以免造成反效果。

宝宝断奶的时间和方式 ★★★

为了宝宝的生长发育和母亲健康的需要，婴儿10～12个月时完全断奶是比较合适的。

宝宝完全断奶的时间

断奶要根据具体情况而定。若宝宝正在生病，换掉母乳，容易造成宝宝消化不良，使病情加重，故应在宝宝病愈后再断奶。若是母亲体质不错，而且奶量也一直很充足，辅食添加得比较晚，则可以稍晚些再断奶。

还要注意季节，冬、夏季天气时冷时热，宝宝的消化力弱，抵抗力差，突然改变饮食习惯容易导致宝宝生病，所以断奶时间应选在春、秋季。

宝宝断奶的方式

从开始断奶至完全断奶需经过一段时间的适应过程，也就是逐步地用辅食和奶粉代替母乳，逐渐实行断奶。

有些母亲平时未作好给孩子断奶的准备，未能逐渐改变孩子的饮食结构，而是采用在乳头上抹黄连、辣椒水、清凉油等办法，突然不给孩子吃奶，致使婴儿因突然改变饮食而适应不了，连续多日又哭又闹、精神不振、体弱消瘦，影响其发育，甚至引发疾病。这种方式显然是不正确的。

正确的断奶方式是：从4个月起添加些辅食如米汤等，逐渐过渡到吃蛋黄、烂面条、菜泥等；孩子长牙以后，可吃点烂饭或面片等，减少哺乳1～2次，使胃肠消化功能逐渐与辅食相适应。这样，断奶时孩子就适应了。

断奶的进行形式表

白：母乳　紫：离乳食

月龄时间	断奶初期 (5～6个月)		断奶中期 (7～8个月)		断奶后期 (9～10个月)		断奶完成期 (11个月)
6时	母乳	母乳	母乳	母乳	母乳	早饭	离乳食 · 离乳食
10时	离乳食	离乳食	离乳食	离乳食	离乳食	10时	少量 · 少量
14时	离乳食	离乳食	母乳	母乳	母乳	午饭	离乳食 · 离乳食
18时	母乳	离乳食	离乳食	离乳食	离乳食	15时	半量 · 半量
						晚饭	离乳食 · 离乳食
22时	母乳	母乳	母乳	母乳	母乳	22时	母乳 · 母乳

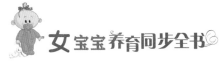

第10个月
女宝宝的早教

10个月宝宝的玩具 ★★★

10个月的宝宝正是蹒跚学步的时候，非常好动。父母应该多和她一起游戏玩耍，你可为孩子挑选以下几种类型的一些玩具：

1 像小型汽车那样可拖拉的玩具、可拉着走同时发出音乐或模拟声响的玩具、一些互相撞击可以发出声音的玩具、耐久的塑料杯和塑料碗、漏斗和量勺。

2 造型比较简单、数量少、体积大一点、容易拼搭的积木。

进行赏识教育让女儿自信 ★★★

10个月的宝宝是喜欢听好话、喜欢受表扬的宝宝。这时一方面她已能听懂你常说的赞扬话，另一方面她的言语动作和情绪也发展了。她会为家人表演游戏，如果听到喝彩、称赞，就会重复原来的语言和动作。这是她能够初次体验成功欢乐的表现。而成功的欢乐是一种巨大的情绪力量，它形成了宝宝从事智慧活动的最佳心理背景，维持着最优的脑的活动状态。它是智力发展的催化剂，它将不断地激活宝宝探索的兴趣和动机，极大地助长她形成自信的个性心理特征，而这些对于宝宝成长来说，都是极为宝贵的。

对宝宝的每一个小小的成就，你都要随时给予鼓励。不要吝啬你的赞扬话，而要用你丰富的表情、由衷的喝彩、兴奋地拍手、竖起大拇指的动

作以及一人为主、全家人一起称赞的方法，营造一个强化的亲子气氛。这种"正强化"的心理学方法，会促使你的宝宝健康苗壮地成长。

后天能提高宝宝的智力吗 ★★★

智力的发育，先天是基础，后天的教育及环境是条件，两者都不可忽视。宝宝出生后，来自于先天的智力因素已经固定，而这种先天的智力因素能否成为现实，还受到文化背景、周围环境、家庭和学校的教育等许多因素的影响。有人做过调查，发现智商比较高的宝宝，60%～70%出身于有良好家庭教育的家庭。因此有人将智力超常的宝宝划分为3种情况，第一种是他们本身具备优秀的遗传因素；第二种是智力遗传因素一般但受到了良好的教育；第三种是具有优秀的遗传因素再加上良好的后天教育。所以不难发现，后天的教育同样可提高宝宝的智力。

一个人所具备的能力、智力和性格等，有的是受遗传影响，生来就有的，有的是在出生后从周围环境中学习而掌握的。如宝宝的心理素质方面，是急躁还是稳定，是开朗还是抑郁，是怯懦还是勇敢，主要来自于父母的遗传，后天教育很难改变。而宝宝的思考力、判断力、创造力、想象力等心理活动，受后天环境与教育的影响非常大，并且通过环境熏陶和教育可掌握智慧性的心理活动，从而使其智力得到充分的发挥。所以每个父母都应该抓住时机，对宝宝进行适当的早期教育，提高他们的智力。

开朗的女孩最讨人喜欢 ★★★

自信是开朗以及率真的源泉。对于零岁的小宝宝，都尚未有太多的思考能力，可能谈不上真正的率真、开朗。随着她们年龄的不断增长，以及各种不同的经验累积，也逐渐学会了类似负面的思考方式。在整个成长教育的过程中，小孩子的心中常常埋下孤僻、灰色思想的种子。要培养小孩子率真、开朗的性格，积极向她们阐述正面的主题，那就是"爱"和"真善美"。首先要具有"爱自己"的自信心。

母亲要不断地对女儿说："你好可爱！你好可爱……"称赞之类的话永不嫌多。父母亲至少要做到的是，要让小孩子感受到父母亲是相信她的，并且给予其高度评价。还要尽可能地包容孩子的需求，让孩子的真性情能够完整自然地表达。让她实际地去感受到自己是被爱的、是被大家所接纳的。孩子如果能够做到这一点的话，那也就称得上乐观了。

育儿难题 Q&A

Q 宝宝前几天被蚊子咬了几个包，刚开始只有红红的小点点，以为擦清凉油就会没事了，没想到隔天被蚊子咬的地方竟然肿得像面包一样！带她去看医生，打了消炎针又吃药才慢慢消肿。医生说如果破皮又发炎就会变成蜂窝性组织炎。什么是蜂窝性组织炎？只是被蚊子咬为何这么严重？下次若不小心被蚊子咬该怎么办呢？

A 小婴儿皮肤的皮下组织较松软，在受到蚊虫叮咬后，其反应可能不尽相同，有些只是红肿，有些会合并有水肿产生，一般并不会疼痛。但是常因为痒，小宝宝会去抓搔，若有伤口，会使表皮层之细菌入侵，造成皮下软组织发炎，称为蜂窝性组织炎。

蜂窝性组织炎的症状为皮肤下呈现有红、肿、热、痛等发炎表现，若不及时治疗，等到出现发烧、全身不适、淋巴结肿等症状时，可能是细菌已经侵入血液中，严重者造成败血症，会有生命危险！若发炎情形不是很严重，可使用抗生素治疗；但若已形成脓肿，就必须由外科医生作切开引流及清创，通常7～10天可痊愈。所以当小宝宝被蚊虫叮咬，可以先冰敷，若有伤口（即使是小伤口）则就医比较保险。

Q 我女儿10个多月了，她都习惯用左手，这样代表她是左撇子吗？需要改变她的习惯吗？为何有人右撇子，有人左撇子？

A 人类的大脑分为左脑、右脑，各司其职，功能迥异。左脑支配右半身的活动，掌管语言、文字、计算、分析、抽象思维、逻辑推理等功能，大部分人的左脑占优势，因此左脑又称为“优势半球”，所以右撇子的人比较多。右脑支配左半身的活动，掌管想象、空间概念、情感、韵律、色彩、直觉等功能，左撇子的人则是右脑比较发达。

小宝宝早期运动之发展，约在1岁前，皆是对称性发展，并无所谓惯用左右手；一直到1岁半之后，其左右大脑逐渐分化，才会有左右撇子之分。若在1岁前发现有惯用左手的，建议先带往小儿神经科，进一步检查是否有神经性疾病。若是正常，其实左撇子与右撇子皆一样聪明，如美国前总统布什亦是左撇子，或许你的小宝宝以后是个天才也说不定。

PART 11

第11个月
女宝宝养育

女宝宝第11个月体格发育指标

项目	年龄组	下限值	上限值
身高	11个月	66.1厘米	82.0厘米
体重	11个月	6.71千克	12.85千克
头围	11个月	约为44.9厘米	
胸围	11个月	约为45.3厘米	
牙齿	11个月	长齐下中切牙、上中切牙、上旁切牙，长出下旁切牙	

第11个月
女宝宝日常保健

如何观察宝宝的尿液 ★★★

　　人体排出的尿，是由肾脏滤过后排出体外的部分水分和代谢废物。一般来说，尿液的外观是清澈的。

　　夏天天气炎热，出汗较多，尿中的水分相对减少，盐分相对增加，所以出现尿液混浊。由于饮食改变的关系，尿中的盐分增加，也可以使尿液混浊。若天气冷时，尿液排出后温度比体温低，盐分被沉析出来，尿液也会混浊。若不能给予宝宝适当的饮水，使尿量减少，尿液亦会变得混浊。尤其在冬季，外界气温明显低于体温时，更容易出现尿液混浊的现象。若宝宝尿液呈乳白色或米泔水样，在这种尿液中加醋酸即可澄清，说明这种混浊的尿液中含大量的磷酸盐；若尿液呈粉色的，经加热后可澄清，说明尿液中含草酸所致。

　　一般的宝宝尿液混浊，若无其他症状，可不必担心，只要改变饮食结构，多饮水，不用服药即可恢复正常。若尿液混浊伴有高热、呕吐、食欲不振、精神不佳、尿痛和排尿次数频繁，可能患有泌尿系统疾病，应去医院检查，请医生给予诊断治疗。

女孩玩"生殖器官"怎么办 ★★★

　　有的女宝宝虽然什么都不懂，却会玩弄自己的"生殖器官"（外阴），从中得到乐趣，这使父母感到困惑。

　　实际上，宝宝的这种行为，与成人或少年有意识的行为不同。宝宝是在摸玩自己时，发现了抚摩生殖器很舒服。其实孩子在子宫里就能摸了，这是一种生物反应。宝宝玩弄生殖器与玩自己的手指一样。

　　对宝宝的这种动作，父母不必大惊小怪，也不要呵斥宝宝。在她出现这种动作时，可以分散她的注意力，吸引她去做别的事。不要让她感到孤独，要给她足够的爱抚，使她不至于皮肤饥饿。多跟她做一些运动性游戏，让她的精力尽量发泄。

宝宝大一些，懂得了道理，父母也不要直接批评她的这种行为，可以让她感觉到父母不希望她这样，而且让她知道这是隐私行为，不能公开做。

不要让宝宝玩猫 ★★★

温驯而乖巧的小猫是目前许多家庭的宠物，活泼好动的宝宝也很容易和小猫成为玩耍的好朋友。但是，如果宝宝还小的话，家里最好不要养猫，如果一定要养的话，至少也尽量避免宝宝和猫接触。因为宝宝玩猫可引起许多疾病，对宝宝健康有害。

猫身上常常寄生真菌，真菌易侵犯宝宝的皮肤，使其头部、面部、颈部、胸部等身体各部位长癣，如不及时医治，病程较长，可自身反复传染或传染他人。有的猫消化道中感染了寄生虫，最多的可达十几种，这些寄生虫都可以通过接触，通过口腔或皮肤进入人体。有的猫身上有跳蚤，当它咬人时，可将鼠疫或斑疹伤寒等病原体传入人体，使宝宝得病。当宝宝被猫抓伤或咬伤后，可引起全身性感染，称猫抓病，有时伤口会化脓，伴有全身症状，如高热、乏力、全身疼痛、食欲欠佳；有时还能引起狂犬病、出血热、破伤风等，危及人的生命。

宝宝大便酸臭怎么办 ★★★

随着代乳食品如米粥、面包等量的增加，宝宝的大便也逐渐带有粪臭味了，颜色也比只喝奶时变深了。用菠菜、胡萝卜代替了切碎的蔬菜，尽管母亲认为煮得很烂了，可还能从宝宝的大便中看到没有消化的部分，这是很正常的。只要宝宝不腹泻，就可以继续给宝宝吃。

在天气暖和的季节，大部分婴儿的小便是每日10次左右，颜色也随着代乳食品的增加而变黄。

不要常带宝宝到马路边玩 ★★★

我们提倡宝宝多到户外玩，多晒太阳，但不赞成常抱宝宝在路边玩。

马路上车多人多，宝宝爱看，有些父母认为，只要把宝宝看好，不碰着宝宝，在路边玩要很省事。其实，马路两边是污染最严重的地方，对宝宝和大人都极有害。

汽车在路上跑，汽车排放的废气中含有大量一氧化碳、碳氢化合物等有害气体，马路上汽车尾气的污染是最严重的；马路上各种汽车鸣笛声、刹车声、发动机声等噪声影响宝宝的听力；马路上的扬尘，含有各种有害物质和病菌、微生物，会损害宝宝的健康。

带宝宝玩耍，要到公园、郊外等空气新鲜的地方。

宝宝从何时开始学步好 ★★★

宝宝学走路不能过早，否则，对于宝宝的生理和智力发育会产生不良的影响，但是，到了宝宝1岁大的时候，父母们就要慎重考虑宝宝学步的问题了。

一般来说，宝宝在11个月至1岁零8个月期间开始学习走步都属于正常年龄范围。具体到每个宝宝身上，学步的早晚又各不相同。下面为父母们介绍一种简单的判断方法。

宝宝想迈步的时候，一定是在支撑物的帮助下进行，支撑物可以是成人的手、床、沙发、凳子、小桌等。

当宝宝刚刚能够离开支撑物独立站立时，父母切忌急于求成地让宝宝马上独立行走，而应让她继续在支撑物的帮助下练习走步。

只有当宝宝离开支撑物，能够独立地蹲下、站起来并能保持身体平衡时，才真正到了宝宝学步的最佳时机。

具备一定的腿部力量，是蹲下、站起并保持身体平衡的前提。

因此，父母们应在宝宝学步前让宝宝进行腿脚部力量锻炼的游戏，以增强她的腿部肌肉力量。同时，要给宝宝多吃含钙的食物，保证孩子骨骼发育正常。

对努力尝试要站起来的宝宝，你可以布置一个环境，来帮助她移步。如把椅子排成一列，在第一把椅子上放一个玩具，让站在椅子前的宝宝抓玩，然后再把另一个玩具放在第二把椅子上，诱使宝宝倾身向前而迈开步子。开始时，可以把每把椅子紧挨着放，等宝宝脚步较稳时，则把椅子的间距拉大些，让她渐渐少倚靠椅子。

如果宝宝累了，抱抱她，把她放在地上坐着休息一会儿。稍后可以让宝宝自己扶着硬纸板箱子，在屋里推着走。用纸箱比用有轮子的学步车安全些，不至于让宝宝"人仰马翻"，而且也不需要花钱。

尽量不要坐学步车 ★★★

对于学步车，目前欧美的专家多不赞同。在加拿大甚至已经全面下架，禁止贩卖。主要的原因是存在有隐藏的危险。使用学步车，或许小朋友可以比较早开步走，但是中间跳过了爬行期，缺乏手、脚、眼的协调训练，造成平衡感较差，甚至也有专家认为会影响走路的协调性。而宝宝坐上学步车之后，滑得更快，冲得更猛，手也可以拉到更多的东西，也增加更多的危险。而学步车若设计不合理，会增加更多的隐患；也曾有夹伤宝宝的案例。

宝宝肚胀怎么办 ★★★

其实儿童在5岁之前，肚子很少是完全平坦的，大多看起来会有一点圆滚滚；然而却有许多的情况，会使得宝宝的腹胀变得很严重，甚至在喝完奶后胀得很厉害。医生用指头轻敲，就好像打鼓一样，更甚者会伴有一些如呕吐、便秘等症状。

宝宝如果肚子鼓鼓的，要先看看是否是生理性的腹胀，例如，刚喂完奶的宝宝，因为本来胃容量就不大，所以肚子会鼓鼓的。这时候要注意有没有相关的症状，如果伴有呕吐，就要小心是否有胃食道逆流或其他肠胃的问题。

宝宝肚子鼓鼓的，医生最担心的，还是宝宝胀胀的肚子里是否有一些病理性的潜在问题。

1 腹部肿瘤，是属于实质性肿块，占据腹腔而使肚子鼓鼓的。

2 先天性巨结肠症，因为肠子本身某一段缺少神经细胞而造成紧缩，使得近端的肠子胀大进而导致腹胀，在X光片上可以发现某一段肠子特别地胀。而一般的生理性的胀气看起来大多是整段肠子均匀性的空气较多，而不会有很厉害的某段肠子扩张。

3 还有一种状况的腹胀，既不是实质的肿瘤，也不是肠子本身的胀，而是在肠子外面腹膜腔中有腹水，腹水的原因大多是因为血液中蛋白质浓度太低，或者门静脉压太高。前者可能是因为肝脏功能不好导致蛋白质制造不够，或者是肠道及肾脏的蛋白质流失过多；后者可能是先天性心脏病或者有肝脏硬化等问题。

通常若有病理性腹胀，会伴有其他相关的症状，也较容易有生长发育迟缓的问题，爸妈如果发现宝宝有这些状况，就应该及时看医生。

宝宝的肚子之所以鼓鼓的，和喂奶的情况有很大的关系。奶嘴的奶洞太小、太大或太软，会使宝宝在喝奶时吸入过多的空气而形成胀气（同理，如果较大小孩吃饭时爱讲话，也比较容易胀气）。如果宝宝本身喝奶喝得很快、很猛，也会有相同的状况发生。以上情况可以考虑换一个适当的奶嘴，控制宝宝喝奶的速度，腹部胀气自然能够改善。此外，宝宝喝奶的姿势正确与否，也关系着是否会同时吸入过多空气。喂奶后，可让宝宝直立趴在自己肩膀上，轻拍其背部直到打嗝，以减少胃中胀气。如果有溢奶或吐奶的情形，可让宝宝在喂完奶打嗝后左侧躺20分钟，再右侧躺20分钟，帮助胃排空。如果宝宝吃了太多产气食物，例如豆类也容易肚子鼓鼓的。

综上所述，宝宝肚子鼓鼓的可能是喂奶后正常的生理性腹胀，也可能是严重的病理性疾病。身为父母，对各种可能引起宝宝腹胀的原因有正确的认识，才能及早加以处理，并且及时找小儿科医生作正确的诊断与处置。

解读女宝宝

为了赢得家长的欢心，女孩往往会很顺从、听话，但值得注意的是，在这些女孩中，健康、懂事的女孩很多，杰出、优秀的女孩却屈指可数。父母应保持女儿的个性，不要过于在意他人的看法，应该让女儿成长为自信的人。自信的人神采飞扬，充满魅力；自信的人满面笑容，充满活力；自信的人乐观开朗，充满精力。自信是女孩最好的装饰。

感冒后警惕鼻窦炎 ★★★

如果宝宝感冒时间较长，说话有鼻音，流黄脓鼻涕，家长就需要带宝宝去医院找医生检查，看看宝宝是不是得了鼻窦炎。鼻窦是脸部骨骼中充满气体的空腔，这些空腔表面覆盖着黏膜，当黏膜肿胀及发炎时就是鼻窦炎。我们人体的鼻窦有4对，包括上颌窦、蝶窦、筛窦与额窦。

鼻窦炎是感冒后不少见的并发症，但有时不易诊断出来，有时又会被过度诊断（不是鼻窦炎的情况诊断为鼻窦炎）。鼻涕变黄并不是诊断鼻窦炎的唯一依据，因为感冒的恢复期也容易看到鼻涕由大量透明变得黄稠（这时候感冒快好了，并不是鼻窦炎）。

上颌窦位于鼻子的左右两边，周岁以后就有可能发炎，临床上最为常见；蝶窦位于眼窝的后方，周岁以后也有发炎的可能，但临床上较为少见；筛窦位于眼窝的中间，3～5岁以后才有可能发炎；额窦则位于眼窝的上方，6～10岁以后才有发炎的可能。这4对鼻窦中，以上颌窦最容易侵犯幼儿了。

鼻窦炎常见两大症状

1 超过三四天以上的持续黄脓鼻涕、鼻塞。容易导致鼻涕倒流，也会引起在晚上发作的慢性咳嗽，有时也会出现鼻音。

2 脸部肿胀或眼球周围水肿、压痛、头痛等。最常见就是位于鼻子左右两边的上颌窦发炎，所以家长若发现幼儿持续有黄脓鼻涕，可以压一压宝宝的脸，试试看按压鼻子两边会不会诱发幼儿不舒服的表现。

鼻窦炎的感染与治疗

哪些宝宝容易出现鼻窦炎呢？包括反复的感冒、有过敏的体质如过敏性鼻炎、鼻腔有小玩具等异物、鼻息肉或鼻中隔偏曲导致鼻窦开口受阻、最近牙齿周遭有感染、纤毛功能不良与免疫不全等。这些因素都容易导致鼻窦受到细菌、病毒或霉菌的侵犯，产生鼻窦炎。

除了由宝宝的临床表现与病史可以怀疑是鼻窦炎外，到了医院，医生也可以借着鼻窦X光或者计算机断层摄影等方法，来辅助诊断。尤其是出现鼻窦炎的并发症如蜂窝组织炎、脑膜炎、骨髓炎或瘘管等，所幸这些严重并发症的发生率都很低。

正确诊断鼻窦炎后，以内科治疗为先，由于鼻窦炎的首要致病因仍是细菌，所以选择适当的抗生素就很重要，且抗生素的使用时间为10～14天，要有恒心地把药物吃完，才能有效根除鼻窦中的细菌。遇到少数案例药物治疗仍无效时，需考虑手术治疗。

过敏性鼻炎让鼻窦炎难以治愈

引起鼻窦炎的原因大都是因为病菌感染了鼻窦黏膜，而过敏性鼻炎的病因是由于环境中的过敏原引起了鼻腔黏膜的过敏反应，这两种疾病在形成的原因上有根本的不同，但是彼此之间却互相影响。

罹患鼻窦炎时，鼻窦里面常常充满着脓性的分泌物。鼻窦炎患者在服用药物以后，鼻窦里面发炎的脓性分泌物如果能够从畅通的鼻窦开口排除，那么在经过一段时间的疗程之后，急性鼻窦炎可以完全治愈。所以在治疗鼻窦炎时，是否能够保持鼻窦开口的通畅，往往是治疗成败的关键。

然而过敏性鼻炎患者的鼻内黏膜比较肿胀，患病的时间越久，肿胀的情形越明显，水肿的鼻黏膜容易堵塞鼻窦的开口区域，鼻黏膜肿胀的程度越大，影响的区域就越广泛，这会让鼻窦的生理功能受损。

虽然在统计上过敏性鼻炎患者不一定会增加感染鼻窦炎的机会，但是当过敏性鼻炎患者一旦得鼻窦炎时，肿胀的鼻黏膜会使得鼻窦内的脓性分泌物不容易排出鼻窦，这不仅增加医生做出正确诊断的难度，也使得鼻窦炎的治疗效果大打折扣。

急性鼻窦炎和急性中耳炎一样，对宝宝来说是常见疾病，在平时就把过敏性鼻炎控制好，就不用担心得急性鼻窦炎之后辛苦的治疗过程。

提醒家长，当宝宝得上呼吸道感染，症状持续多时，又出现鼻音与黄鼻涕时，请提高警觉，及时找儿科医生检查，看是否是鼻窦炎。

解读女宝宝

与养育男孩相比，大多数妈妈对教育女孩更有信心。因为母女间有着相同的性别、相似的身体发育和心理变化。然而，正是由于我们与女儿有着太多相似的地方，所以很多妈妈常会走入教育误区。

第11个月
女宝宝的喂养

婴幼儿喝饮料的学问 ★★★

　　婴幼儿每天都应摄入一定量的水分，尤其是炎热的夏季，宝宝体内水和维生素C、维生素B_1丢失较多，如果都用饮料补充，会使宝宝食欲减退，身体虚胖而不健康。另外，饮料中所含的人工色素和香精，也不利于婴幼儿的生长发育。

　　夏季天热时，可以给婴幼儿喝适量配方奶、豆浆和天然果汁，以补充水分和维生素，喝些凉开水也可以。果汁可以选用西红柿汁、西瓜汁，有利于消渴、清热、解暑。

　　婴幼儿更不宜喝成人饮料。成人饮料如咖啡、茶中含有咖啡因，对婴幼儿的中枢神经系统有兴奋作用，会影响脑发育。酒精饮料会刺激婴幼儿胃黏膜、肠黏膜，可造成损伤，影响婴幼儿的正常消化过程。酒精对肝细胞也有损害。碳酸饮料中含有小苏打，可中和胃酸，不利于消化，而且由于胃酸减少，易患胃肠道感染。碳酸饮料中还含有磷酸盐，它影响人体对铁的吸收，也容易造成贫血。

各种果汁中的水溶性维生素浓度表

维生素浓度（单位/升）	苹果汁	橙汁	白葡萄汁	红葡萄汁	混合果汁
维生素B_1（微克）	150	400~600	0	75	225~310
维生素B_2（微克）	150	230	0~240	150	150~225
维生素B_3（毫克）	0.75	2.3	0.75~3.2	0.75	0.9~3.1
维生素B_6（微克）	300	540	540	600	385~770
维生素C（毫克）	325	325	325	300	325

第11个月
女宝宝的早教

为11个月婴儿选择玩具

11个月的婴儿已能自如地扶着东西站立,有的能扶着东西走,有的甚至能独自站立,手的动作也更加自如了。父母应该多和她一起游戏玩耍,可为孩子挑选以下几种类型的一些玩具。

1 用柔软材料诸如橡皮、塑料或泡沫材料等制成的易抓的各种球类,能发出响声的玩具,童车,像小型汽车那样可拖拉的玩具,玩具电话,小木琴,小鼓,金属锅和金属盘,当挤压时可以吱吱叫的橡皮玩具及不易撕坏的布质的书。

2 简单的游戏拼图,简单的建筑模型,旧杂志,篮子,带盖的罐子或容器,橡皮泥,活动玩具如小火车,小卡车,假想的劳动工具和厨房用品,各种角色的木偶,适合搂抱的玩具动物或玩具娃娃。

除了以上适龄适性原则之外,爸妈还需要注意以下几点。

安全

安全是最重要的原则,特别是对婴儿来说更是如此,几个简单的原则如下。

1 具有标准检验核发的合格玩具标志,以及经过玩具研发中心测试通过的"ST"标志。

2 玩具上应标有名称、适用年龄、主要成分、使用方法,以及制造商名称、地址、电话等信息。

解读女宝宝

女孩善于听。女孩的听觉比男孩更敏感,特别是对声音的辨别和定位,明显优于男性。听高音的能力也优于男性。因此,女孩对噪音的反应更强烈,同一个声音在女孩听来要比男孩听到的响亮两倍。

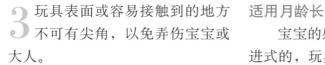
3 玩具表面或容易接触到的地方不可有尖角，以免弄伤宝宝或大人。

4 玩具上的线或绳索长度不要超过30厘米，以免宝宝缠绕到颈部发生危险。

5 玩具的材质坚固不易碎，且用手拉或弯曲表面的突出物也不会断裂。

6 表面涂料不易脱落，因为宝宝常会咬或舔食玩具，若是玩具表面容易掉漆，可能有金属中毒的顾虑。

7 填充玩偶或是布娃娃等有缝线的玩具，其缝线或是上面的纽扣必须要牢固，没有破洞，以免宝宝将里面的填充物挖出且误食。

8 玩具或是玩具的零件不要太小，若是小于硬币，则不应让宝宝玩，以免发生吞食意外。

具有一两种刺激功能即可

以玩偶为例，玩偶可让宝宝认识个体，而宝宝在触摸时也能刺激她的触觉发展，同时也是心理上认同的对象，至少到宝宝3岁为止，玩偶都会是她喜欢的玩具。而积木可以让宝宝随意堆放，作各式变化，宝宝即使重复玩也不会腻。这里要强调的是，玩具并非功能越多就越好玩，有时变化太多反而无法使宝宝专注地玩。

适用月龄长

宝宝的感官以及逻辑发展是渐进式的，玩具的适用月龄或年龄范围最好能长一点，可随着宝宝的成长而有不同玩法，以免刚买的玩具没多久就被宝宝弃置在一旁。

有互动性

宝宝能够操作并随着她的探索而有不同变化、反应的玩具，特别能引发她的兴趣，像是有因果关系的玩具、活动中心等。如果大人也能加入和宝宝一起玩，让亲子间也有互动，例如，通过活动中心教导宝宝认识动物，这样会更好玩！

宝宝需要多少玩具

在每个阶段可为宝宝准备3~5个玩具，每一次可让宝宝玩2~3个，让她有选择。等到玩腻了一个玩具，再换其他玩具，尝试新的玩法。而随着她的身心发展的变化，同样的玩具也能产生不同玩法。

另外，玩具虽有设计好的玩法，但宝宝经常会自行发展出不同的玩法，有些家长会加以制止，但事实上玩具的玩法没有对错与否，重要的是宝宝觉得好玩。在玩的过程当中，也一样会刺激到她的身心发展。

除了掌握上述玩具选购原则之外，也得观察、了解宝宝的个性特质，才能找到宝宝喜欢的玩具。另外要提醒爸妈的是：可别放着宝宝一个人玩，陪她玩才能让玩玩具的过程更有乐趣！

女孩因为有父母的疼爱而更自信 ★★★

有个样貌普通的女孩，在她小的时候，她的母亲就一直不断地对她说："你好可爱！你好可爱！"之类称赞的话。长大以后她总是说："很感谢妈妈，我一直到现在，也从来没有为自己的容貌而烦恼过。也许是因为妈妈从小就一直这么灌输我很可爱，所以我现在不管在打扮以及化妆方面，都很勇于挑战与尝试。"

父母亲至少要做到的是，要让小孩子感受到父母亲是相信她的，并且给予其高度评价和肯定。这样一来，以这种方式教育出来的女孩子，在日后就会很自信。

另外，女孩子都会有想要向人撒娇的心理，要让她很率真地自然表达出来。所以，为人父母者如果希望自己的女儿将来可以变成率真、开朗的人，就要尽可能地包容孩子的需求，让孩子的真性情能够完整自然地表达。让她感受到自己是被爱的，是被人所接纳的。这说起来容易，或许并不是那么容易办到，如果能够做到这一点的话，孩子的性格往往就是乐观的了。

解读女宝宝

女孩之所以表现得比男孩敏感，是因为她们对人、对事物的敏感度都要强于男孩。因此，家长即使批评女孩，也要让她感觉到你对她的爱。如爸爸可以把女儿搂在怀中，抚摸她的头。家长要增加一些与女孩肌肤接触的机会，如在女儿睡前给她一个拥抱，和女儿交流时拉着她的手等。

育儿难题 Q&A

Q 如果宝宝接受了一段时间的辅食，突然间却又不肯再吃辅食，怎么办？

A 这种现象的原因不明，但是通常不会维持太久，有可能是宝宝吃腻原有的食物，可以试着更换食物再试试看，务必耐心地协助宝宝进食。

Q 可以把做好的辅食冷冻起来，要吃的时候再拿出来解冻吗？

A 将食物冷冻之后再解冻，并不会影响到食物的营养，用电饭锅或是微波炉加热均可。目前对于以微波炉加热食物是否会影响到食物营养尚未有定论。

Q 我的宝宝1岁了，不爱喝水怎么办？只有加蜂蜜或葡萄糖她才会喝，这样好吗？会不会养成她爱吃甜食的习惯，结果变成胖妞？可是不给她喝水又担心她会脱水，该怎么办呢？

A 婴幼儿的水分来源一般以奶水为主，其他汤汁、果汁也能提供水分，若没有特别的水分丧失，孩子不会无故脱水。但当宝宝出现嘴唇干燥、尿量减少，则是水分不足的征兆。口渴会想喝水其实是个反射机制，只是若有

选择，有人会喜欢喝汽水，有人喜欢喝茶。1岁之前的宝宝不能喝蜂蜜，而葡萄糖水除了水分外，也供给了糖分，这就会像零食一样，只提供热量，让孩子觉得有饱足感，较不会饿，但并不能提供其他营养成分，还可能让正餐吃得较少，可谓得不偿失！所以我们并不鼓励宝宝常常喝葡萄糖水，若宝宝因生病而出现水分不足的现象，则应依照医生的指导来处理，或许这时候婴幼儿专用的口服电解质液会更适合。

Q 什么是孩子感官敏感期？

A 孩子从出生起，就会借着听觉、视觉、味觉、触觉等感官来熟悉环境、了解事物。3岁前，孩子透过潜意识的"吸收性心智"来感受周遭事物。3～6岁则更能具体地透过感官分析、判断环境里的事物。为了孩子感官发育，教育家蒙特梭利设计了许多感官教具，比如听觉筒、触觉板等，以刺激孩子的感官，引导孩子自己产生智慧。你也可以在家中准备多样的感官教材，或在生活中随机引导孩子运用五官，感受周遭事物。尤其当孩子充满探索欲望时，只要是不具危险性或

不侵犯他人他物时，应尽可能满足孩子的需求。

Q 遗传对孩子身高究竟有多大的影响？

A 孩子的身长高矮，很重要的是遗传因素。遗传对身高的决定因素大概占到了75%，女孩子的身高是（父身高+母身高减去13）除以2。

通常的身高变化范围在5厘米左右，超过正常的范围，就可能是一些疾病。这就是遗传度的问题。女孩子骨龄16岁闭合，男孩子骨龄18岁闭合。

有的父母都很矮，孩子很高，或者父母很高，孩子很矮。有隔代遗传的问题，所以很矮的父母可能生出来很高的孩子，另外父母可能是因为后天因素引起的矮，是不遗传的。

Q 宝宝便秘怎么办？

A 1岁以内的宝宝出现便秘的情形，是因为宝宝的肠胃功能还很脆弱，这是比较常见的情况。因此不建议以药物来帮助宝宝排便。建议在宝宝便秘时，妈妈准备一支肛温计，在宝宝的肛门口擦点凡士林，然后慢慢将肛温计旋转插入再慢慢旋转拔出，借由肛表刺激，也可以达到帮助宝宝解除便秘的困扰。

PART 12

第12个月
女宝宝养育

女宝宝第12个月体格发育指标

项目	年龄组	下限值	上限值
身高	12个月	67.2厘米	83.4厘米
体重	12个月	6.87千克	13.15千克
头围	12个月	约为45.1厘米	
胸围	12个月	约为45.4厘米	
牙齿	12个月	长齐下中切牙、上中切牙、上旁切牙，长出下旁切牙	

第12个月
女宝宝日常保健

女宝宝不宜穿开裆裤 ★★★

传统习惯中，父母总是让宝宝穿着开裆裤，寒冷的冬季，宝宝穿开裆裤容易受凉感冒。所以在冬季要给宝宝穿满裆的罩裤和满裆的棉裤，或穿带松紧带的毛裤。

穿开裆裤还很不卫生。宝宝穿开裆裤坐在地上，地表上的灰尘、垃圾都可能粘在屁股上。此外，地上的小蚂蚁等昆虫或小的蠕虫也可能钻到外生殖器或肛门里，引起瘙痒，甚至因此而造成感染。穿开裆裤还会使宝宝在活动时不便，如玩滑梯不容易滑下来，并且宝宝穿开裆裤摔倒、跌倒后容易受外伤。

穿开裆裤的另一大弊处是交叉感染蛲虫。蛲虫是生活在结肠内的一种寄生虫，在遇到温度变化时便会爬到肛门附近产卵，引起肛门瘙痒，宝宝因穿开裆裤便会情不自禁地用手直接抓抠。这样，手指甲里便会有虫卵，宝宝吸吮手指时通过手又将虫卵吃进体内，重新感染，而且还会通过玩玩具、坐滑梯使其他小朋友受蛲虫感染。

不要把女儿养成小胖妞 ★★★

人们都喜欢胖娃娃，把胖作为健康的标志。其实宝宝过于肥胖是一种异常状态，到成年后也容易产生许多疾病。

宝宝肥胖的危害

◯ 宝宝过于肥胖，其血压高于一般宝宝，到成人期就易形成高血压。

◯ 肥胖儿总是胆固醇高，易过早地出现动脉粥样硬化，为成人冠心病留下隐患。

◯ 过于肥胖使呼吸肌负担加重，呼吸功能受到限制，呼吸道抵抗力降低，易出现"肥胖性心脏综合征"和呼吸道感染。

○ 肥胖使肝细胞脂肪含量增加。

○ 过度肥胖妨碍运动。

○ 肥胖宝宝学会走路也要晚些，而且易患膝外翻或内翻、髋内翻及扁平足。

肥胖的标准一般是指体重超过同年龄、同性别小儿平均体重的10%为超重，超过20%为轻度肥胖，超过30%为中度肥胖，超过50%为重度肥胖，超过60%为极度肥胖。

小儿肥胖大多是单纯性肥胖，与多食及食油腻甘甜的食物有关。预防单纯性肥胖主要是加强饮食管理，控制热量摄入，使摄入热量低于身体的需要量。在限制摄入热量的同时，应使饮食多样化，并多吃些蔬菜和水果，增加充足的维生素及饱腹感，鼓励宝宝多活动。

预防肥胖的方法

○ 按生长发育需要提供食物，不可超量喂养。

○ 饮食要有规律，少给零食，不可用食物来逗哄宝宝。

○ 多吃蔬菜、水果，不吃多奶油食物，少吃糖。

○ 锻炼身体，多活动。

女宝宝预防八字脚 ★★★

所谓"八字脚"，就是指在走路时两脚分开像"八"字。"八字脚"走路时步态难看，姿势不正，步态不稳，步子迈不开，给体力劳动和运动带来不便。通常将"八字脚"分为"内八字"和"外八字"。"内八字"的人走路时足尖相对，足底朝外；"外八字"的人走路时则相反。宝宝从小形成"八字脚"，成年后很难纠正。因此，父母要经常注意观察宝宝的走路姿势，若发现宝宝走路有"八字脚"倾向，应及时进行纠正。

对宝宝可能形成"八字脚"，要做到早预防，其主要的预防方法有：

1 穿布鞋。在宝宝初学走路时，应给宝宝穿布鞋或胶底鞋，不要给宝宝过早地穿硬质皮鞋。

刚出生的宝宝内八字

刚开始走路宝宝的外八字
常见内八字与外八字

从脚踝开始向内
侧扭曲的内翻足

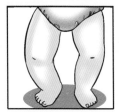

程度较严重的O型腿

程度较严重的X型腿

需要注意的内
八字与外八字

2 鞋应合脚。宝宝不要穿过大的鞋，也不能穿挤脚的小鞋，应穿合脚的鞋。宝宝的脚长得快，买鞋时，买大一号就可以了。一旦鞋子挤脚，就必须更换，不能凑合穿。

3 不过早走路。不要让宝宝过早学走路，同时给予宝宝充足的含蛋白质、钙质和维生素D丰富的食物，并让宝宝多晒太阳。

　　总之，只要注意上述各点，就可以有效地预防宝宝形成"八字脚"。

预防宝宝铅中毒的措施 ★★★

为什么宝宝容易铅中毒

　　通常铅尘被人们吸入后附在呼吸道黏膜上，成人可以通过吐痰排出去大部分，而宝宝由于发育不成熟，形不成这种反应，就全吸收了。

　　宝宝平时有较多的手口动作，容易导致铅从口入。

　　宝宝生长发育对食物和氧的需求量大，铅摄入较多。

　　宝宝组织稚嫩，铅毒极易透过肺和胃肠吸收入血。

　　80%以上的铅流动在离地面1米以下，这正好是宝宝的生活圈。

　　宝宝经肾脏仅能排除2/3的铅。

如何预防铅中毒

　　注意宝宝的卫生：勤洗手，勤剪指甲。

　　经常清洗宝宝的玩具和可能被宝宝放到口中的物品。

　　燃煤的家庭应尽量多开窗通风。临街多尘的居室，要经常用湿布抹去灰尘。食品和奶瓶的奶嘴上面要加罩。

◯ 不要带小孩到汽车流量大的马路和铅作业工厂附近逗留。

◯ 从事铅作业的人必须在洗澡、更换清洁衣物后才能接触宝宝。

◯ 应定时进食，空腹时铅在肠道的吸收率增加。少食含铅较高的食物，如普通皮蛋、爆米花等。补充足够的钙、铁和锌。

◯ 每日早上用自来水时，将可能被铅污染的前段水丢弃，不可用以烹食和为小孩调制奶粉。

🍼 1岁后头发会自然生长 ★★★

有的宝宝出生后头发又黄又细，妈妈们很着急，实际上，每个孩子长发的时间都不同，有的快有的慢，大约1岁是分界点。原因是1岁之前的孩子，身体的器官都尚未发育完成，需要很多的养分供给到这些器官，跟这些器官比起来，头发需要养分的顺序被排到比较后面，所以在1岁前只要确定宝宝的营养状况是好的，身体状况也没有问题，头发稀疏是没有关系的。有许多例子是宝宝在1岁前头发很稀少，1岁多之后才开始长头发，而且发量正常，这就表示1岁之后身体的器官逐渐成熟，而且宝宝开始有行动的能力，需要头发来保护头部，头发自然会正常生长。

🍼 怎样有助于宝宝长头发 ★★★

均衡的营养是有助于头发生长的，所以家长要按照时程让宝宝接触辅食，不要因为喂食牛奶较方便而延后让宝宝接触辅食的时间。宝宝约6个月大就可以开始接触辅食了，在4个月左右就可以添加蛋黄这个重要的食物，因为蛋黄含有铁质、卵磷脂以及人体细胞成长所需的胆固醇，是很好的营养来源，但蛋白则要延后添加，因为蛋白分子较大，容易引起宝宝

过敏，建议等宝宝1岁以后再加入蛋白的喂食。宝宝约满周岁就可以接受跟大人一样的固体食物，可吃的食物种类更为丰富，如海带、紫菜、芝麻等都对头发生长有益。虽然带壳的海鲜对宝宝头发的生长有帮助，但有很多研究报告指出，像是虾子、螃蟹等带壳海鲜容易引起1岁以前的宝宝过敏，所以在1岁前海鲜食品尽量少吃，等宝宝大一点再吃这类食物。

耳垢过多可能造成的影响 ★★★

耳垢有其功能，可以区隔外界的细微异物，使其不易深入耳内。此外，耳垢含有腺体的分泌物及免疫蛋白，也具有抑制细菌滋长的作用。

成人因耳道较宽，耳垢不易完全阻塞住，有些还会自行排出，但婴幼儿因耳道狭窄，耳垢时常会发生下列问题：

1 过多耳垢使耳道封闭，易滋生细菌发炎，尤其在洗澡或游泳时，耳朵进水后，耳垢会吸水膨胀，在温湿封闭的耳朵内，更易繁殖细菌。

2 婴幼儿感冒时常因咽喉部位的感染并发中耳炎，过多耳垢堆积在耳朵内阻断了检查的视线，会使医生不易检查潜藏在内的中耳发炎、耳膜穿孔，甚至化脓，进而导致更严重的失聪或脑膜炎、脑炎。

3 长期耳塞，影响听力，使婴幼儿的学习及语言能力受阻。

4 因耳垢阻挡在耳膜前方，以耳温枪测量耳温时所显示的温度会不准确。

宝宝耳孔附近的耳垢很容易清除，但有许多耳垢是积在深处，不易掏除的，如果是散状耳垢，通常以小棉花棒深入耳孔1厘米清理即可；如果是块状的耳垢，小棉花棒则反而会将耳垢挤入更深部。尤其一般人若不了解耳道内部的构造，很容易在清理时伤到耳道，引起出血或发炎等问题，因此若是宝宝耳垢过多，应交专业医生来清洁。

通常医生处理耳垢的方法分为下面两种。

1 直接清除。医生会以特殊器械来清除。父母因为对耳朵内的结构不明了，切勿自己强行清理，以免伤及宝宝外耳道或耳膜。

2 药水融化。若为块状的大耳垢，无法以器械清除时，每日可以耳药水滴入耳道内，头反向侧置3分钟，使药水充分融入耳垢中，块状的坚硬耳垢会逐渐柔软液化，自然流出耳外。

第12个月
女宝宝的喂养

宝宝吃什么能增强免疫力 ★★★

　　影响免疫力的因素包括：a.遗传因素：如某些先天性免疫缺陷病。b.年龄：年龄越小，免疫力越差。c.营养：不仅与摄入蛋白质和热量相关，和营养的均衡也有很大的关系，比较明显的是维生素和微量元素缺乏。d.疾病：如宝宝患有结核、贫血时，免疫力会降低。e.环境：如空气污染，宝宝患有铅中毒会削弱免疫力。f.护理不当。

　　补充足够的水分，多吃黄色或绿色蔬菜、菇类、糙米、薏米、番茄、优酪乳，均可以提高宝宝的免疫力。不要给宝宝吃高油、高糖的精致加工食品。多吃天然食品，多吃富含维生素和矿物质的蔬菜、水果。此外，不要让宝宝因偏食而导致营养失调。均衡、优质的营养，才能造就宝宝优质的免疫力，轻轻松松远离病菌。

宝宝排铅吃什么 ★★★

　　铅的累积只要达到一定程度，就会严重影响宝宝的身体健康，甚至导致宝宝智力和体格发育迟缓、身体免疫力差。家长可以给宝宝多吃些富含维生素C的食品和酸类食品。如胡萝卜、海带、绿豆、酸奶、乌梅、菠菜、卷心菜、大蒜、生菜、柠檬、葡萄、香蕉、苹果、豆制品等，这些食物有的能与铅结合使铅毒性降低或变为无毒，有的能促进铅排出体外。

便秘的家庭防治 ★★★

有的宝宝经常排便困难，严重时半天解不出大便，有时虽解出来却使肛门破裂出血，甚至引发痔疮。

要预防便秘，可以从以下几方面着手。

1　改善饮食。在饮食中加入适当粗粮，如玉米面、红薯。适当吃一些粗纤维食品，如芹菜、水果。要多饮水，使肠道不至于因过分缺水而蠕动缓慢。同时可以适当增加宝宝的食欲，使排便次数增多。

2　定时排便。每天定时排便，最好养成早上排便的习惯，因为晚上肠胃把一天的食物已经消化吸收好，早上排便可以将残物尽快排出体外，避免粪便在肠内停留时间过长，否则肠道会遭受毒素的毒害。

便秘的一般处理方法有：

1　宝宝便秘时，应鼓励她不要害怕，把开塞露剪开，润滑后插入肛门，挤入药水，开始使用时，用半支即可，可起润滑作用。上药后鼓励宝宝多憋一会儿，然后去排便。

2　如没有开塞露，也可将肥皂头切成长条，使表面光滑，湿润后（用水泡一下）放入肛门。肥皂的刺激也可引起排便。

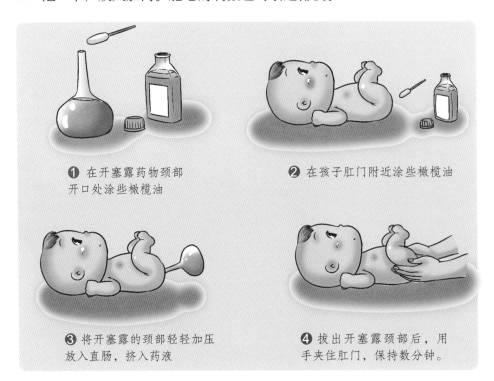

❶ 在开塞露药物颈部开口处涂些橄榄油

❷ 在孩子肛门附近涂些橄榄油

❸ 将开塞露的颈部轻轻加压放入直肠，挤入药液

❹ 拔出开塞露颈部后，用手夹住肛门，保持数分钟。

第12个月
女宝宝的早教

你的宝宝敏感吗 ★★★

看不见的感觉系统（如触觉、前庭觉、听觉、视觉等）潜藏着敏感的可能性，且容易被忽视。感觉系统出现敏感的问题时，不是可以轻易透过外显的症状来判断的。

为何感觉系统会出现敏感问题

我们必须先了解感觉信息在进入感觉神经系统后，这些感觉信息会先做"登录"的动作，例如，脚踢到石头时的感觉在经过"登录"后会产生痛觉，这就是所谓的"感觉登录"；在感觉登录后，大脑即会对登录的感觉信息做出适当的反应，例如，当脚踢到石头产生痛觉后，我们会立刻抬起脚，用手去抓住踢到的部位，这就是所谓的"感觉定向"。接着，我们还必须了解另外一个名词"感觉调节"，这是指大脑去调节与适应不同感觉信息的频率、强度或类型的能力。感觉调节正常的小朋友平常都可以将登录的感觉信息调整成为我们可以接受的程度，例如，手碰到适当温度的洗澡水时我们可以感觉到舒适感。然而，当感觉调节出现问题时，可能会有以下两种情形出现，且可能都会给日常生活带来不便，甚至是伤害。

1 反应迟钝。这就是感觉登录出现问题，会容易忽略外来的感觉信息，因而产生过少的感觉定向，例如，手放入冰水时不会有刺痛感，不会将手移出，因而易造成冻伤。

2 反应过度。这就是对感觉信息产生过度的感觉定向，例如，小朋友在游戏中会与其他人产生肌肤上的接触，如果感觉调节不佳，无法将这样的感觉信息调整成舒适且可接受的程度，这时小朋友就可能产生退缩甚至攻击他人的行为，进而影响人际关系。

> **解读女宝宝**
>
> 女孩比男孩对声音更敏感，女孩更善于发现人们语言中声调的变化，并由此来判断家长或朋友细微的情感变化。如果女儿整天把注意力放在她所生活的环境之中，那她的"敏感"就会最大限度甚至超限度发挥出来。因此，家长特别是父亲应该引导女孩把眼光放大、放宽。当她们的眼界开阔之后，就不会再盯着生活中的小事不放，自然也不会再像以前那样"敏感"。

反应过度是造成感觉敏感的主因。

观察孩子是否有感觉敏感的问题

以下我们就容易发生敏感问题的感觉系统提供一些在日常生活中可以观察到的表征，来协助家长判断孩子是否有感觉敏感的问题存在。

触觉过度敏感

不喜欢被拥抱，拥抱时会有逃脱、哭闹的情形出现。

会刻意躲开需与他人肢体接触的游戏（须先排除有人际互动退缩的情形）。

只喜欢穿特定材质的衣服，或不喜欢接触特定的材质。

触摸头、鼻、口、耳等部位时会出现抗拒或明显的情绪反应，甚至会有攻击的行为。

不喜欢赤脚走路，尤其是踩在草地、地毯上；或站在特定材质的地面上会出现踮脚或用脚后跟走路、脚趾或脚踝不断扭动的情形。

讨厌洗澡、洗头、洗脸、剪指甲、剪头发、涂抹乳液或保养品、刷牙等日常生活活动。

不喜欢吃硬的或粗糙的食物，或偏爱软的或流质的食物（口腔敏感）。

前庭觉过度敏感

走路小心翼翼，不喜欢大动作的移动（如跨步、快跑），对突如其来的外力感到害怕。

异常怕高，即使是只有十几厘米的高度。

不喜欢走在摇晃的平面（如吊桥、平衡板）或无法预测平稳度的平面（如草地、沙滩）上。

当头部突然改变位置与动作时（特别是往后或往下），例如，将小朋友抱起往下俯冲的游戏，会拒绝或害怕。

对于搭电梯、走楼梯、爬梯等活动感到焦虑，例如迟迟不进电梯或看到爬梯会哭闹。

抗拒大动作的游戏，尤其是需要大量改变姿势的游戏。

不喜欢不平稳的动作，如单脚站、跳弹簧床等。

听觉过度敏感

即使是很微小的声音都会感到很吵而产生情绪反应，如生气、烦躁等。

对于特定声音感到特别敏感而害怕不安，例如，摩擦声、翻报纸声、吸尘器的声音。

害怕爆竹、气球等爆破声，严重者可能连看到气球都会感到不安。

对于突如其来的巨大声响产生过度惊吓，例如，在安静的环境下突然听到妈妈大声呼唤。

容易受声音干扰而分心，即使是很微小的声音；或做事情时无法忍受周遭存在不相关的声音，如电视机的声音。

常用手捂住自己的耳朵。

视觉过度敏感

对于光线过度敏感，例如在一般光线下过度眨眼或眯眼，因此喜欢在光线较暗的空间里做事情。

白天出门坚持要戴帽子，如脱下帽子会有用手遮眼或不停眨眼的情形出现，严重者可能会拒绝在白天出门。

不喜欢玩声光玩具，或玩声光玩具时只听声音而眼睛却刻意逃避光线。

不喜欢色彩鲜艳的玩具或图画，画图时亦可能只选择较暗的色系。

较难适应亮光，即使同样环境下的其他人都已经适应。

如果各位家长在检视过后发现小朋友有上述的问题出现，不代表一定有过度敏感的问题存在，而是相对存在着较高的危险因子，建议寻求专业职业治疗师的协助，作更加缜密的评估。如果真的有感觉过度敏感的情形出现，只要妥善接受专业职能治疗师所提供的感觉统合介入，将对小朋友有莫大的帮助。

发展女孩的自我意识 ★★★

对于女宝宝来说，家长往往要求听话，不重视女孩自我意识的培养。事实上发展宝宝的自我意识能力，是父母的重要责任之一，那种认为"女孩只要温顺听话就好"的想法是错误的。

宝宝1岁以后，能把自己的动作和动作的对象区分开来，把主体和客体区分开来。如开始知道由于自己摇动了挂着的铃铛玩具，铃铛就会发出声音，并从中认识到自己跟事物的关系。有的父母常常发现宝宝把床上的各种玩具一件件地抓起来扔到床外，一边扔还一边咿咿呀呀地说个不停，这是因为宝宝发现通过自己的小手可以让玩具"响了""跑了""飞了"，她开始意识到自己的威力，感受到自己的存在和自己的力量，这就是自我意识的最初表现。这种现象的出现，在宝宝的自我发展过程中具有重要意义。

如何发展宝宝的自我意识呢？首先，在与宝宝玩耍时，要有意识地让宝宝知道她在空间的位置，比如让宝宝知道她自己和父母之间的位置关系，引导宝宝认识自身与外部世界的关系。另外，还可发挥宝宝手的触动作用，让她扔彩色气球、抓抓奶瓶、摸摸小娃娃，同时热情鼓励宝宝，激发她的欢快情绪，促进她早期自我意识的发展。

解读女宝宝

在与父母意见不合时，女孩更容易选择妥协，而不是据理力争；在与朋友交往中，她们也会顺从朋友的意愿，为了友谊的延续而委曲求全。女孩在与他人交往过程中，常常为了满足他人意愿而损害自己的利益。

教宝宝和小朋友们打招呼 ★★★

宝宝同小朋友们打招呼会用3种动作表示——笑、招手和叫，有时还会点头或鼓掌，当看到小朋友摔跤或有什么大动作时会大声叫喊，希望大人也去帮助他们。这时父母最好扶着宝宝在旁边站立，也可一手扶着宝宝，逐渐走近小朋友的队伍。

如果宝宝不会同小朋友们打招呼，主要是因为没有机会同小朋友接触。当宝宝开始学站立时或牵手学走时最好到附近有小朋友的地方，看着会走的宝宝玩耍，这会增强宝宝的交往意识。

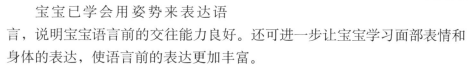

宝宝已学会用姿势来表达语言，说明宝宝语言前的交往能力良好。还可进一步让宝宝学习面部表情和身体的表达，使语言前的表达更加丰富。

宝宝的表达方式不多，是由于大人未做榜样，或者对宝宝照料太周到，不必表达就什么都有了。如果父母注意在外出之前先指帽子和衣服，宝宝要吃东西时指指东西再指嘴巴，要排便时先要自己蹲下，这些都是用姿势表示语言和需要，可随遇随学。

男女宝宝的智力有差别吗 ★★★

许多家长有这样一种看法，认为男孩比女孩聪明，或者说小时候女孩可能比男孩聪明，但长大特别是上高中以后，女孩就不行了。对此，许多专家进行了反复研究讨论，认为虽然男女儿童在身体结构、体质等方面有一定的差异，但性别的差异并不影响人智力的高低。就整体而言，智力在男女儿童之间并不存在差异。

人的智力活动是有其物质基础的，这就是大脑结构与其机能，它们在男女之间都是相同的。既然进行智力活动的物质基础是相同的，男女之间的智力也就不会有必然的明显差异。男女儿童在智力的某些方面有不同的特点，主要表现在以下几个方面。

1　男孩、女孩智力分布情况稍有差异。从整体上看，女孩智力分布比较集中，而男孩的智力差异稍大些。也就是说，在男孩群体中不同的智力水平悬殊较大，而女孩智力比较平均。

2　在智力活动的某些方面，男女儿童各有所长。一般女孩的触觉、痛觉及听觉分辨能力比较敏锐，尤其是手指尖的感觉发展较快，能较早地学会做比较精细的动作，而男孩以视觉分辨及视觉空间能力见长。女孩的语言表达能力常优于男孩，一般女孩说话早，词汇比较丰富，语言缺陷较少，口吃患者以男孩多见，而男孩的判断推理能力以及摆弄拆装物体的能力常胜于女孩。另外，女孩的形象思维比较好，考虑问题周到、细致，男孩则抽象思维和创造性思维较强。

3　男女儿童之间存在特殊才能的差异。一般来说，女孩表演才能占优势，而男孩操作和运动方面的才能占优势。

　　虽然男女儿童智力各具特色，但对每个具体的人来说又能出现各种不同的情况，因此每个家长要针对自己孩子的才能扬长避短，发挥优势，使孩子的潜能充分发挥出来。

鼓励女孩子勇敢些　★★★

　　到了11个月左右，孩子逐渐地学会了站立及走路。这个时候如果看到没见过的人进了家里面，女孩可能会又哭又闹地想要躲在妈妈后面。像这样的状况，只是个过渡时期而已，过了一段时间之后，小孩子开始喜欢探索，这种状况自然就会消失了。

　　婴儿"怕生"，喜欢跟在妈妈身后，慢慢才会适应人群。这时候怎么办呢？如果遇到这样的状况，可以鼓励孩子在安全范围内独处一会儿，一点点增加她的勇气。

解读女宝宝

　　大多数女孩文静，喜欢安全，所以女孩会更喜欢让她们感觉温暖和舒服的洋娃娃。家长应该注意适度增强女孩的男性特征，如果家长总是让女孩玩那些女生玩的玩具，那不仅会造成她们思维方式的单一，而且还会助长她们身上那种女性天生的弱点。

女孩的特质是什么 ★★★

刚出生时男孩与女孩没有差别，但是在教养过程中，会慢慢出现不同的特质。

小婴儿时，如果没有特别穿上有明显性别的衣服和饰品，男孩或是女孩很难一眼就看出来。但是，过了1岁以后，女孩逐渐就有女孩的特质了。养育女儿的乐趣就越来越明显了。

现在不少妈妈不想以传统旧式的方法来教育自己的女儿，喜欢照着自己的喜好来打扮教育女宝宝。也有不少妈妈认为女孩子就是要教育成女孩子该有的样子，想要把她教育成小淑女，将"女孩子就是应该要如此"的观念灌输在小女孩的脑中。如小孩子往高爬的时候，男孩的父母亲不会大惊小怪。如果发生在女孩子身上，父母亲大多会担心"会受伤，多危险"。父母会很在意家中的小女孩"像不像个女孩子，动作要淑女一点"。这些都没有错。因为随着女孩子逐渐长大，会不断意识到了"自己是个女孩子"，凡事都非常重视，而后又出现"对于自己的性别非常排斥"的阶段。在不断重复的过程中，孩子就会发现属于自己的"女孩子特质"了。

解读女宝宝

培养女宝宝，重要的是让她有健康的心态，温柔娴静的性格，干净健康的身体。爸妈自然会对女宝宝宠着点，但并非娇生惯养。要让她见识多广、独立，有主见、明智。爸妈要根据女宝宝的行为优势，有针对性地制定一些具体的教养方法，从锻炼宝宝的肢体协调能力、感觉统合能力、专注力和气质等方面入手，提升多种优势智能，培养一个优雅、聪慧、大方的女宝宝。

育儿难题 Q&A

Q 我的宝宝刚满1岁，生气的时候爱抓别人，爱拉别人的头发，还会瞪人（我生气的时候会瞪她），打她小手她现在也会回手。我发现她开始模仿大人，但讲道理她又不明白，到底该怎么教她呢？真不知如何是好。

A 这种年纪的宝宝不懂得什么道理，她就是爱模仿，有样学样。但她的学习行为，会从大人们的反应里得到正回馈或是负回馈。得到正回馈，如大人的惊叹、微笑、赞赏等，她就会倾向于重复同样的行为；相反地，若得到了负回馈，如大人的怒目、斥责等，她就会倾向于避免同样行为的出现。

但是，有一点很重要的是，大人们的生气及责备需要明确地表达，才不会让小儿误以为是在跟她玩，否则负回馈反而成了正回馈，当然就会强化小儿的不当行为。

Q 宝宝腹泻，可以吃什么呢？

A 宝宝若有腹泻情形，首先是以补充电解质为优先。如果宝宝处于开始尝试辅食的阶段，在烹调辅食上要降低油脂的比例，可以让宝宝喝点稀饭上层的米汤水，或是表面烤得微黄的面包片或白馒头，因为烤过的面包片或白馒头的纤维较脆，比较方便宝宝咀嚼消化。

Q 熬煮给宝宝吃的软稀饭，可以用大骨汤或鸡骨、香菇熬煮的高汤吗？

A 原则上可以利用鱼汤、肉汤、鸡汤来熬煮稀饭，不过需注意的是，在事先炖煮高汤的时候，并不用再添加盐。因为对宝宝来说，宝宝这时候正处于味觉探索的时刻，食物的原味就已经足够，并不需要再添加盐或其他调味料。

Q 辅食可以用微波炉加热吗？

A 若要利用微波炉加温辅食，妈妈要注意尽量将食物平铺在微波炉专用盘中，让食物均匀受热；微波加热后，妈妈也要先尝尝看食材是否都均匀受热，是否中间的部分还是冷冷的，会不会太烫嘴。一切确定无误之后，才能让宝宝享用大餐！

PART 13

第13~14个月
女宝宝养育

女宝宝第13~14个月体格发育指标

项目	年龄组	下限值	上限值
身高	13~14个月	68.2厘米	86.1厘米
体重	13~14个月	7.03千克	13.73千克
头围	14个月	约为45.6厘米	
胸围	14个月	约为45.8厘米	
牙齿	13~14个月	可长出8颗乳牙	

第13~14个月
女宝宝日常保健

培养女孩的独立生活能力 ★★★

随着宝宝动作技能和自我意识的发展，开始有了学习自我服务并为家人服务的愿望和兴趣。例如，一旦学会了走，她就乐意走来走去，帮大人拿东西；一旦学会了将勺子凹面装上食物，她就乐此不疲地练习自己刚刚掌握的这一技能。这正是培养宝宝独立生活能力的契机。及时鼓励和培养宝宝有规律、有条理的生活卫生习惯和能力，不仅能促进宝宝动作技能的发展，提高健康水平，还能增强宝宝的独立性、自信心，使宝宝保持愉快的情绪状态。宝宝一旦形成了良好的生活卫生习惯和能力，对于她个人的气质以及将来的家庭，都将会受益终生。

生活卫生习惯和能力主要有饮食、睡眠、大小便、穿衣以及日常生活中的卫生习惯和能力。宝宝独立生活习惯和能力的养成，关键在于父母能根据宝宝的生长发育特点，把握宝宝学习的最佳时期，这样才能收到事半功倍的效果。

1~2岁宝宝应具备的独立生活能力表

独立生活能力	开始教育时间	多数宝宝学会时间
学拿勺子凹面向上装上食物（但吃不到嘴里）	10个月	12个月
成人为她穿衣服时懂得配合（穿衣时会伸手入袖，穿裤时自己抬腿）	10个月	13个月
大便前会叫"嗯"	11个月	13个月
开饭时知道食物烫，能安静等待，不动手打翻食物	11.5个月	14个月
会抓帽子放在头顶上	12个月	14个月
会自己用勺盛食物放入口内	12个月	14.5个月

第13~14个月 女宝宝的喂养

1岁之后过敏儿饮食注意事项 ★★★

1 较易导致过敏的食物尽量少吃。以下食物的成分有较高的抗原性，理论上较易引起过敏，应少吃：

a.异种蛋白质类：包括鸡蛋蛋白以及有壳的海鲜类，如虾、螃蟹、蛤、牡蛎、干贝等，不新鲜的鱼贝类也不可吃。

b.蔬果类：荔枝、杧果、草莓、柑橘类等。

c.核果类：核桃、腰果、干果等。

d.豆类：花生、黄豆、豌豆等。

2 奶类、蛋白、面粉、鱼类可以吃。并非所有的海鲜都会诱发过敏，有壳的海鲜才容易引起过敏。鱼类对宝宝而言是很好的营养品，不应限制这类食物。虽然奶类、蛋白、面粉较易引起过敏，但这些食物遍布于各种食物中，减少摄取容易导致营养不良。因此，除非由医生判断这些食物会引起宝宝的过敏，否则1岁之后不应限制这些食物。

3 勿吃冰冷的食物及饮料：冰冷的食物、饮料会引起神经及内分泌过度反应，导致咳嗽、打喷嚏、流鼻涕等过敏症状。

4 勿吃高热量或油炸的食物：这些食物会让体内的发炎物质增加，加重过敏症状。

5 避免刺激性食物：太刺激、太咸、添加人工添加物的食物要

避免，饮食宜清淡。因为刺激性食物（如芥末、姜、胡椒、辣椒等）会刺激气管、鼻腔，使过敏症状加重。添加人工添加物的食物包括蜜饯、加工过的金针菇和某些糖果，都应尽量少吃。

6 多吃可降低自由基的食物：包括绿色蔬菜、水果、深海鱼油等。空气污染、油炸类食物等会导致体内自由基增加，引起体内炎症反应。绿色蔬菜及水果富含维生素C、胡萝卜素，可降低体内自由基，深海鱼油也有类似作用。

导致过敏疾病发生及恶化的原因很多，包括吸入性过敏原、空气污染、情绪压力及食物等因素。治疗及防范过敏疾病，需从接受治疗、作好环境控制、减轻情绪压力及饮食控制等各方面着手。单纯注意饮食而忽略其他因素，是无法完全预防或改善过敏疾病的。

不适合婴幼儿食用的食物 ★★★

一般生硬、带壳、粗糙、过于油腻及带刺激性的食物对宝宝都不相宜。有的食物需要加工后才能给宝宝食用。

刺激性食品如酒、咖啡、辣椒、胡椒等应避免给宝宝食用。

鱼类、虾蟹、排骨肉都要认真检查是否有刺和骨渣后方可食用。

豆类不能直接食用，如花生米、黄豆等。杏仁、核桃仁等食品应磨碎或制熟后再给宝宝食用。

含粗纤维的蔬菜，如芹菜、金针菜等，因2岁以下小儿乳牙未长齐，咀嚼力差，不宜食用。

易产气胀肚的蔬菜，像洋葱、生萝卜、豆类等，宜少食用。

词汇解读

自由基

自由基（free radical）是指带有不成对（奇数）电子的分子、原子或离子，它很不稳定，很容易从其他分子抢夺一个电子来稳定自身结构。自由基之所以有害，是因为它活泼的化学特性，会和体内的细胞组织产生化学反应，使细胞组织失去功能而遭到破坏。此外，自由基也会和细胞内的DNA发生反应，因而破坏DNA、加速身体老化并增加致癌概率。

注意宝宝饮食安全 ★★★

1 不吃变质、腐烂的水果、蔬菜等食物。袋装食品食用前首先要看是否过期、变味，已有异味的食物和含油量大的点心不能让宝宝吃，否则会引起胃肠道疾病或食物中毒。

2 不要吃剩菜、剩饭。饭菜宜现做现吃。营养丰富的剩饭菜细菌极易繁殖，吃后易出现恶心、呕吐、腹泻等急性肠道症状。如食用剩饭菜，首先要检查食物有无异味，同时需加热到100℃，持续20分钟左右。

3 不要给宝宝选用熟肉制品、腌渍品。熟肉制品如火腿肠、红肠、粉肠、肉罐头、袋装烤鸡、烤鸭等。这些食物加入了一定的防腐剂和色素，且细菌易繁殖，必须高度警惕。而腌渍品，如咸鸭蛋、松花蛋经长期腌渍，内部积累了大量亚硝盐酸，食入会积累中毒。

解读女宝宝

对待女宝宝，爸爸妈妈的心一定要放到最温柔，就像对待那些娇嫩的花，细致婉约，容不得任何粗糙。

第13～14个月
女宝宝的早教

🤰 为13~14个月宝宝选玩具 ★★★

简单的图形配对玩具：可从基本的三角形、圆形还有正方形图形配对做起。

具有使用工具概念的玩具：例如以小槌子打球、洗澡时使用小水瓢，或是敲打其他东西等玩具。使用工具概念的玩具，还可以含有其他概念，例如使用小槌子打球，而球会滚进管道中又出现，这能帮助宝宝了解物体恒存概念；而用槌子打某个地方，会有动物跳出来则具有因果关系。选择含有两到三种玩法或是概念的玩具能让宝宝乐趣横生。

简单的叠积木：宝宝在较小时玩积木，她只会把每块积木排成一列，但现在她会懂得把积木叠起来。一般的木质积木就可以让她玩得开心。

进阶的躲猫猫游戏：爸妈可躲在某处，然后整个跳出来让宝宝看见，再躲回去。等到宝宝走路走得很好时，她还会主动去找出你在哪里！

🤰 让宝宝早识字好吗 ★★★

如果宝宝能在父母的正确引导下，对识字有极大的兴趣，而且是在轻松愉快和各种各样的游戏活动中学习的，那么，让她在学龄前学会识字、阅读就并非一件坏事。我国的汉字实质上是一个个的图形，如果宝宝已经能辨认生熟人的面孔——最复杂的几何图形，并有一定的专注力，就说明宝宝已经具备识字的基本条件了。这时的"识字"，只是一个视觉刺激信号而已，和认一幅图并没有什么两样。而结合宝宝爱吃的食物、爱玩的玩具、认得的亲人以及日常家具、物品等进行无意识的学习，对宝宝来说并非是一件困难的事。目前在我国，早期学会识字、阅读，已不是什么特别新鲜的事了。宝宝早期识字，只能作为一种记忆游戏，家长功利心不能太强，如果宝宝不喜欢这种游戏则不要勉强。

🤱 解读"女孩富养" ★★★

养女儿要尽可能让她懂点艺术、上好学校、穿好衣服，培养她优雅的举止和良好的气质；而养儿子要让他从小学会吃苦，养成坚韧、自强、自立、自信的品质，这没有错。爸爸妈妈应该促进宝宝的性别角色社会化，对男孩、女孩分别对待抚养。但是，那种认为只体现在物质条件上的不同的富养和穷养说法，是从传统的"男主外、女主内"性别角色定位的，不符合现代社会的价值观。当今社会，女孩和男孩一样，都要有自立能力和开拓精神。过分娇惯女儿，不利于其未来的发展。在讲究个性张扬的现在，要注重个性培养。

"富养"不仅仅指生活的富足，更是教育的富足。富养女孩不是娇生惯养，而是给她精细的生活，让她自信自立，眼界开阔，尊重他人，做一个有品位、有气质的女孩。

"富养"养出宝宝开阔的眼界、丰富的知识、宽广的心胸、得体的举止、文明高雅的生活习惯；"穷养"养出宝宝坚强、独立自主、勤俭持家等品质。

女孩需要培养同情心和爱心，让她给花浇水，给小金鱼喂食，为下班回家的妈妈倒杯水。在点点滴滴中，让女孩学会体贴、关怀，这也是一种家庭责任感的培养。

解读女宝宝

"富养"并不是要让女儿"吃香的、喝辣的、穿金的、戴银的"，物质上的满足并不等于"富养"，精神上的充实、独立才是真正的富有。富养女孩，要培养女孩的自信、独立、优雅和大气的气质，而不是培养女孩的娇气。培养女孩的手段包括对孩子进行艺术熏陶，如芭蕾舞、绘画等，还包括运动、仪态、读书等。

女孩子天生较贴心 ★★★

当卵子与精子相遇6周后，具有Y染色体的受精卵开始促使母体分泌雄性激素——睾酮，从此时起，男孩和女孩的脑子开始不一样。男孩子出生以后，脑内还有残存的睾酮，所以男孩通常比女孩好动。除睾酮外，男孩脑中的杏仁体体积比女孩的大2.5倍，同样容易让男孩容易好动、冲动。反之，女孩的XX染色体继续生长，其掌控沟通与解读的神经元也就继续快速生长，所以女孩天生就比较贴心，女孩的父母会感受到养女儿的幸福。

女孩听觉较为敏锐 ★★★

由于语言能力的发展，女性和多元智能中的语言文字智能较高的人比较会使用听觉学习。这也是由于在生理构造上，女孩的听觉比男孩的敏锐。有关研究发现听莫扎特音乐对早产儿有益，研究人员尝试放音乐给早产的宝宝听，结果女宝宝比男宝宝提早两星期出院。研究团队开始讨论为什么会出现这样的结果，其中有人就说了："你们放的音乐声音那么小，谁能听得到？"这时女医生们才惊觉，原来女性觉得刚好的音量，男性竟然是听不到的。于是当他们把音乐音量调大声后，小男孩便也能提早两星期出院。这也就说明，看电视时男孩开的音量为什么总是比较大声，而在班上为什么总是听到老师跟小男孩说："说话小声一点儿！"所以，女孩子可以早一点儿进行语言培养和音乐训练。

解读女宝宝

女孩的大脑结构带来的优势包括：一，女孩的语言能力较强；二，形象思维好；三，记忆力和推理能力比男孩更胜一筹。女孩的语言能力比男孩强，她们比男孩先学会认字，语言的建构与语法也学得好。

PART 14

第15~16个月
女宝宝养育

女宝宝第15~16个月体格发育指标

项目	年龄组	下限值	上限值
身高	15~16个月	70.2厘米	88.6厘米
体重	15~16个月	7.34千克	14.31千克
头围	16个月	约为46.0厘米	
胸围	16个月	约为46.7厘米	
牙齿	15~16个月	可长出9~11颗乳牙	
囟门	15~16个月	大部分宝宝的囟门已经闭合，少数还未闭合	

第15~16个月
女宝宝日常保健

父母不要斥责女宝宝 ★★★

对于1岁多一点的宝宝来说，父母的斥责应该只限于专门制止宝宝的瞬间行为的目的。如果想让宝宝做父母所期待的事时，比起斥责，最好是夸奖宝宝。大凡人都是受到表扬时非常高兴，所谓的记忆快乐、忘却烦恼是人之常情。所以，让某人做某件事时，与愉快结合起来就容易做得成。

宝宝不能按父母的意愿做事而被斥责，在这个年龄段中，往往都是因为父母对宝宝的期望过高，宝宝还不能从头到尾都做得很好。如果宝宝不能告诉父母要小便，就是斥责宝宝也没有用，因为这个年龄的宝宝还不能很出色地做好这些事。宝宝不能按父母的意图行事，在批评斥责宝宝之前首先应该考虑一下宝宝为什么要那样做。斥责宝宝，必须内容明确、语调严厉、表情严肃，这样做，才能在宝宝的心目中留下父母与往日不同、是可怕的这种不愉快感。

宝宝在这个年龄段，惩罚是没有意义的。因为宝宝还不能将自己的行为与惩罚联系在一起来记忆，宝宝只能记得被父母惩罚过。当然，想制止宝宝拿打火机点火时，可以打宝宝的手，这是因为宝宝用打火机点火的行为与被父母打了手的疼痛记忆几乎同时发生。

让宝宝养成漱口的好习惯 ★★★

幼儿的乳牙应当受到精心的保护，宝宝从1岁开始就应接受早晚漱口的训练，并逐渐养成这个良好的习惯。

需要注意的是，幼儿漱口要用温开水（夏天可用凉白开水）。这是因为宝宝在开始学习时不可能马上学会漱口动作，漱不好就可能把水吞咽下去，所以刚开始的一段时间最好用温开水。训练时先为宝宝准备好杯子，父母在前几次可为宝宝做示范动作，把一口水含在嘴里做漱口动作，而后吐出，反复几次，宝宝很快就能学会。

在训练过程中，父母注意不要让宝宝昂着头漱口，这样很容易呛着宝宝的气管，甚至发生意外。另外，父母要不断地督促宝宝，每日早晚坚持不断，这样日子一长就能养成好习惯。

保护婴幼儿的肝脏 ★★★

肝脏是人体的重要器官，如果在孩子幼小时，不注重对其肝脏的保护，会给孩子以后的生活埋下隐患。那么，婴幼儿期该如何来保护孩子的肝脏呢?

注意饮食卫生，预防肝炎。按时注射乙肝疫苗，预防乙肝。

注意饮食安全，避免吃有农药的蔬果损害婴幼儿的肝脏。

不要给孩子吃过多的橘子或橘子汁。

避免食品添加剂，如防腐剂、色素等，不要购买颜色、香味过重的饮料、糕点。

不要给婴幼儿吃腌渍、熏渍的食物，如火腿、熏肉、咸鱼等。

避免吃含激素的食品，否则会加重婴幼儿的肝脏、肾脏负担。

不要给孩子吃生鱼片、糟蟹或糟虾等生、冷海鲜。

霉变的花生、红薯、土豆，隔夜的剩菜不能给宝宝吃。

不要把水果、蔬菜霉烂部分切除后食用其他部分。

谨慎用药，不要给孩子服用成人药。防止滥用抗生素。不要给婴幼儿吃成人退烧药。激素类药物不要长时间使用。不能给宝宝服用过期药。

家中少用樟脑丸，慎用风油精、白花油等含樟脑成分的药物，樟脑可能会造成肝脏伤害。

尽量少用塑料用品及软胶玩具。

第15~16个月
女宝宝的喂养

幼儿的健脑食品有哪些 ★★★

从健脑角度来说，母乳是婴儿最理想的健脑食品。正常母乳中牛磺酸的含量达425毫克/升，是牛奶的10~30倍。牛磺酸对婴幼儿神经系统和视网膜的发育有重要作用，对婴幼儿大脑发育具有特殊意义。

鱼类的健脑作用

科学研究表明，鱼体中含有的DHA（二十二碳六烯酸，俗名脑黄金），对人类来说是一种不可缺少的必需脂肪酸，而且是高度不饱和脂肪酸。经研究发现，DHA有增强记忆能力的作用，而它只存在于鱼油中，猪油和牛油中一点儿也没有。

怎样给身体补充DHA呢？很简单，吃鱼就可以给身体补充DHA，什么鱼都行，怎么吃都可以，DHA都不会被破坏。

豆类和瘦肉的健脑作用

对于大脑发育来说，豆类是不可缺少的提供优质植物蛋白质的食品。黄豆、豌豆和花生豆等都有很高的营养价值，豆类还可以提供不饱和脂肪酸以及大脑活动需要的葡萄糖等。

其他

动物的瘦肉、内脏和脑等可以提供蛋白质及人体需要的脂肪酸、卵磷脂等，对健脑也极为有益。

粗粮、蔬菜和水果可以为人体提供各种矿物质和维生素，其中的维生素A和B族维生素是脑力活动不可缺少的重要物质。

给宝宝良好的就餐环境 ★★★

为了增进宝宝的食欲，促进消化吸收，保证身体健康，应该为宝宝提供一个良好的就餐环境和就餐气氛。

1 不要在宝宝吃饭的时候批评她，影响她的就餐情绪。在宝宝情绪不好时，大脑皮层对外界环境反应的兴奋性降低，使胃肠分泌的消化液减少，胃肠蠕动减弱，从而降低对食物的消化吸收功能。这样就使食物在胃中停留的时间延长，使人没有饥饿感，吃不下饭，即使勉强吃下去，也常感到肚子不舒服。

2 不要过分要求宝宝吃饭速度，提倡细嚼慢咽。由于宝宝的胃肠道发育还不完善，胃蠕动能力较差，胃腺的数量较少，分泌胃液的质和量均不如成人。如果在进食时充分咀嚼，在口腔中就能将食物充分地研磨和初步消化，就可以减轻下一步胃肠道消化食物的负担，提高宝宝对食物的消化吸收能力，保护胃肠道，促进营养素的充分吸收和利用。

3 不要让宝宝边听故事边吃饭、边看电视边吃饭。这样做分散了宝宝的注意力，宝宝吃饭心不在焉，会减少胃肠道的血液供给及消化系统消化液的分泌，进而影响宝宝对食物中营养的消化吸收，而造成宝宝食欲不好、消化不良等。应该给宝宝固定就餐位置，大人也不要一边看电视一边吃饭，引导宝宝养成良好的就餐习惯。

给宝宝吃水果要适度 ★★★

水果多性寒、凉，而小儿"脾常不足"，一旦饮食失节，可致脾胃功能紊乱。如橘子性热燥，可"上火"，令口舌发燥，过量食用会导致皮肤与小便发黄及便秘等；又如柿子，若空腹时吃得过多，易导致"柿石症"，症状为腹痛、腹胀、呕吐；还如荔枝，吃多可导致四肢冰凉、多汗、无力、心动过速等；菠萝多吃易发生过敏反应，出现头晕、腹痛。

宝宝只吃奶不吃饭怎么办 ★★★

有的父母非常发愁，宝宝为什么总爱吃奶不爱吃饭？这该怎么办呢？出现这种情况的原因，主要是由于父母没有根据幼儿的生长需要及时添加辅食，使幼儿出现了只爱吃长期吃惯了的奶，而不愿吃其他食物的毛病。

出现这种情况时，父母应该立即予以纠正，不可等闲视之。

1 首先应该减少幼儿吃奶的次数。在幼儿有饥饿表现时，给她吃些米粥、软饭、面条，要注意把饭做得软、味道香，这样才能吸引幼儿。

2 由于幼儿长期已习惯了吃奶这样的流食，所以在刚开始时要让幼儿适应吃稀软的食物，并且每日都要坚持喂几次，食物也要不断更新换样。时间一长，宝宝也就慢慢地不会只想吃奶，而会逐渐喜欢吃其他食物了。

3 要纠正幼儿只吃奶不吃饭的毛病，父母一定要每日坚持，不能怕幼儿饥饿或因幼儿的哭闹而动摇决心。有的父母禁不起幼儿的哭闹，一看幼儿不爱吃米粥等就马上换上奶。幼儿虽然立即得到了满足，但只吃奶不吃饭的毛病却更难纠正。

只有每日坚持纠正，小儿吃奶的次数才能逐渐减少，吃饭的次数才能逐渐增加，不用多长时间幼儿就会改掉这个毛病。

宝宝饮食营养要平衡 ★★★

宝宝开始以饭菜为主食，在这个食物的转变过程中，妈妈必须注意到宝宝膳食各种营养素的摄入平衡，也就是人们常说的平衡膳食。不能大人吃什么孩子吃什么，或者把大人的饭菜煮烂点给孩子吃。要做到平衡膳食，需遵循以下原则：

1 品种多样化：粗细粮合理搭配，肉、蛋、鱼、蔬菜、水果、油、糖等食物都要吃。

2 各类食物的比例适当：蛋白质、脂肪和糖类最好按 $12\%\sim15\%$、$25\%\sim30\%$、$60\%\sim70\%$ 的比例供给。也就是说，身体需要的热量有50%以上应由糖类供给，并且数量要够。

3 食物之间要调配得当，烹调合理：要注意动物性食物与植物性食物搭配、粗粮与细粮搭配、干与稀搭配、甜与咸搭配。

4 幼儿每顿饭食的量要合适：既要考虑到幼儿的食量，也要考虑到孩子能摄入到足够的营养素。

第15~16个月 女宝宝的早教

让宝宝满心欢喜地涂鸦 ★★★

美国的科学家做过这样的实验：他们有意识地把纸和绘画的工具给一个15~18个月的宝宝，结果宝宝便乱涂起来。他们发现这个宝宝只要一看到自己在纸上画的东西时，就咿呀学语地哈哈大笑起来，一边还会继续画画。但是当她手中的笔在纸上没有留下痕迹时，她就停下来了，这一现象很明显地说明绘画时，宝宝的视觉因素与语言表达有密切关系。画画的活动足以刺激宝宝的语言表达，特别是对那些说话能力差或语言发展较缓慢的小儿更是如此。

语言文字是用来表达人的思想的一种形式，而图画则是另一种更为直截了当的形式。人们常常用符号来表示国际性的图表，如航线、山川、道路，不同语言的人都能一目了然。宝宝们的涂鸦也是这个道理，当她们兴致勃勃地涂着画着时，小小的脑瓜中一定有一些只有她们自己才知道的幼稚、离奇的想法，如果她边画边讲边叫，一定是思维极为兴奋，在积极活动着，要表达出来，她发出的各种声音就是她表达的语言形式，只是大人们尚不了解或不完全了解。这种活动及表达方式，能促进小儿左右脑的发育。

在宝宝涂鸦时，爸爸妈妈要为宝宝准备一些书及安全环保的涂写工具，在宝宝高兴时，让她随心所欲地涂涂画画，并且爸爸妈妈也应参与到这种有趣的活动中来，要用语言鼓励她，不懂她画什么时，也要假装十分理解，高高兴兴地同她讲话，注意帮助她养成画好一张图就仔细看看、讲讲的好习惯，这对培养宝宝的口语表达能力和今后的阅读能力有着直接的好处。

女孩会察言观色 ★★★

曾有个这样的实验：把9个月大的婴儿放到房间里，女婴会一直观察妈妈的反应，男婴则不理会妈妈的反应与提醒，自顾自地东摸西碰，探索环境。而这也是由于男女大脑构造有所不同的关系。女孩的前额叶和脑垂体要比男孩的大，所以女孩天生就比较会察言观色。我们也常说女孩会比较贴心，其实这个贴心来自于大脑，也就是主掌人际关系、社会依附系统的地方。例如，在家里我们常会发现，妈妈脸色不好时，当姐姐的很容易就会察觉妈妈的状态，因而知道不要去招惹妈妈或问问妈妈是否身体不适。而这时，当弟弟的通常都还在状况外。男孩常见的人际关系方式就是一起玩，而女孩们就比较会彼此嘘寒问暖。

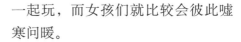

如果有人用一件玩具去逗引女宝宝，她会专注地看着拿玩具的人而不是玩具。女宝宝天性爱观察人，喜欢盯着人看，对新事物比较后知后觉。所以，女宝宝认人、叫人的时间都比男宝宝早，而要求独立的时间却比男宝宝晚。

对于新事物，女宝宝往往抱有一定的畏惧心理，态度比较矜持，总要先观察一阵，等他人演示后才会动手去试。女宝宝天生心理感受比男宝宝丰富、细腻，更善于语言沟通。所以女人的敏感是从出生就开始的。

女孩喜欢对玩具注入感情 ★★★

女宝宝在雌激素的驱动下，天生就会关心、爱护、照看他人，因此她喜欢对玩具或游戏注入感情。任何玩具交给男宝宝都可能成为一件拆装玩具，而在女宝宝的手里则都可以变成她的孩子、病人或伙伴，她可以喂它吃东西、给它讲故事、哄它睡觉……如果她把一个手工台当炉子用，一点儿也不奇怪。

千百年来，女宝宝就是从不断地照料虚拟宝宝的过程中慢慢长大，到自己真正做了妈妈后就开始照料真实的宝宝。

解读女宝宝

父亲是女孩生命中遇到的第一个男性，当父亲角色缺失，会造成女孩对异性存在很大的幻想，并且持有错误的看法。因此，缺少父爱也会降低她们与人交往的能力，使其在感情和心理上出现极端的想法。在女孩的成长过程中，父亲必须在女儿需要的时候及时出现，关注女孩成长中的一切，并进行适当的帮助。只有这样，女儿才能从父亲那里得到健康成长所需的养分。

女儿爱对爸爸撒娇 ★★★

都说女儿是爸爸前世的小情人，女宝宝通常爱对爸爸撒娇，视妈妈为竞争对手、要与妈妈比漂亮。女宝宝1~2岁起就对项链、口红、内衣、高跟鞋这些很女人的物品感兴趣，小小年纪就会拿着妈妈的首饰在自己身上比画。女孩不仅从父亲身上体会到安全感、幸福感，更能接收到男性精神的影响——坚强、独立、锐意进取。父亲不仅是女儿衡量男性的标准，更影响和决定着女儿的做人做事标准，进而决定着女儿学习和事业方面的能力。因此，女孩能否拥有完满的个性、幸福的婚姻、成功的事业，取决于父亲的教育是否科学。

女儿不愿见陌生人怎么办 ★★★

一般来说，8~9个月的宝宝开始认生，1岁多的女孩在陌生人面前有点拘谨是正常的，随着年龄的增加和社会交往的增加，宝宝会逐渐变得大方起来。但宝宝见到陌生人就特别紧张，一提起去某个人的家，宝宝怎么也不肯去，这就算是一种缺点了。要帮助宝宝克服怕生的缺点，帮助她形成热情爽朗的性格，提高交际能力，以便能适应未来的社会。

当宝宝在1~2岁时，父母就应有意识地抱宝宝出去走走，让生人抱抱、逗逗，使宝宝习惯于见到陌生人的脸孔。到了适合送幼儿园的年龄和条件时，应该将宝宝送到幼儿园，去过集体生活，这对宝宝是大有好处的，在家里也可经常鼓励宝宝和邻居、亲友的宝宝一起玩，经常带宝宝到朋友家串串门，或者到公园等处玩玩，以便增长见识，开阔宝宝视野。

如果发现宝宝已经存在怕生这一缺点时，家长不要强迫或用训斥等方法来改正，应该逐步地为宝宝创造条件，帮助她克服。如果采取强制的手段逼着宝宝去见陌生人，则只能增加宝宝的恐惧，对其身心健康是有害无益的。

玩拼图发展女孩逻辑思维 ★★★

拼图对宝宝具有吸引力，除了每片都有自身的鲜艳颜色外，各式各样的有趣形状也是其特色之一。拼图对宝宝而言，有许多发展和启发上的优势。当孩子能将每一块拼图找到正确的放置地方，不仅是锻炼其手眼的协调能力，还可提高其动作技能，培养孩子对形状认知的能力；而这些能力，都是孩子将来在学习阅读时必须拥有的技能。

好处一：透彻了解喜好的领域

孩子通过拼图的游戏，因为用手触摸到拼图的形状，可以了解各种形状的区别；通过眼睛看到不同的颜色和图像，借以认识有关动物、水果、花草等知识。随着年龄的增长，孩子可以玩的拼图类型也会变得越来越复杂，但是认知发展会越来越好。

好处二：增加图像思考能力

拼图是训练右脑的好方法，因其融合了认知、理解图像和形状的能力。右脑被称作是"印象的脑"，它拥有卓越的造型能力和敏感听觉，所以它有绝对的音感，也因此右脑亦被称为"艺术的脑"。

好处三：提高与人合作的能力

拼图是一种老少咸宜的益智活动，可以视为家庭活动。一开始教导孩子如何操作跟拼排的时候，可以让她成为助手，找出一些相关的联结和蛛丝马迹。渐渐地，爸爸妈妈就可以退居幕后，让孩子学习完全靠自己拼排图片；适时地给予提示，再分享其完成后的自豪和成就。拼图的好处还在于若家中不只有一个孩子时，拼图会让他们团结互助并和平相处（跟以往两人总是争抢一个玩具的情形大相径庭）。

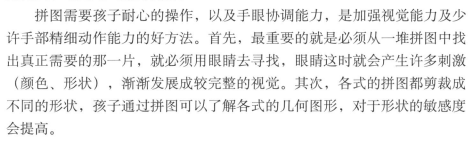

好处四：训练手眼协调能力

拼图需要孩子耐心的操作，以及手眼协调能力，是加强视觉能力及少许手部精细动作能力的好方法。首先，最重要的就是必须从一堆拼图中找出真正需要的那一片，就必须用眼睛去寻找，眼睛这时就会产生许多刺激（颜色、形状），渐渐发展成较完整的视觉。其次，各式的拼图都剪裁成不同的形状，孩子通过拼图可以了解各式的几何图形，对于形状的敏感度会提高。

知道将某一片拼图放置在哪个部分和角落，也是视觉完形的训练；能区辨目标物和背景的差别，例如：能在一大堆各种形状的拼图中，找到要拿的圆形拼图，这是主题背景的训练。

好处五：懂得逻辑、秩序

在拼图游戏中，爸爸妈妈可让孩子知道许多的小部分可以拼凑出一个"全部且完整的图像"，这种"一个完整的全部"是由许多部分所组成的概念，就是逻辑思考的雏形。当然，拼图是一种平面组合的概念，不像积木是立体的组合，但是必须在局限的2D范围里拼出一个完整图像，其实就是训练空间逻辑的能力。

许多小朋友在一开始接触多片拼图时，自然就知道要从边缘开始拼起，其实是学习顺序、秩序及逻辑的意义。而且拼图必须有正确的拼法才能拼出正确的图像，所以过程中必须有好的观察与判断能力。

育儿难题 Q&A

Q 我女儿1岁多，很黏我，随时随地都要我抱，爸爸、奶奶或其他人陪都不行，我上个厕所，她就在门口敲门、号啕大哭，直到我出来抱她为止，甚至有一回连煮饭都要背着她才行。婆婆说我太宠小孩了，我也真的好累，要怎么样才能让孩子不那么黏人呢？

A 在孩子成长的过程中，常常会出现类似的情形。首先，对于1岁多的孩子来说，其移动能力、语言能力都还没有发展得很好，当家长离开视线时她会有无助、焦虑的表现，应属合理的反应。在行为的处理方面，建议家长可以从行为改变的观点介入，也就是说在处理之前，请妈妈先拟订要处理的行为（随时要妈妈抱），设定合宜的目标（如抱的时间短一点，或者在特定的场合不用妈妈抱），在特定的场合中，以孩子喜欢的物品来吸引孩子的注意力，并增强孩子出现上述设定的目标行为（如孩子可以在特定场合自己玩的时候给予称赞）。

此外，不要在孩子出现不合宜的行为时满足她，例如，在大哭的时候去抱她，这是增强孩子哭的行为。此外，建议在爸爸抱她的时候，让孩子知道妈妈不会消失，再以渐进的方式拉开距离，慢慢地，孩子便能接受爸爸或奶奶陪她一起玩了。

Q 怎样给宝宝选择牙刷？

A 帮宝宝选择牙刷时，牙刷头的长度，以相当于4颗门牙的宽度为宜；牙刷的软硬度，则以不刷痛孩子牙龈为原则，以免让孩子有不舒服的感觉而排斥刷牙。

市售的儿童专用牙刷有为各阶段宝宝设计的小刷头，容易深入儿童窄小的口腔，柔软的刷毛及软垫刷头，可保护宝宝幼嫩牙龈。设计成粗胖的握柄，适合手掌肌肉尚未发育完全的幼儿来掌握，有些还有可爱的卡通图案，很受小朋友欢迎，爸爸妈妈可多加利用。

PART 15

第17~18个月
女宝宝养育

女宝宝第17～18个月体格发育指标

项目	年龄组	下限值	上限值
身高	17～18个月	71.9厘米	91.0厘米
体重	17～18个月	7.64千克	14.90千克
头围	18个月	约为46.4厘米	
胸围	18个月	约为46.9厘米	
牙齿	17～18个月	出牙10～12颗	
囟门	18～30个月	闭合	

第 17~18 个月
女宝宝日常保健

此时训练宝宝大小便比较好 ★★★

训练宝宝大小便，通常在宝宝1岁6个月到2岁之间可以开始进行，选择气候较好时，不穿裤子也不会冷的室温下来训练较为合适，如春末、夏天或秋初。

父母要先做好心理准备，了解每个宝宝的身心发展速度不一，理解能力也不同，因此宝宝需花多少时间才能学会自己大小便也当然不同。

训练宝宝排便的最佳时机 ★★★

以下是观察何时较适合开始训练宝宝大小便的时机。

1 每天排便的时间已较有规则性。在直肠括约肌发育得比较完全，能让大便在直肠中停留较长的时间以后。

2 尿布能保持2~3小时以上的干爽。表示膀胱已发育得较为成熟，可用膀胱括约肌的力量来控制。

3 听得懂父母的指示。当宝宝认知能力逐渐进步，能了解某些单字或语句之后，才能听得懂父母或照顾者对她所提出的口语指令，如宝宝该"嗯嗯""嘘嘘"等日常生活中所必须进行的行为，并且愿意配合。

4 能够出现想上厕所的表情或动作。经由语言或脸上表情或改变身体姿势或在游戏中忽然停下，摸自己的肚子，或已能感觉出便意或尿意，来要求你带她去厕所。

5 能够自己表达想上厕所的意愿。在宝宝感受到膀胱胀尿或下腹胀想上厕所时，能立即向大人表达。而且喜欢跟着你一起进到厕所，看着你上厕所，表现出好奇、想模仿的样子。

6 可以自己走到便盆前、脱下裤子、坐上便盆等。

如何训练宝宝大小便 ★★★

　　首先，准备属于宝宝自己的儿童马桶，放置在明显且方便取得之处，例如小宝宝房间或最近的厕所等处。

　　接下来要谈的是，如何开始作训练？

1 刚开始训练时，先让宝宝习惯坐儿童马桶。此时期让他穿着衣服坐着即可，不用脱裤子坐，主要是告诉小宝宝，并让他熟悉马桶的用途及何时使用。

2 宝宝熟悉自己的儿童马桶之后，可以尝试将尿布拿掉坐在上面。要注意儿童马桶须稳固且让小宝宝双脚能完全着力，因为这对排便运动相当重要，然后可以逐渐增加坐儿童马桶的次数，成为宝宝生活的一部分。

3 宝宝习惯且没有压力之后，如果来不及到马桶就已经尿下去或大便了，可以将脏尿片丢在马桶内，然后告诉小宝宝这是排泄物该去的地方。

4 接下来在没有垫尿布的情形下，可以在定期地点提醒她是否要去尿尿或解便，此时可以穿一些训练用的裤子。

5 夜间的训练通常是在白天没问题之后才开始，记得宝宝睡前及醒来应马上带她去上厕所。夜晚小便训练有可能要到3~5岁才能完成。

专家主张

训练宝宝大小便，男女宝宝有无差异

　　根据目前临床上的研究及统计数据，都显示出女宝宝能比男宝宝较早学会控制大小便，训练期也较短。一般而言，宝宝刚开始不太能区分大小便，然而女宝宝完成大便训练后，比较会区分大小便的不同。女孩由母亲教较为合适，因为女宝宝除了在大人的协助指示下自己学习外，也可经由模仿女性长辈上厕所的历程，累积经验，由于照顾者多是女性，自然学得比男宝宝来得快；男孩则由父亲教，尿尿也可逐渐由坐着变成站着。

训练宝宝大小便要有耐心 ★★★

每一个孩子有其各自的发展脚步，有的可能快一点，有的可能慢一点，平均1岁零6个月到2岁之间都可开始训练大小便，而学习的快慢和小宝宝的发展成熟度有关。在这个发展过程，父母亲扮演了重要的角色，因此父母亲的态度很重要，对于宝宝如厕训练的达成，应给予正向的鼓励，即使只是简单奖励或一句赞美的话，都能使她们的表现更好。千万不可表现出不耐烦、惩罚、怒骂，如此不但没有帮助，反而会使宝宝产生不愉悦，甚至害怕退缩。

教导及训练宝宝如何自我控制大小便，这是必经的过程，父母需要有相当大的耐心与爱心，不要给孩子太大的压力。尽可能使同龄的孩子大小便时，互相观摩学习、互相称赞，较易达到训练及学习的效果。然而每个孩子的人格特质是有相当大的差异的，千万不可拿来相互比较，否则也会有反效果出现。

早训练宝宝大小便好吗 ★★★

有一些父母为了想要向别人炫耀或证明自己的孩子有多厉害，会过早进行孩子的大小便训练；另外，有些压力可能来自孩子的爷爷或奶奶，因为他们通常会较急于训练孙女大小便；或有些幼儿学校希望宝宝已训练好大小便才准予入学。在训练初期，难免会碰上一些问题，有可能是时机未到，或宝宝身心发展还不到一定程度，太早训练只会徒劳无功。目前许多研究经验告诉我们，如果在1岁零6个月以前训练大小便，反而会让时间拉长至4岁才完成；相反地，如果大约在2岁以后开始进行大小便的训练，则平均在2岁零6个月左右便可完成大小便的训练。

有些幼儿不愿使用便盆上厕所，碰到这种问题时，家长千万不要责骂或惩罚宝宝，以免孩子因害怕而心生恐惧，只会更加排斥。要弄清楚孩子不愿意使用便盆的原因。若是因便秘所引起的，只要给予适当治疗（如改变饮食习惯或给予药物辅助），问题便能解决；若是宝宝还未准备好，再给她一些时间，操之过急或态度严厉，只会造成相反效果；若宝宝是因为不喜欢与便盆直接接触，可以暂时让她先包着尿布，坐在便盆上大小便。

大小便是一种自然的生理需求与本能，当小宝宝有一定的成熟度，准备好了再开始训练如厕，比较有效，而不是以父母的认知来决定何时开始训练大小便。研究证实，越早训练宝宝大小便，则训练期反而越长！

　　如厕训练是小宝宝发展的一个重要阶段，和她本身的器官发育成熟度与心智发展有大的关联。好好地陪小宝宝经历这段过程，常常拍拍手并且说"好棒哦"！除了自信与成就感的喜悦，更能增进亲子间的互动。

　　当然，如果你的宝宝到了4周岁，白天仍未能达成脱离尿布时，就要怀疑有些可能是先天泌尿系统异常造成，必须带去医院，让小儿科医生作进一步的检查与治疗。

乳牙保健很重要　★★★

　　很多家长认为，宝宝的乳牙迟早要掉落，蛀掉也没关系，等恒牙长出来再保养就可以了。这其实是极为错误的观念。事实上，乳牙会影响日后恒牙的发展，因此乳牙的保健十分重要。其原因包括：

　　当乳牙蛀到牙神经处，除了宝宝会感到不适及影响咀嚼功能外，一旦恶化向下侵犯到下面发育中的恒牙牙胚，就有可能影响恒牙的发育。

　　一颗牙齿蛀掉后，与其相邻的牙齿就会往前推进，将来会阻碍恒牙的生长空间，使得宝宝长大后，齿列变得拥挤、不整齐，将来还必须作牙齿矫正，花费的时间和金钱更多。

　　而有些家长则比较担心宝宝的牙缝过大问题。这其实是正常现象，爸爸妈妈不必担心，因为将来的恒牙比乳牙大且颗数多。现在牙缝大，将来才有长恒牙的空间。要担心的反而是乳牙的牙缝太密合，将来宽大的恒牙长出来时空间不够，太挤就会造成齿列不整齐。

小时头发稀疏长大会好吗　★★★

　　头发对女孩子而言，就如同面貌一样重要。所以如果头发比较稀，而且长得慢的话，一定会让父母相当担心。然而，头发的量因人而异，即使在出生的时候头发少，也不必担心。

　　而性激素与体毛的生长有相当大的关系。婴儿在刚出生的时候，身上会覆盖着细细的胎毛。逐渐长大了之后，柔软并且细细的体毛，

解读女宝宝

　　女孩都具有爱美心理，当女孩梳洗干净，换上一件合身的衣服后，就特别高兴。在她们觉得自己美丽或是被人称赞美丽时，自主地昂首挺胸，像一只骄傲的小天鹅。自信又会转化为美丽。这就是自信和美丽的关系。

就会代替原本的胎毛。到了青春期，男孩子就会分泌男性激素，长出胡子以及体毛，并抑制头发的生长。女孩子到青春期，也会分泌女性激素。女性激素会促进头发的生长，并抑制胡子以及体毛的生长，所以女性秃头的概率就没有男性那么多。

头发稀也能打扮，如果女儿头发稀也不必太过于担心，可以替她选择一顶帽子。各式各样的帽子搭配衣服，可以做出许多可爱的造型。等到小孩子稍微大一些，可以给她戴上发圈。

父母应放手让女孩活动 ★★★

宝宝走得稳了，活动范围扩大了，随之而来的是开始有了独立性的萌芽。你会明显地感到，能自由活动的宝宝更接近一个完整意义上的人了。

对待初步独立的宝宝，你的态度开始发生改变，宝宝不再完全地依赖你了，所以，这时的你要弄清楚宝宝能做些什么，不能做什么，要让宝宝有适当的独立活动的机会和自由。

这时的宝宝对一切都充满好奇心，有一种喜欢活动、喜欢探索的冲动。你对她的温情和爱抚在她的眼中已经不如以前那么重要了，你的关照有时可能变成了一种限制，宝宝甚至不愿接受。所以，你不妨适当地放开手，如一块安全的空地、秋千、木马等，对喜爱摇晃、跳跃的宝宝，是很有用的。

宝宝已不容易长时间安静地坐住了。她喜欢大人带她出去散步、兜风。一个在家里不安分的宝宝一旦外出，往往把全部兴趣都指向外部环境，能够安静地在娃娃车上让你推很长时间。因此要善于利用你的观察，找出宝宝喜好的活动。

日常起居时间的安排，也要尽可能地富于弹性。如果宝宝不喜欢某项作息时间的安排，不妨暂时停止执行，等宝宝已经忘记反抗了，再继续试行。这样会省去很多纠缠时间。

第17～18个月
女宝宝的喂养

被人叫小胖妞怎么办 ★★★

　　婴儿时期长得圆圆滚滚的是很普遍的，家长一般不用过于担心。但是如果1岁多了还是胖胖乎乎的体型，妈妈自然要担心了。在这一个时期，小孩子在身高以及体重方面，都是属于个人差异性蛮大的时期，所以，如果家长很担心的话，不妨试着绘制婴儿的成长曲线。

　　如发现孩子的成长曲线有稍微超出标准曲线的趋势，不要因此就减少辅食。要注意均衡的营养，控制油脂。食物如果较松软，孩子就会吃得比较多一些，营养的吸收也会比较好一点。可以适时地让她吃一些较硬的食物。如果活动多一些的话，身材自然就会比较苗条了。

　　小胖子形成的原因，绝大部分出在遗传。如果双亲属于肥胖型的，小孩子也是小胖子的比例非常高。如果双亲不是肥胖型，小胖子的概率就会比较少一点。但即使是继承了父母的肥胖体质，也不一定就会变成小胖子。这是因为肥胖和饮食生活有很大的关系。肥胖的遗传体质，再加上变本加厉的过度饮食，这样肥胖会很自然地发生。所以，如果家中有人肥胖的话，要从小减少孩子油脂以及糖分的摄取。

🍼 小心食品中的激素 ★★★

食物中的激素来源于两种，一是食品中所固有的内源性激素，如大豆中的雌激素。另一种是人为添加的外源性激素。给孩子选购食品要注意以下三点：

1 禽肉中的激素残余主要集中在家禽头颈部分，很容易造成孩子性早熟，所以要让孩子少吃鸡头、鸭头。

2 大量地摄入冬虫夏草、人参、桂圆干、荔枝干、黄芪、沙参等滋补中药，容易引起孩子性早熟，所以，家长不要过多给孩子进补。

3 花粉成分复杂，含有一些药效成分及性激素。儿童食用花粉制品，可能会出现性早熟及其他生理功能失调。

肉食中的激素残留更应引起重视，肉食中残留的主要是雌激素和雄激素，一般在肝脏、肾脏中浓度高；脂溶性药物容易在蛋黄中蓄积。豆类食品中的异黄酮含量是很低的，日常食用豆类食品不会造成性早熟。

🍼 注意孩子不要过量进食 ★★★

人们总以为孩子吃得多，身体才会健壮。实际上进食过量对宝宝是不利的，主要有以下几方面的害处。

1 增加胃肠道负担。过量进食后，胃肠道要分泌更多的消化液和增加蠕动，如果超过宝宝的消化能力，就会引起功能紊乱，发生呕吐、腹泻。

2 造成肥胖症。长期过量进食，造成宝宝营养过剩，体内脂肪堆积，成为肥胖症。

3 影响智能发育，导致"脂肪脑"。因摄入的热能过多，糖可转变为脂肪沉积在体内，也沉积在脑组织，形成肥胖，使脑沟变浅，沟回减少，神经网络发育欠佳，使智能下降。过食可引起脑血流量减少，因为饱餐后，血液相对地集中于消化器官的时间较长，使脑部血流量减少的时间也延长，经常过食，使脑经常处于相对缺血状态，势必影响宝宝脑发育。过食可使宝宝大脑的语言、记忆、思维能力下降。由于过食后，使大脑负责消化吸收的中枢高度兴奋，而抑制了其他中枢，故影响智能的发育。总之，宝宝进食不是多多益善，而是必须养成适量进食的习惯。

另外，更不应该提倡睡前吃得过饱。其害处有：晚餐进食太多，睡觉易做噩梦，影响消化吸收，本来睡眠状态下胃肠道消化功能应减少，因过食就会增加胃肠道负担。易导致消化紊乱性疾病，造成夜间磨牙，发生遗尿，造成宝宝睡眠惊醒、烦躁不安。

哪些食物含钙多 ★★★

对于宝宝来说，奶类是补钙的最好来源，500毫升母乳中含钙170毫克，500毫升牛奶含钙600毫克，奶中的钙容易被消化吸收。蔬菜中含钙质高的是绿叶菜，如大家熟悉的油菜、空心菜等，食后吸收也比较好。给宝宝食用绿叶菜，最好洗净后用开水烫一下，这样可以去掉大部分的草酸，有利于钙的吸收。豆类含钙也比较丰富，每100克黄豆中含360毫克的钙质，每100克豆皮中含钙284毫克。每天给孩子吃50克豆制品也是不错的选择。含钙特别高的食品还有海带、虾片、紫菜、芝麻酱、骨髓酱等，不过虽然含钙高，但吃的量应是有限的。

除了补钙，也要适当增加维生素D摄取，并留意磷与钙的组成比例，才能建构完美的生长支架。维生素D缺乏会削弱身体对钙的吸收以及钙在骨骼中的沉积，进而影响骨骼发育。阳光中的紫外线可使身体合成维生素D，适当照射阳光是最安全的维生素D补充方式。当体内钙、磷比为2：1时，可提高身体对钙质吸收率，然而许多幼童因饮食偏差，导致钙磷比提高，不利于体内钙质吸收，使生长发育受到严重影响。补钙时也别忘了适量增加镁的摄取量，建议平时多选用全谷类、坚果、黄豆、瘦肉、绿叶蔬菜等镁含量丰富的食物。

钙含量丰富的食物表 （以100克可食部分计算）

食物名称	含量（毫克）	食物名称	含量（毫克）
牛乳粉	1797	鲮鱼（罐头）	598
芝麻酱	1170	奶豆腐	597
豆腐干	1019	虾米（海米）	555
虾皮	991	脱水菠菜	411
榛子（炒）	815	草虾、白米虾	403
黑芝麻	780	羊奶酪	363
奶酪干	730	芸豆（杂、带皮）	349
虾脑酱	667	海带（干）	348
荠菜	656	河虾	325
白芝麻	620	千张	319

资料来源：杨月欣.营养配餐和膳食评价实用指导.北京：人民卫生出版社.

鲜奶和配方奶粉哪个对孩子更合适 ★★★

母乳以及根据母乳研制生产出来的配方奶粉都是以乳清蛋白为主，酪蛋白为辅，这两个比例是6：4，乳清蛋白占6，酪蛋白占4，而牛奶的比例是反过来的，甚至以酪蛋白为主，酪蛋白高，在胃里会形成凝块，不会消化，使孩子消化吸收不好，同时这些代谢要从肾脏排出，使小孩子肾脏负荷变重。还有钙、磷比例，虽然牛奶里钙的含量比配方奶粉和母乳里的都高，但是钙的吸收需要钙和磷有恰当的比例，牛奶比例不恰当，所以母乳和配方奶粉肯定优于牛奶。配方奶粉里还有碳水化合物、脂肪以及维生素的添加，铁的强化，这是牛奶里不具备的。因此推荐1岁以内的婴儿用配方奶粉，因为它能够更接近母乳，使孩子生长发育更均衡，而不会出现过度的肠道和肾脏功能的负荷。1岁以上或者3岁以上，可以选择鲜奶。3岁以内都有专门的配方奶粉，营养素都是强化的。

第17~18个月 女宝宝的早教

孩子要从小有时间概念 ★★★

1岁半的宝宝的时间概念是借助于生活中具体事情或周围的现象作为指标的，比如早晨就是起床时间，晚上就是上床睡觉时间。待宝宝长到5岁左右，才能根据天气变化理解时间。时间概念教育主要是让孩子养成不磨磨叽叽、拖拖拉拉的生活习惯。

1 从小就应该让宝宝养成规律的生活习惯。让宝宝知道早上要穿好衣服出门，晚上等爸爸或妈妈下班，虽不必让宝宝知道确切时间，但可经常使用"吃完午饭后""等爸爸回来后""睡醒觉后"等话作为时间的概念传达给宝宝，而且让宝宝等到应诺的时间。

2 充分利用钟表。宝宝虽然认识钟表所代表的含义，但还得要宝宝明白表走到几点就可以干哪些事情了。比如用形象化的语言告诉宝宝："看，那是表，那两个长棍棍合在一起，我们就吃午饭了，12点了……"给宝宝在手上画个手表："宝宝几点了？我们该干什么了？"不断地这样问宝宝，让宝宝有看表的意识。

3 父母要以身作则，答应宝宝的事一定要在说好的时间内做到，这样才能在宝宝心目中树立守时的观念。也要培养宝宝节约时间的习惯，父母自己树立榜样，不拖拉。常常在讲故事、做游戏等时间里告诉宝宝要抓紧时间，不能浪费时间。

妈妈可以照着画几个大的钟表盘，告诉宝宝，这是爸爸的一天，让宝宝更好的理解时间。

做女儿的数学启蒙老师 ★★★

○ 吃水果的时候，告诉宝宝大的重、小的轻。

○ 给宝宝喝水的时候，用不同大小或不同形状的杯子装。

○ 切蛋糕的时候，告诉宝宝一个蛋糕可以切成许多块。

○ 吃糖把糖纸留下，叠成小人，让宝宝按花色分类。

○ 吃饭的时候，让宝宝分发碗筷，知道一个人要两根筷子、一个碗。

○ 带宝宝出门，和宝宝一起数数楼梯。

○ 带宝宝上街，教宝宝看橱窗。

○ 吃饼干的时候，问问她喜欢方的还是圆的。

○ 和宝宝一起数数，从沙发走到厨房要走多少步。 买玩具时，注意买和数学学习有关的玩具，比如天平、拼图等。

催促，会对孩子产生负面影响 ★★★

不经意脱口而出的催促却可能造成孩子的学习危机！对于正在学习各种事物的孩子来说，赞美是她建立自信心的重要基石，然而你的催促、不满意，极可能让孩子出现以下的负面表现。

1 不专心。因为她过去经常在专心学习时被人打扰、被人催促，造成她有随时随地会被人中断的危机感，因此不容易专心去做事情，会经常表现出分心、三心二意的态度。

2 不持续。因为不专心，就不会在做事的过程中发掘趣味，因此变得对事物没有耐心，做什么事情都有不容易持续的问题。

3 不独立。催促的语言经常伴随着不满意的成分，敏感的孩子往往更加没有自信，久而久之，她会习惯等大人来帮她完成事情，以免多做多错，也会比较没有责任感。

4 不主动。当父母"急"习惯了，通常会变成自己来比较快的结果。于是父母决定了孩子起床、出门、洗澡的时间，因为反正到时候有人会像闹钟般地准时催促她，孩子因此逐渐丧失自动自发的能力。

你是"急"父母吗

□ 孩子玩具收得慢，会忍不住过去帮忙收。

□ 孩子吃饭拖拖拉拉，会认为妈妈来喂比较快。

□ 每天都在对孩子说"赶快""快一点"！

□ 孩子自己穿衣或穿鞋的过程，经常让你等得很不耐烦。

□ 不论吃什么、穿什么、买什么，总是主动帮孩子作决定。

你打了几个钩？超过3个钩，请妈妈思考一下，你留给孩子的时间是否总是太短、太急促！

孩子老是慢吞吞的原因　★★★

在谈解决办法之前，家长必须先了解孩子拖延的原因。其实孩子大部分是无意的，但有意拖延的因素也占一小部分。

1 天生慢吞吞型。天生气质属于趋避性比较强、适应度比较低的孩子，她接收到一个新事物或新指令时，都需要时间调适一下才能进入状态。

2 注意力分散度较低。注意力分散度较低的孩子，因为专注于前一件事，无法在接获一个新指令时，马上回神来处理，也会给人慢半拍的感觉。

3 感觉动作失调。由于社会的变迁，目前感觉动作失调的孩子比例不低，情况较轻者常见手脚笨拙，做起事来会有慢慢吞吞、杂乱无章的现象。

4 缺乏时间观念和次序感。5周岁以下的孩子，还没有明确的时间观念，如果家长经常用"限你10分钟内做完"这类指令来要求孩子，孩子不明白10分钟到底有多长，因而会让家长觉得她爱拖延。

解读女宝宝

女孩很敏感，如果家长对她大喊大叫，或者对她使用暴力，这都会伤害她的自尊心，让她感到羞耻和不安，进而促进女孩用愤怒来表达自己的不满。当女孩的某些心理需求得不到满足时，她也会表现出很多不合作或者是破坏行为，她会通过这种破坏行为来吸引家长注意。这种情况下，惩罚是不起效果的，而且很多时候，它还会使女孩的不合作行为、破坏行为增加。

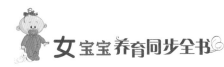

5 缺乏生活自理经验。大人保护过度及父母过度代劳，这类型的孩子因为实践经验少，一旦要独立做事时，就容易显得笨手笨脚、慢吞吞。

此外，父母个性太急而主观认定孩子拖拖拉拉；从小让孩子过度自由，孩子习惯不动手不动脑做事，造成凡事懒散、拖延的不良习惯；或者孩子对该做的事缺乏兴趣或觉得困难，只要遇到没兴趣或困难的事就用拖来逃避则属于有意拖延。

你家有"慢"孩子吗

☐ 我的孩子生活大小事，凡事要人催。

☐ 家中宝贝缺乏实际的生活自理经验。

☐ 对于大人的催赶，经常是嘴巴回答说"好"，却没有实际付诸行动。

☐ 面对较困难、不擅长或不好玩的事会出现逃避、不想做的反应。

☐ 在接收到新事物或新指令时，都需要时间调适一下才能进入状态。

一共有几个钩？若超过3个钩，面对家中的"慢"孩子，妈妈要多体谅并配合，通过适当的沟通与教养，亲子关系会更和谐。

父母要鼓励宝宝多用左手 ★★★

人的大脑是非常复杂但又精巧的。多数人因经常使用右手而使其左脑能得到足够刺激，语言与逻辑分析，数字处理及记忆等都由左脑"掌管"。但应变能力、创造力、形象思维能力是由右脑管辖的。因此要开发宝宝的右脑，鼓励宝宝使用左手是很有必要的，因为人的双手与左右脑是交叉支配的。现在的宝宝使用东西的时候，总是随机的，父母不要因为宝宝使用左手而进行纠正。

尊重孩子的先天气质 ★★★

每个孩子有她自己与生俱来的独特特质，我们称之为"气质"。所有父母都应该培养对孩子的敏感度，要从细微处去观察孩子，发现孩子的先天气质，如果孩子做每一件事都是没有理由的"慢"，那很可能她先天就是所谓的"慢郎中"；或许她的大脑思考比别人要多一些时间，或许她在思考时会比别人想得更多，或许她需要一定程度的喘息才能做出反应，这些都需要父母的了解与包容。

此外，孩子有个别差异，发展快慢各有不同，而根据0～6岁儿童发展历程来看孩子，在2岁前后，是独立自主性最强的时期。这时期的孩子比较自我，会很想自己把事情做好，例如想自己穿鞋、穿衣服等，此时父母若不给机会或是不给足够的时间让孩子学习与练习，那么孩子日后可能会干脆要你帮她穿，因为你总是嫌她做得慢、做得不好。

事有轻重缓急，若是在有时间限制的情况下，像是上学、看表演等事情，就要事先提醒她避免迟到；而若非紧急事件，如吃饭、洗澡等，不妨就让孩子自在轻松些，父母可以不用催促她，让她自己选择完成的时间。和孩子之间尽量维持良好的互动，不要让亲子关系因催促、怒骂而变得紧张兮兮。

教女孩子不疾不徐稳重有序 ★★★

刺激感觉动作的协调发展

1 掌握0~6岁的关键期。孩子0~6岁之间神经系统和感官知觉的发展良好与否，是她将来各方面认知学习是否良好的重要基础。所以父母在这段时期，应提供适当的活动空间和机会，来协助孩子的感官知觉及动作连续发展。

2 养成良好的生活习惯。孩子的习惯常规养成从小开始，父母自己就要先做好榜样，例如，吃饭前要先洗手，睡觉前一定要刷牙，不边看电视边吃饭，玩具玩完归位……让孩子学习你的好习惯。

3 给予生活自理的机会。从学龄前开始，就要依孩子的年龄与能力，让她学习打理自己的生活，如自己吃饭、穿衣、收拾玩具等，家长要适当鼓励并教导孩子自己去做。

建立时间观念和次序感

1 从生活教育建立起。5岁以下、还看不懂时间的孩子可利用生活教育教导时段观念，例如，吃饭前要把玩具收好，吃完饭后可以做什么，出门前要先做什么事等，可以建立孩子的次序感和时段观念。

2 改变你的教养模式。大人和孩子的时间观念不同，若你希望孩子能够早点起床，最好的方法是你和孩子一起早点上床睡觉，第二天一起提早起床，给孩子充裕的准备时间，父母就不用心急，这是解决问题并防止自己发脾气的好方法。

3 改变亲子对话方式。父母凡事催促，除了有孩子习惯拖沓之外，也源于父母自己的急和不恰当的教育习惯。若孩子真的需要人催时，把"快一点"改成"现在8点喽"，要出门时问她"出门之前该做哪些事啊"，她如果说不出来，可以把该做的事先叙述一遍，并请她复述一遍再去进行。

"急"父母请以身作则

1 做好自己的时间管理。学龄前的孩子并没有时间规划的能力，生活节奏大部分依赖父母的安排，因此父母最好在催促孩子快一点之前，先将自己的生活计划好，时间管理好。

2 别拿高标准面对孩子。如果你是急性子的家长，更应该谨慎对待要求孩子的标准。每个孩子都是经过完整的历程——探索、发现、学习，才能将所学的事情一点一点运用出来的，这是父母急不得也催不来的事情，请小心别扼杀了孩子的学习乐趣。

3 提供充分的学习时间。给孩子足够的时间和空间去学习，"错中学"为她预留第二次学习的机会，甚至三次比两次好，让孩子花点时间去思考、去体验挫折，有经过"完整学习内涵"的孩子才能有比别人"快"的优势！

4 别让"快一点"变成口头禅。大人不经意的言语或行为，很容易打击到孩子的信心，如果孩子已经表现得不错，千万不要再催促孩子，或者在其他人面前数落她，这些都会让孩子无所适从，失去自信心。

PART 16

第19~20个月
女宝宝养育

女宝宝第19～20个月体格发育指标

项目	年龄组	下限值	上限值
身高	19～20个月	73.5厘米	93.3厘米
体重	19～20个月	7.95千克	15.53千克
头围	20个月	约为46.7厘米	
胸围	20个月	约为47.3厘米	
牙齿	19～20个月	出牙11～13颗	
囟门	18～30个月	闭合	

第19~20个月
女宝宝日常保健

让宝宝安全舒适地过夏天 ★★★

夏天，宝宝（特别是2岁以前的婴幼儿）调节体温的中枢神经系统还没有发育完善，对外界的高温不能适应，加上炎热天气的影响，使胃肠道分泌液减少，容易造成消化功能下降，很容易得病。所以妈妈要注意夏天的保健工作，让宝宝健康地过好夏天。

1 衣着要柔软、轻薄、透气性强。宝宝衣服的样式要简单，像小背心、三角裤、小短裙，既能吸汗又穿脱方便，容易洗涤。

衣服不要用化纤的料子，最好用棉、纱、丝绸等吸水性强、透气性好的料子，这样宝宝不容易得皮炎或生痱子。

2 食物应既富有营养又讲究卫生。夏天，宝宝宜食用清淡而富有营养的食物，少吃油炸、煎烹等油腻食物。

夏天给宝宝喂牛奶的饮具要消毒。鲜牛奶要随购随饮，其他饮料也一样，放置不要超过4小时，如超过4小时，应煮沸再喝，察觉到变质，千万不要让宝宝食用，以免引起消化道疾病。另外，生吃瓜果要洗净、消毒，水果必须洗净后再削皮食用。夏季，细菌繁殖传播很快，宝宝抵抗力差，很容易引起腹泻。所以，冷饮之类的食物不要给宝宝多吃。

3 勤洗澡。每天可洗1～2次，为防止宝宝生痱子，妈妈可用马齿苋（一种药用植物）煮水给宝宝洗澡，防痱子效果不错。

4 保证宝宝有足够的睡眠。无论如何，也要保证宝宝足够的睡眠时间。夏天宝宝睡着后，往往身上会出现许多汗水，此时切不要开电风扇，以免宝宝着凉。既要避免宝宝睡时穿得太多，也不可让宝宝赤身裸体睡觉。睡觉时应该在宝宝肚子上盖一条薄的小毛巾被。

5 补充水分。夏天出汗多，妈妈要给宝宝补充水分。否则，会使宝宝因体内水分减少而发生口渴、尿少。西瓜汁不但能消暑解渴，还能补充糖类与维生素等营养物质，应给宝宝适当饮用一些，但不可喂得太多而伤脾胃。

不要忽视生活中的小事情 ★★★

日常生活中有一些小事，往往容易被人忽视，但忽视了它们，就有可能影响到宝宝的健康。

有些父母买回水果用水冲洗后，还习惯用布擦一下才给宝宝吃，殊不知抹布很容易沾染致病微生物。

宝宝皮肤瘙痒时，父母少不了帮助搔抓止痒，但父母手指甲缝的细菌很容易在搔抓时通过宝宝破损的皮肤进入体内，而引起皮肤感染。

有的父母为了让宝宝脱衣服方便，喜欢给宝宝穿腰间勒松紧带的衣服。松紧带勒得太紧，会影响宝宝胃肠蠕动和血液循环，甚至影响胸部的正常发育。

大多数父母因爱宝宝而喜欢搂着她睡觉，但这种做法却是不卫生的。因为父母呼出的二氧化碳会被宝宝再吸进去，从而会影响宝宝的健康，造成宝宝缺氧，呼吸困难。

"是药三分毒"，不管是什么药，都要谨慎，别轻易给宝宝服用。

有些父母用报纸为宝宝包食物或擦屁股，这也很不卫生。报纸是用油墨印成的，加之经众人之手，会染上许多细菌，易使宝宝患病。

此外，有的家长一边哄宝宝一边抽烟，像这样的小事都是对宝宝的健康不利的。

孩子穿多少衣服合适 ★★★

婴幼儿不能表达身体的感受。父母应该根据天气情况给宝宝增减衣服。怎样判断应该给宝宝多加衣服或减少衣服呢？天气转凉时，多又不是，少更不是，多怕热着宝宝，少呢，又怕冻着宝宝，着实令父母很头痛，费心机。

一般情况下都会为宝宝穿上比较多的衣服。结果，湿了的皮肤和衣服被凉风一吹，便易着凉，这才是"内热"的真正原因。孩子一般不怕冻着，最常见和最易发生的反而是热着。有经验的老人也常说，宝宝冻着的病一服药就能治好，宝宝热着的病10服药才能治好。

父母穿多少，宝宝穿多少。同时要保持宝宝皮肤和衣服的干爽，如此宝宝既不会受到热着的威胁，也不会受到冻着的威胁，父母也就可以放心地照料宝宝了。

教宝宝正确地擤鼻涕 ★★★

感冒是小儿常见的疾病之一。小儿受凉后容易感冒，感冒时鼻黏膜发炎，鼻涕增多，并含有大量病菌，造成鼻子堵塞，呼吸不畅。这个年龄的小儿生活自理能力很差，对流出的鼻涕不知如何处理，有的宝宝就用衣服

袖子一抹，弄得到处都是，有的宝宝鼻涕多了不擤，而是使劲一吸，咽到肚子里，这是很不卫生的，会影响身体健康，同时也会将病菌通过污染的空气、玩具传染给别人。因此教会宝宝正确的擤鼻涕方法是很有必要的。

在日常生活中，最常见的错误擤鼻涕方法就是捏住两个鼻孔用力擤，因为感冒容易鼻塞，宝宝希望通过擤鼻涕让鼻子通气。这样做不卫生，容易把带有细菌的鼻涕通过咽鼓管（鼻耳之间的通道）弄到中耳腔内，引起中耳炎，使宝宝听力

减退，严重时由中耳炎引起脑脓肿而危及生命。因此父母一定要纠正宝宝这种不正确的擤鼻涕方法。

正确的擤鼻涕方法是要教宝宝用手绢或卫生纸盖住鼻孔，先按住一侧鼻翼，擤另一侧鼻腔里的鼻涕，然后再用同样的方法擤另一侧鼻孔。用卫生纸擤鼻涕时，要多用几层纸，以免把纸弄破，搞得满手都是鼻涕，再在身上乱擦。

宝宝为什么会恋物 ★★★

你的宝宝有从不离手的心爱玩具吗？当你把宝宝的玩具抢走，她会大哭大闹甚至不吃不喝吗？更有甚者，宝宝除了心爱玩具，对其他任何人和事都不会表现得如此依恋。同时，她好像很难适应新的环境，闷闷不乐、少言寡语。面对这样的宝宝，父母就要当心，她可能恋物成瘾了。

宝宝的恋物现象大多与情绪和环境有关。在婴幼儿期，宝宝会对妈妈形成一种依恋，例如，她会喜欢偎依在妈妈的怀抱里，这是一种积极的、充满情感的依恋。一般来说，宝宝从6个月起，就出现了依恋。2~3岁是建立宝宝与父母之间依恋感的关键时期，在这个时期，父母需要多花一些时间来与宝宝相处，建立良好的亲子互动。

如果宝宝经常与父母分离，或是因为疾病、恐惧，没有游戏、玩具及正常的人际交往等，便不能形成良好的依恋关系。于是，宝宝在情感发展过程中往往会出于情感需要而与某些物品建立起一种亲密的联系，将依恋转移到物品上。当感觉孤独、焦虑和恐惧时，她会紧紧地抱住物品，试图产生一种安全感——这就是宝宝恋物的原因。

以前这样的症状不很常见，也并没有引起父母们的重视，近年来，随着生活节奏的变快、竞争压力的增加，父母更强调对孩子的教育，而忽略了亲情的互动，导致有恋物瘾的宝宝越来越多。"恋物瘾"其实是一种轻微的孤独症。

解读女宝宝

母亲是女儿的榜样，教会女儿如何生活、如何正确认识自己、如何做一个女人，更对塑造女儿的性格以及其人生观、价值观的形成等具有决定性的作用。从这个意义上来说，母亲现在的生活状态，往往决定着女孩未来的生活态度、生活方式。

怎样给宝宝捏脊 ★★★

捏脊是一种帮助孩子祛病强身、效果明显且适于家庭操作的推拿法。小孩偏食、厌食、消化不良、易感冒及一些慢性疾病都是适应证。

捏脊的方法

○ 让宝宝俯卧于床上，露出整个背部，保持背部平直、放松。

○ 捏脊的人站在宝宝后方，两手的中指、无名指和小指握成半拳状。

○ 食指半屈，用双手食指中节靠拇指的侧面，抵在孩子的尾骨处；大拇指与食指相对，向上捏起皮肤，同时向上捻动。两手交替，沿脊柱两侧自长强穴（肛门后上3~5厘米处）向上边推，边捏边放，一直推到大椎穴（颈后平肩的骨突部位），算做捏脊一遍。

○ 第2、3、4遍仍按前法捏脊，但每捏3下需将背部皮肤向上提一次。再重复第一遍的动作2遍，共6遍。

○ 最后用两拇指分别自上而下揉按脊柱两侧3~5次。

○ 一般每天捏一次，连续7~10天为一疗程。疗效出现较晚的宝宝可连续做两个疗程。

捏脊要注意什么

○ 时间。早晨起床后或晚上临睡前进行，疗效较好。每次捏脊时间不宜太长，以3~5分钟为宜。

○ 温度。捏脊时室内温度要适中，捏脊者的手部要温暖。

○ 年龄。捏脊疗法适于半岁以上到7岁左右的宝宝。年龄过小的宝宝皮肤娇嫩，掌握不好力度容易造成皮肤破损；年龄过大则因为背肌较厚，不易提起，穴位点按不到位而影响疗效。

○ 手法。捏脊的手法宜轻柔，用力及速度要均等，捏脊中途最好不要停止。

○ 禁忌。背部皮肤有破损，患有皮肤病及发高烧时要暂停。

❶　　　　　　　　　　　❷

第19～20个月女宝宝的喂养

怎样给宝宝选择零食 ★★★

零食占儿童每天吃的食物的20%左右，因此，妈妈要正确地给宝宝选择零食。色香味十足的市售儿童食品对宝宝来说难以抗拒，但把握尺度的还是妈妈。

谷类零食

1 可经常食用：煮玉米、无糖或低糖燕麦片、全麦饼干、无糖或低糖全麦面包等。这些都属于低脂、低盐、低糖的食品。

2 适当食用：月饼、蛋糕及甜点。宝宝可以适当吃一些甜食，但不可过量，因为其中添加了中等量的脂肪、盐和糖。

3 限制食用：膨化食品、巧克力派、奶油夹心饼、方便面、奶油蛋糕等。这类食品最好不吃，因为含有较高脂肪、盐及糖。尤其是膨化食品，更是集高油、高能量、高盐、高糖、高味精于一身，长期大量食用会造成营养不足和脂肪积累。如果在饭前吃，还易造成饱胀感，影响正常进餐，而其中含有的铅还会影响儿童生长发育。

薯类零食

1 可经常食用：蒸煮烤制的红薯、土豆等。薯类食物营养价值高，蒸煮是最好的烹饪方法，加工温度在100℃左右，不会产生有害物质，而且有利于食物营养成分的保存与消化吸收，最益于人体健康。

2 适当食用：添加盐、糖的甘薯球、地瓜干等。食品店销售的这类食品，是经过加工的，含有添加剂，不要经常给宝宝吃。

3 限制食用：炸薯片和炸薯条。这类食品的加工方式导致食物中含有很高的油脂、盐、糖和味精，长期摄取会导致成人后肥胖或相关疾病，如糖尿病、冠心病和高脂血症等。

坚果类零食

1 可经常食用：花生米、核桃仁、瓜子、松子、榛子等。坚果富含多种维生素和矿物质，富含的卵磷脂对儿童、青少年有补脑健脑作用。孩子小时可以压碎食用，大了可以整粒食用。

2 适当食用：琥珀核桃仁、鱼皮花生、盐焗腰果等。这类食物经过加工，已穿上糖或盐的外衣，给宝宝吃要适量。炒瓜子、炒花生虽没有添加辅料，但因油脂含量高，如保存不当，受高温和高湿度的影响，容易变质，食用时一定要当心。

饮料类零食

1 可经常食用：不加糖的鲜榨橙汁、西瓜汁、芹菜汁、胡萝卜汁等，这类食物最好是家中自制，现榨现吃，新鲜蔬菜瓜果榨汁是最好的饮料。

2 适当食用：加了糖，并且果汁含量超过30%的果蔬饮料，如山楂饮料、杏仁露、乳酸饮料等。购买这类食品，妈妈要仔细阅读说明。

3 限制食用：甜度高或加鲜艳色素的高糖分汽水或可乐等碳酸饮料。

奶及奶制品

1 可经常食用：纯鲜牛奶、酸奶、奶粉等奶制品，这类食品营养丰富，富含蛋白质、钙、铁、锌等元素，有益健康。

2 适当食用：奶酪、奶片等奶制品。

3 限制食用：全脂或低脂炼乳。炼乳含糖量太高。

蔬菜水果类零食

1 可经常食用：香蕉、苹果、柑橘、西瓜、西红柿、黄瓜等新鲜、天然食物。

2 适当食用：海苔片、苹果干、葡萄干、香蕉干等。这类已用糖或盐加工的果蔬干，虽挂水果名，但营养已大打折扣。

3 限制食用：水果罐头、果脯、枣脯等。 在制作糖渍食品时，会损失原料的部分营养，而且蜜饯等通常含糖量较高，有些产品还会加入较多食盐或大量甜味剂、防腐剂和色素等，因此这类食品最好不吃。

肉类、蛋类零食

1 可经常食用：水煮蛋等。这一类零食低脂、低盐、低糖，天然又极少加工。

2 适当食用：牛肉干、松花蛋、火腿肠、肉脯、卤蛋、鱼片等。这些零食虽然也有营养，但多数都是熏制及酱卤出来的，含有大量食用油、盐、糖、酱油、味精等调味品，并在制作中损失了很多营养成分，还添加了少量亚硝酸钠作为防腐剂和增色剂，因此过量或长期食用会对人体造成伤害。

3 限制食用：炸鸡块、鸡翅、烤鸡等。这类食品主要成分为高脂肪和高盐，缺乏人体所需其他营养素，尽量少给孩子吃这类零食，以免增加肥胖、成年后高血压及其他慢性病风险。

豆及豆制品零食

1 可经常食用：豆浆、烤黄豆等。豆制品营养丰富，蛋白质含量高，对人体补充钙成分有极大的好处。

2 适当食用：经过加工的豆腐卷、怪味蚕豆、卤豆干等。

糖果类零食

1 适当食用：黑巧克力、牛奶纯巧克力等。巧克力营养素含量相对丰富，却含有一定脂肪、添加糖，只能适当食用。

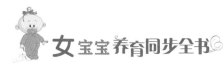

2 限制食用：棉花糖、奶糖、糖豆、软糖、水果糖及话梅糖等。吃糖太多不仅对牙齿不好，还会影响食欲，导致发胖。

冷饮类零食

1 适当食用：质量好的鲜奶冰激凌、水果冰激凌等。这类冷饮不太甜，以鲜奶和水果为主。

2 限制食用：那些特别甜、色彩很鲜艳的雪糕、冰激凌等。过多摄入冷饮会引起小儿胃肠道疾病，也会伤害牙齿。

🍂 不适于幼儿食用的食物 ★★★

1 一般生硬、带壳、粗糙、过于油腻及带刺激性的食物对幼儿都不相宜。有的食物需要加工后才能给孩子食用。

2 刺激性食品如酒、咖啡、辣椒、胡椒等应避免给孩子食用。有些家长有不好的习惯，就是自己喝啤酒或者白酒的时候，要给宝宝用筷子沾一点点尝尝，这对家长来说可能是乐趣，但对宝宝并无益处。

3 鱼类、虾蟹、排骨肉等食物都要认真检查是否有刺和骨渣后方可给宝宝食用。

4 豆类不能直接食用，如花生仁、黄豆等，另外杏仁、核桃仁等这一类的食品应磨碎或制熟后再给孩子食用。

5 含粗纤维的蔬菜，如芹菜、金针菜等，因两岁以下幼儿乳牙未长齐，咀嚼力差，不宜食用。

6 易产气胀肚的蔬菜，如洋葱、生萝卜、豆类等，宜少给宝宝食用。高淀粉的食物如土豆等与肉结合，也较容易造成胀气。

7 油炸食品。

词汇解读

空热量

所谓的空热量食物，就是含有高热量，却含有少量（或缺乏）基本维生素、矿物质和蛋白质的食物。例如一罐汽水含有585.2千焦（140千卡）空热量（38毫克的糖、70毫克的钠、添加咖啡因、各种防腐剂，完全缺乏蛋白质、维生素和矿物质）。一份标准快餐的热量高达4180千焦（1000千卡）以上，而只有微量的维生素或矿物质。一份薯条含有961.4千焦（230千卡）的空热量和270毫克的钠。

第19~20个月
女宝宝的早教

从9种气质了解女儿

每个宝宝出生时就伴随有天生独特的个性，一般将其命名为"气质"。而宝宝天生对外在或内在的刺激，具有独特的反应方式，这些天生反应的方式（包含行为、情绪、人际互动等方面）都有个别的差异，而这些差异也让每个人是独一无二的。若是能先了解孩子专属的特有气质，就能找出合适的教养方式，进而建立良好的亲子关系。

活动力

孩子在活动中，其动作节奏的快慢及活动频率的高低有别。可以看到的是，有些孩子喜欢冲来撞去，而有些孩子则是安静地坐着，即便是婴儿时期也都喜欢乖乖地躺着。这些表现其实就是很好的观察指标。

活动力较强的孩子，相对的较不怕生，愿意与人打成一片；而活动力较弱的孩子，因为安静时候居多，所以也就内向和容易被忽视。

解读女宝宝

在7岁之前，女孩身上天生的一些弱点会表现在以下几个方面：胆小脆弱，不坚强；敏感，容易受伤；依赖性强，缺乏独立性。

规律性

指孩子反复性的生理机能，如睡眠、清醒的时间、饥饿和食量等是否有规律，而这个向度的表现，在婴儿时期最为显著。有些孩子很容易养成早睡早起、三餐定时的习惯，有些孩子就必须仰赖父母的帮忙，像是上学、吃饭等。

缺乏规律性的孩子，其情绪平稳度不高且易怒，相对影响孩子的社交活动。大家都喜欢跟脾气好且好相处的人来往，所以养成孩子的规律性很重要，可在后天慢慢地培养矫正。

注意力

指孩子是否容易受外界刺激的影响（声光、环境、人事物等）而改变或妨碍正在进行的活动。妈妈要帮宝宝换尿布时，都会拿玩具转移其目标（宝宝都不喜欢被换尿布），而这样的转移方式是否有效，即可看出孩子的注意力。

这会影响孩子在慢慢长大和在就学时是否容易分心或可以专注的指标。而专注性较高的孩子可以在融入团体后专心地一起游戏；专注力容易分散的孩子，则对于新的人、事、物都只有3分钟热度，对人处事上也比较容易分心。

坚持度

指当孩子进行学习或是想要做某件事时，若遭到困难或挫折，仍然能继续原活动的意愿或行动。早期较不容易观察出宝宝坚持度的高低，一旦进入学步期，父母就可以看出孩子的坚持度怎样。走路对孩子而言是一个极为重要的里程碑，因为孩子可以不靠成人的力量，自己独立探索身边的世界。孩子学走路时，总是爸爸妈妈最头痛的时期，因为爸爸妈妈永远来不及阻止孩子的好奇心，但这是开启孩子好奇心的开始，也可以让孩子接触更多更新的人、事、物。因此，坚持度的高低会影响孩子认识新事物的进程。

趋进性

指当孩子第一次接触人、事、物和场所等新刺激时，表现接受或拒绝的态度。趋进性高的孩子，表现出大方的态度，当处于新环境或是面对新朋友时，可以马上融入和大家玩成一片；而趋进性低的孩子，因为内向害羞，所以需要长时间的观察和适应，才能勇敢地迈出第一步。爸爸妈妈还可以借由宝宝面对新保姆的适应、换不同牌子奶粉的反应等来观察孩子的趋进性。随着孩子年龄的增加，爸爸妈妈可从其尝试新的食物、对新朋友的反应等来观察。

此外，面对亲友来家里拜访，趋进性低的孩子总是躲在爸爸妈妈背后，或是黏着照顾者行动，表示需要比别人更多的时间适应新环境。所以，要让这类孩子大方起来，除了多接触新事物外，爸爸妈妈的陪伴与安全感的建立也是极为重要的。

适应性

指孩子适应新的人、事、物、场所等情况的难易度及时间的长短。适应性可以理解为孩子在趋进性的表现后,需要花多长时间去适应新的人、事、物。有些孩子趋进性低 (害羞内向),但是有好的适应能力,那么只要短时间一样可以在新环境中自处,融入团体生活;但有些孩子不但趋进性低,适应力也弱,那就需要一段时间的调适,才能比较大方地接受新事物。

观察孩子与不熟的小朋友玩耍时的情况：拥有较强适应力的孩子,其实很快就可以和小朋友玩成一片。放长假回到老家或去亲戚家住上一阵子,会作息大乱,甚至吃不好、睡不好就属于适应性弱,若可以很快回复到正常作息就算适应性强的孩子。

情绪度

指孩子在一天中，行为表现的愉快感、友善程度的比例。形容一个孩子笑眯眯或是气呼呼，就是在说一个孩子的情绪本质。通常见人就会笑的

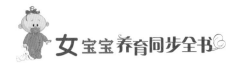

孩子比较受人欢迎，看起来也总是心情愉快。但有些孩子则容易表现出生气或是不开心的模样，好像很难逗她开心，这就是情绪本质的不同。

爸爸妈妈可以观察孩子与小朋友玩游戏时，是否很容易生气地跑来告状。身体不舒服时，孩子可以马上被安抚还是不停安抚仍持续哭闹。

敏感度

指引起孩子反应所需要的刺激量。敏感度高的孩子在感官上就会特别敏感。过于敏感的孩子很难与人相处，也很容易有回避亲友到访的现象。而敏感度低的孩子，比较容易与人亲近，没有设限。

当宝宝的尿布湿了，就会表现出非常不舒服的样子或是有点声音就睡不着觉等，这类孩子就属于敏感度高的；愿意大方分享或"神经大条"的孩子，敏感度较低，其与人相处就比较直爽也大度。

反应度

指孩子对内在和外在刺激所产生反应的激烈程度。反应强度高的孩子在行为上非常明显，如遇到不喜欢的长辈，显得很没礼貌；讨厌吃的东西吃一口就吐掉；被责骂时，会有明显的情绪起伏，这些都是反应强度的观察指标。

而有些孩子对于别人的欺负，则是选择默不作声；或是当身体不舒服时，会选择隐忍或啜泣，因此在爸爸妈妈眼中反应度低的孩子比较乖巧听话，也常常容易被忽略，个性内向较不大方。

当然，孩子的气质并不是单一的，往往是几种气质的混杂，这需要家长仔细观察辨别。

手指运动有利宝宝健脑 ★★★

手指运动对脑力的影响已日益受到专家们的重视。一位对手脑关系作过多年研究的日本学者曾经说过："如果想培养出智力发达、头脑聪明的宝宝，那就必须让他锻炼手指的活动能力，因为手指的活动会刺激脑髓的手指运动中枢，就能使智力提高。"有的学者为了发展幼儿的大脑而提倡翻花、叠纸等复杂的手指游戏。宝宝们为了准确无误地完成游戏，对每一个动作都不轻易放过，思想也会高度集中。这种复杂的手指训练，还培养了宝宝的集中力和耐心。

凡是能使用手指的活动，如泥工、折纸、剪纸都有助于发展智力。所以，父母开发宝宝智力时，应该重视宝宝的手指运动，以促进宝宝健脑。

让孩子学会表达自己的情感 ★★★

以前，宝宝只是通过哭闹来表达自己的感情，现在已经能够用各种各样的表情、动作来表现喜、怒、哀、乐了。

女孩子在不认识的人面前，往往会害羞，还会嫉妒，表现出从未有过的复杂情感。在这一时期的宝宝，一方面什么都想自己去做，另一方面又总想依赖大人（特别是妈妈）。因而，这一时期，父母要注意引导宝宝的情绪。比如，当宝宝发现别的小朋友在玩一种游戏或一种玩具，而自己却不能参与或拥有时，她会表现出一种极强的破坏欲，她会把别人搭建的积木弄翻，会把别人弄好的拼图打乱。当有这样的情绪表现时，父母应首先让宝宝意识到她所造成的糟糕局面，造成别的宝宝哭或游戏不能进行等，然后再帮助她重新开始，并安慰宝宝别着急，可以先看小朋友怎么玩。在帮助宝宝与其他小朋友的沟通中，让其自然地加入其中，使宝宝的情绪得以转换。

妈妈是女儿的良师益友 ★★★

妈妈应该培养女儿的气质

女宝宝从小就要带她出入各种场合，开阔她的视野，增加她的阅历，从而大大增强她的见识。如此一来，长大以后她就不易被各种浮世的繁华和虚荣所捕获。因为见多识广，就不易受他人诱惑。

妈妈要给女儿做出优雅的榜样

妈妈是孩子的榜样，孩子是妈妈的镜子。看一个女孩是否优雅，就可以知道她的家教修养。妈妈的言行举止，包括眼神、神态都会对女儿产生巨大的影响。妈妈的言行举止时时刻刻影响着女儿。妈妈要想自己的女儿文雅端庄，像个淑女，首先就要严格要求自己，以身作则。

培养女宝宝温柔、健康、懂得爱

培养女宝宝，重要的是让她有一个健康的心态，一个温柔贤惠的性格，一个干净健康的身体。爸爸妈妈自然会对宝宝宠着点，但并非娇生惯养。要让她见识多广、独立、有主见、明智，很清楚自己要的是什么，什么是自己真正值得追求的东西，从而能够坚守自己的信仰而不是被外界势力所左右，失去真我。

家长特别是妈妈要根据女宝宝的行为优势，有针对性地制订一些具体的教养方法，从锻炼宝宝的肢体协调能力、感觉统合能力、专注力和气质等方面入手，提升多种优势智能，培养一个优雅、聪慧、大方的宝宝。

> **解读女宝宝**
>
> 生活中的不如意无处不在，父母应该教导女儿学会从容面对苦难，积极面对生活，做个睿智的女孩。方法一，要让孩子从小具有良好的心态，这一点的关键取决于父母的心态是否良好，父母应检查自己的日常言行是抱怨、消极的居多，还是积极、快乐的居多；父母还应检查自己是否过于"家长作风"，做事独断专行，会剥夺孩子自主的权利。方法二，要从一些生活小事上让孩子发现生活的美好。

要注意和女宝宝的沟通

从婴儿期开始，女宝宝就喜欢和谐、融洽地交流，无拘无束地与人相处。她不喜欢竞争，只是在寻求一种关系，在这种关系中，她追求平等付出与获得，她是关系中的一分子并对它负有责任。沟通和交流是她维持联系的方式，渴望关爱和友谊等亲密情感是她的天性。所以，女宝宝生来就是社交家。

女宝宝通过交流获得关心、理解、尊重、忠诚、体贴和安慰。爸爸妈妈就要学会倾听女宝宝的"真实意图"，让她根据自己的"内部指导系统"而不是别人的意见来决定自己的发展方向。

妈妈是女宝宝的良师益友

俗话说"女儿是妈妈的贴心小棉袄"，意思是说女宝宝温柔体贴，能与妈妈心灵相通。同父子关系相比，母女关系往往看起来更为亲密。事实上，这种亲密的关系对女宝宝的成长是十分有益的。亲密的母女关系带给女孩沟通、交流的经验，有利于发展女宝宝的亲密感和感受性，使她感受到更多的情感支持。这种对女宝宝心理需求的满足，还有谁会比母亲做得更好？正是与母亲的共性，使女宝宝有了借鉴的榜样，并从中发展自我。如果妈妈自信、果断，她的女儿也往往会有同样的品质。生个女儿，是妈妈的福气，把她培养成什么样子，更是妈妈的责任。

淑女教育很重要 ★★★

家长都希望女孩子在大人面前讲话落落大方。在日常生活中的打招呼以及问候是培养这一气质决定性的关键。宝宝如果在面对外人时能大方地打招呼问候，必定能够给人"这小女孩的家教真好"的好印象。要做到这一点，家长应使孩子从小养成主动打招呼的习惯。方法之一，就是在孩子还是小婴儿的时候，父母就天天说"早安""谢谢""我要出门了""我回来了"之类的一些基本问候语，这点是非常重要的。这样做的话，小婴儿会从中体会到在什么样的情境时说出问候语。等到孩子两三岁的时候，她也就自然而然地会主动与人打招呼了。

解读女宝宝

为了培养女孩敢于发言的个性，母亲可以采用的科学方法有两个：其一，让女孩大声说话；其二，引导女孩说出内心的感受。

育儿难题 Q&A

Q 宝宝一着凉就流鼻涕、鼻塞，怎样护理？有什么缓解方法？

A 热敷：用湿热毛巾在宝宝鼻子上施行热敷。鼻黏膜遇热收缩后，鼻腔会比较通畅，黏稠的鼻涕也较容易水化而流出来。

垫高头部：在宝宝头部的床垫下方，垫上几个小枕头，让床垫有30°的倾斜度。鼻塞或流鼻水有时会影响宝宝的睡眠，此法只能稍微缓解宝宝的症状，但效果不长。

蒸脸器：蒸气湿润宝宝鼻腔，将大量鼻涕快速、自然地排除。蒸脸器不要太靠近宝宝，一次使用时间不宜太长，约3分钟即可。

吸鼻器：吸鼻器有电动式和人工式，一次可以吸取大量鼻涕和分泌物。使用前，建议先检查宝宝鼻腔内是否有鼻屎，如果有，可用湿热的棉花棒软化异物，再使用吸鼻器，并注意动作保持轻柔。

温度和湿度：尽量将室温维持在25℃～27℃，相对湿度60%～80%。

Q 宝宝在生病的时候还可以进行锻炼吗？

A 幼儿进行锻炼一定要根据婴儿的身体情况灵活掌握，不能强求一致。同时在进行锻炼的过程中要循序渐进，如遇身体不适或有病，应停止锻炼。

Q 最近几天，发现宝宝走路时总是双脚向外，有没有办法矫治啊？

A 如果宝宝已形成了"八字脚"，应早期进行纠正练习。年龄较小的宝宝，在训练时家长可在宝宝背后，将两手放在宝宝的双腋下，让宝宝沿着一条较宽的直线行走。行走时要注意使宝宝膝盖的方向始终向前，使宝宝的脚离开地面时重点在足趾上，屈膝向前迈步时让两膝之间有一个轻微的碰擦过程，每天练习2次。年龄较大的宝宝，可让宝宝自己在镜前的地板上每天沿着一条胶带或直线走1～2次。练习时，要求宝宝注意脚背和脚尖的动作，只要反复练习，时间长了便可纠正"八字脚"的姿势。

PART 17

第21~22个月
女宝宝养育

女宝宝第21~22个月体格发育指标

项目	年龄组	下限值	上限值
身高	21~22个月	75.1厘米	95.7厘米
体重	21~22个月	8.26千克	16.16千克
头围	22个月	约为47.0厘米	
胸围	22个月	约为48.0厘米	
牙齿	21~22个月	出牙13~15颗	
囟门	18~30个月	闭合	

第21~22个月
女宝宝日常保健

要配合孩子的生活作息 ★★★

因为大人有自己的社交生活，所以有的时候，孩子会配合晚归的父母，变得晚睡。不过，为了确保孩子能够有良好的睡眠品质，爸爸妈妈最好能够以孩子的生理时钟为主，将自己的生活作一些调整。想要达成有规律的生活步调，应注意以下问题：

尽可能地在早上6~7点之间起床。爸爸妈妈要渐渐地养成早起的好习惯，这对孩子是有好处的。

孩子的就寝时间，最好能够在9点。对于一些晚归的父亲，最好是能够在早上出门之前，让父亲跟孩子亲热一下，培养一下感情再去上班。

女孩要有一双修长的美腿 ★★★

将两脚的脚踝并拢的时候，膝盖之间会有缝隙，看起来就像是一个O的形状，这样的腿形，我们称它为O型腿。在一般的新生儿当中，有O型腿是相当普遍的。而且一直到了小孩子2岁左右，还是会有一些轻微的O型腿。后来会有一段时间双腿是笔直的，而接下来则是会有轻微的X型腿，到了小孩7岁左右，双腿就会自然地矫正，转变成成人的腿形了。因此，如果在婴儿时期，腿看起来虽然有一点儿弯曲，但是孩子能够健康地活动的

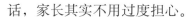

话，家长其实不用过度担心。

对于某一些比较严重的O型腿，还是必须要加以治疗。大部分的O型腿，并不只是单纯在膝盖的部分弯曲而已，而是在小腿骨的内侧也有弯曲、扭曲的情形。因此，当孩子走路的时候，会有"内八字"的走法。另外，更因为O型腿在走路时不稳，所以会容易跌倒。如果症状较轻微，就先别太担心，但如果是女孩子的话，将来有可能会因为O型腿而自卑。所以，在小孩2岁左右一定要特别注意一下她的腿形。

等小孩到了2岁的时候，可以让孩子脚踝并拢地站立着，如果说在她的两个膝盖之间，可以放进大人三根以上的手指头的话（约5厘米），那就有必要请医生来作详细的检查了。

女孩穿男装好看吗 ★★★

有不少妈妈偏爱黑色、咖啡色系，这种色彩偏好，常会反映在孩子的穿着上面。婴儿服以及童装，没有太大男女差别。颜色方面，男孩子就要穿蓝色的衣服，而女孩子就要穿红色的衣服的观念已经不常见了。如果带小孩子回老家的话，想必要在长辈们面前亮相。在这样的场合之中，应尽可能地让她穿上有可爱小花以及缎带之类的衣服，让小孩子更具女孩子的味道。

如果女儿穿上比较有女孩子味道的服装仍然被人看作男孩子的话，可以试试把头发留长一点，剪一个女孩子的发型。教导她在一举一动、日常生活起居中，注意小细节。

宝宝的手总生倒刺怎么办 ★★★

1 长倒刺的原因。宝宝活泼好动，经常用手抓玩具、啃咬指甲，或者小手与其他物体有过多的摩擦，使得她们娇嫩的皮肤长出倒刺。皮肤干燥，指甲下面的皮肤得不到油脂滋润，容易长出倒刺。有些宝宝缺少维生素C或其他微量元素，会通过皮肤表现出来。

2 去除倒刺的正确方法。先用温水浸泡有倒刺的手，使指甲及周围的皮肤变柔软，然后剪掉倒刺，用含维生素E的营养油按摩指甲四周及指关节。

3 预防的方法。经常剪指甲，保持卫生，教育宝宝不啃咬指甲。让宝宝多喝水、多吃水果，每天涂抹无刺激的护肤霜；如果宝宝缺少维生素或微量元素，最好去医院检查一下。

把宝宝的小手洗干净，将橄榄油涂在小手上，并进行按摩，既营养皮肤，又可以防止倒刺的生成。

词汇解读

倒刺

医学上称倒刺为逆剥，是指端表面近指甲根部的皮肤裂开，形成的翘起的三角形肉刺，这是一种浅表皮肤损伤，并不是大问题。宝宝如果手上长了倒刺，家长千万不要给宝宝硬拔，这样做会造成倒刺根部皮肤真层暴露，引起感染，不仅会疼痛出血，严重时还可能导致甲沟炎。

女孩特别缠人怎么办 ★★

宝宝总想靠近妈妈，待在妈妈跟前，跟妈妈依偎在一起撒娇。

这一类宝宝的心理状态也许是她渴望着母爱，热烈地寻求着母爱。所以妈妈让她到旁边玩，她感到妈妈太无情了。

不理解宝宝这种心理的母亲，始终在考虑如何赶走宝宝，例如，说一些冷淡疏远的话或做出推开宝宝的举动。这样一来，宝宝觉得她对母亲的感情遭到了拒绝，越发增强了执拗的性格。

母亲越想推开宝宝，宝宝就越想接近母亲，恰好产生了相反的效果。这时候，母亲就应该想一想："宝宝真可怜。我上班没有很多时间照顾她，所以应该加倍地爱抚她，让她相信母亲对她的爱。"

当宝宝陷入这种状态的时候，母亲的温情就显得特别重要。抚爱是必要的。对于形影不离、紧紧缠着妈妈不放的宝宝，除了给她极大的满足之外，别无他法。

👶 女孩子可以早拿掉尿布吗 ★★★

不管是男孩子或是女孩子，如果小便的间隔时间够长，就可以训练大小便了。女孩子比较早就不用包尿布了，有以下三个原因。

1 为了能够早日让家中可爱的女儿穿上裙子，所以，有不少妈妈为早日拿掉尿布而努力。

2 在尿布有回漏的状况时，如果宝宝是穿裙子的话，只要更换她的内裤，就可以解决了。所以可以让女儿穿内裤，而不用包尿布了。

3 如果一穿上裙子的话，女孩对于是否已经拿掉尿布这件事就变得在意起来。

不过，还是劝妈妈们不要过于心急地太早训练孩子自己大小便。宝宝小便的间隔至少维持在一个半小时至2个小时，才是可以开始训练大小便的基本条件，这并没有所谓男女间的差异存在。

👶 去除宝宝口腔异味的方法 ★★★

当宝宝出现口臭，家长应该先找出口臭原因，再对症治疗，如果确认非其他部位疾病所引起，则可透过养成日常良好习惯的方式改善宝宝口腔内的难闻气息。

1 餐后清洁。刷牙、漱口、喝水都有助于清除口内残留食物，减少微生物繁殖，家长应该从宝宝出生起就让其保持良好的口腔清洁习惯，每次喝完奶后用纱布沾水彻底清洁宝宝口腔，大一点的宝宝则改以漱口或喝水的方式，冲去停留在口中的食物。

2 保持良好饮食。多吃新鲜蔬果及高含水食物，可帮助身体获得大量膳食纤维，大一点的宝宝则可进食部分粗粮，以此促进肠道蠕动，减少便秘发生；此外家长应养成宝宝不偏食、不暴食的良好饮食习惯。

3 增加水量摄取。从小养成宝宝多喝水的好习惯，保持口腔湿润，减少口腔疾病发生。

4 不与宝宝共食。有些家长喜欢和宝宝共食，或使用同一套餐具，这样的行为将可能把成人口中的细菌传染给宝宝，造成宝宝发生蛀牙。

5 定期检查牙齿。即使乳牙也要妥善照护，以免将蛀牙情况延续至恒齿，家长应定期带宝宝检查牙齿，了解牙齿保养状况，在牙齿上涂抹氟剂也有助于降低蛀牙发生率。

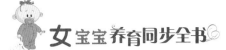

第 21~22 个月
女宝宝的喂养

不要怕女孩胖而减少脂肪摄入量 ★★★

目前，人们谈脂色变，唯恐摄入脂肪多了，会影响身体健康。但对于处在生长发育阶段的宝宝，机体新陈代谢旺盛，所需各种营养素相对较成人多，故脂肪也不可缺少，否则易造成以下不良影响。

1 热能不足。每克脂肪在体内氧化后，可产生热量37.6千焦，为同量糖类和蛋白质产热量的2倍多，若饮食中含脂肪太少，就会使蛋白质转而供给热能，势必影响体内组织的建造和修补。

2 影响脑髓发育。脂肪中的不饱和脂肪酸，是合成磷脂的必需物质，而磷脂又是神经发育的重要原料，因此，脂肪摄入不足，就会影响宝宝大脑的发育。

3 可使体内组织受损。脂肪在体内广泛分布于各组织间，宝宝各组织器官娇嫩，发育未致完善，更需脂肪庇护，若体脂不足，体重下降，抵御能力低下，机体各器官受伤害机会就会增多。

4 减弱溶剂作用。脂肪是脂溶性维生素的溶剂，宝宝生长发育和必需的脂溶性维生素A、维生素D、维生素E、维生素K，必须经脂肪溶解后才能为人体吸收利用。因此，饮食中缺乏脂肪，即可导致脂溶性维生素缺乏。

脂肪是人的一种营养素，饮食中有适量脂肪是必需的。脂肪能够使人增加食欲，如果膳食中缺乏脂肪，小儿往往食欲缺乏，体重增长减慢或不增长，皮肤干燥、脱屑，易患感染性疾病，甚至发生脂溶性维生素缺乏症；但是脂肪摄入过多，小儿易发生肥胖症。因此，小儿膳食中脂肪摄入要适量。

解读女宝宝

人们都说女孩应该"宠"着养，当女孩表达自己内心的愿望时，家长不妨多"宠"她一回，遵循她内心的想法，帮她寻找真正的爱好。

宝宝挑食偏食怎么办　★★★

宝宝1岁左右已会挑选她自己喜欢吃的食物了，如果处理不好，很容易造成宝宝挑食偏食的习惯，如偏爱甜食；偏爱吃肉、鱼，不吃蔬菜；偏爱咸辣等。长期挑食偏食，很容易造成营养失调，影响宝宝正常生长发育和身体健康。怎样使宝宝不挑食、不偏食呢？

1 引起兴趣。宝宝一般习惯于吃熟悉的食物，因此对宝宝开始出现偏食现象时不必急躁、紧张和责骂，应采用多种方法引起宝宝对各种食物的兴趣，如对偏爱吃肉不吃蔬菜的宝宝可告诉她："小白兔最爱吃蔬菜。"以引起宝宝的兴趣。

2 以身作则。宝宝的饮食习惯受父母的影响非常大，所以父母要为宝宝做出榜样，不要在宝宝面前议论哪种菜好吃，哪种菜不好吃；不要说自己爱吃什么，不爱吃什么；更不能因自己不喜欢吃某种食物，就不让宝宝吃，或不买、少买。为了宝宝的健康，父母应改变和调整自己的饮食习惯，努力让你的宝宝吃到各种各样的食品，以保证宝宝生长发育所需的营养素。

3 食物品种、烹调方法的多样化。每餐菜种类不一定多，2~3种即可，但要尽量使宝宝吃到各种各样的食物。对宝宝不喜欢的食物，可在烹调上下功夫，如宝宝不吃胡萝卜，可把胡萝卜掺在她喜欢的肉内，做成丸子或做成饺子馅，逐渐让宝宝适应。

4 不要轻易放弃。切不可发现宝宝不吃某种食物，以后就不再做。一定要想适当办法逐渐予以纠正。除上述方法外，还可以在宝宝饥饿时增加少量新食物，以后逐渐增多，使宝宝慢慢适应。

5 不要强迫进食。如果想尽办法，宝宝仍不愿吃某种食物，也不必着急，可用与这种食物营养成分相似的食品代替，或过一段时间再让他吃。切记不能强迫宝宝进食，或者大声责骂他，这样一旦形成了条件反射，吃饭便成了一种"苦差事"，反而欲速则不达。

6 要正确地对待小儿的食欲、食量。宝宝不可能每餐饭胃口都很好，因此，不可强迫宝宝进食，如违背宝宝的意愿强迫宝宝进食，会引起宝宝对食物的厌恶和产生反抗心理，造成神经性厌食。

培养宝宝良好的饮食习惯 ★★★

1 定时进餐。如果宝宝正玩得高兴，不宜立刻打断她，而应提前几分钟告诉她"快要吃饭了"；如果到时她仍迷恋手中的玩具，可让宝宝协助成人摆放碗筷，转移注意力，做到按时就餐。

2 愉快进餐。饭前半小时要让宝宝保持安静而愉快的情绪，不能过度兴奋或疲劳，不要责骂宝宝。培养宝宝对食物的兴趣爱好，引起宝宝的食欲。

3 专心进餐。吃饭时不说笑，不玩玩具，不看电视，保持环境安静。可以听一点轻柔的音乐。

4 定量进餐。根据宝宝一日营养的需求安排饮食量。如果宝宝偶尔进食量较少，不要强迫进食，以免造成厌食。还要合理安排零食，饭前1小时内不要吃零食，以免影响正餐。不要过多进食冷饮和凉食。

5 进餐习惯。尽可能根据当地情况和季节选用多种食物，经常变换饭菜花样，这能引起宝宝的食欲。培养宝宝不偏食、不挑食的习惯。进餐时间不要太长，也不要过快。不要催促宝宝，培养宝宝细嚼慢咽的习惯。饭桌上特别可口的食物应根据进餐人数适当分配，培养宝宝关心他人、不独自享用的好习

惯。培养宝宝正确地使用餐具和独立吃饭的能力，可在宝宝专用的小碗中装小半碗饭菜，要求宝宝一手扶碗，一手拿勺吃饭。

边吃边玩是很坏的饮食习惯。在正常情况下，进餐期间，血液聚集到胃，以加强对食物的消化和吸收。边吃边玩，就会使一部分血液供应到身体的其他部位，从而减少了胃的血流量，使消化机能减弱，继而使食欲缺乏。而且宝宝此时好动，吃几口，玩一会儿，延长了进餐时间，饭菜就会变凉，总吃凉的饭菜对身体极其不利。这样不但损害了宝宝的身体健康，也养成了做事不认真的坏习惯，等宝宝长大后精力不易集中。

6 进餐卫生。注意桌面清洁、餐具卫生，为宝宝准备一条干净的餐巾，让她随时擦嘴，保持进餐卫生。

解读女宝宝

餐桌礼仪培养是重要的淑女教育。英国家庭在孩子5岁以前就完成了严格的餐桌礼仪训练。

第 21~22 个月
女宝宝的早教

让女孩学着为家人服务 ★★★

当爸爸回家时，让女儿帮忙拿拖鞋；当奶奶做饭时，让宝宝给奶奶拿板凳等，从生活中的点滴教育女孩关心他人。

首先让宝宝熟知家庭用品的存放地点，其次让宝宝觉得为家人服务是很荣幸的事情，逐步培养女孩关心他人的主动性，才能使女孩在今后的成长过程中懂得相互关心的重要性。尤其要注意让女孩保持这样的习惯，先是服务于家人，再服务于来家的客人或玩伴，逐渐增加女孩的社会性。

多让女孩接触大自然 ★★★

幼儿阶段女孩所处的生活空间是十分有限的，大多数家庭的宝宝是在家中度过的。室外可活动的空间越来越狭窄，限制了宝宝与社会自然接触的机会。女孩整天只玩儿一些玩具，无论从视野、亲身体验，还是从思维空间的广度和深度来讲都十分缺乏，这就抹杀了女孩许多天赋。

曾有一对父母带宝宝到郊外的草地上玩，一段时间后，他们发现女儿从不离开自己身旁2~3米，无论怎样鼓励都没有效果，这是为什么？他们思索很长时间之后才恍然大悟，那个范围刚好是宝宝的游戏

空间。千篇一律的生活环境，使宝宝绘画、语言都呈现贫乏的状态。大部分宝宝认识动物、外面的世界都依靠一些图片，而图片都是一些"死"的东西。

父母要经常改变宝宝的生活空间，让宝宝从生活环境中获得信息，增长智慧。能否让宝宝时时都有好奇心，这对宝宝头脑的好坏有决定性影响。父母要创造条件让孩子直接接触外面的世界，亲眼见鸟儿在天空中飞翔，鱼儿在水中游，大树、小草、虫子都是什么样的，听听自然界的声音，让她通过自己的观察去了解周围的事物。

绘画是培养宝宝创造性的最佳手段 ★★★

孩子是世界上最可爱的精灵。在绘画的过程中，不但宝宝们的思想能够得到充分的表达，宝宝独特的个性、丰富的想象力、敏锐的观察力和感受力以及创造性思维也能得到长足的发展。绘画是开启宝宝心智、培养宝宝创造性思维的最佳手段之一。

在宝宝脑海中储存丰富的形象

父母要在平时的生活中有意识地启发宝宝，让宝宝多观察、多接触丰富多彩的大自然，使宝宝的头脑中积累起丰富的生活感受。

春天，父母可以带宝宝到野外，让宝宝看一看绿茵茵的草地，五颜六色的花朵；夏天，父母可以带宝宝到游泳池戏水，让宝宝感受一下水的神奇，观察一下人们在游泳时的各种姿态；秋天，父母可以带宝宝去秋游，让宝宝欣赏一下色彩斑斓的落叶和挂满了果实的树林；冬天，父母还可以带着宝宝去堆雪人、打雪仗，尽情享受大雪给人们带来的种种快乐。

鼓励宝宝大胆地画

在宝宝绘画的过程中，根据想象大胆地进行表达是宝宝创造性思维培养的关键，这就要求妈妈一定要注意尊重宝宝，不要轻易否定宝宝，反而要鼓励宝宝大胆地打破常规，画出与众不同的东西来。

例如，宝宝画了一个绿色的太阳，如果妈妈从自己的认识出发批评宝宝："太阳是红色的，这样画不对。"宝宝可能就会因为妈妈的批评而放弃了自己原来的想法，从此以后只画红色的太阳，不敢再作其他尝试。如果妈妈对宝宝说："宝宝画了绿色太阳，能给妈妈讲一讲为什么吗？"宝宝就可能把她画绿色太阳时的想法对妈妈讲出来，这时候妈妈再对宝宝进行引导，不但肯定了宝宝的创造，还可能从中发现宝宝思想中的闪光点。

要注意培养宝宝的记忆力 ★★★

记忆能力是需要培养的。父母可以利用宝宝形象记忆的特点，有意识地利用新鲜生动的实体，培养她的记忆力。要坚持不懈地培养，才有可能让宝宝的记忆力得到最大限度的提高。不要小看了宝宝的记忆能力，它是人们积累知识、经验最有效的武器。加强幼儿语言能力，幼儿的记忆与语言能力的发展有密切关系。无论识记或回忆，语言都起着重要作用。记住记忆任务、理解记忆事物、复述记忆内容等各环节都离不开语言，因此，增强幼儿的语言能力，是提高幼儿记忆能力的重要方法。

专家主张

记忆的形成

记忆网络会因为大脑不停接收新讯息、学习新知识而改变。当一个新的讯息进入脑中时，主宰短期记忆的海马回，就会赶忙在大脑皮质层寻找出类似的经验，启动它的记忆网络，以结合新的讯息和新的学习成果；然后再次汇整，伸展出新的突触、架构出新的思考网络，接着储存到原有的记忆网络中，因而扩大原有的记忆网络版图，增加了复杂度。因此，虽然不求理解的强行背诵，是可以在一次又一次地背诵中启动了某些特定的脑神经元，因而形成一个特定的记忆网络。但是，"理解"却能让海马回在大脑皮质层里找出类似的经验，启动原有记忆网络，结合新的讯息和学习成果来扩大记忆网络的版图，让人可以灵活运用所学知识，也能因此探究更深广的学问，在未来学习上，便能举一反三，思考上也较能独立。由此可知，"不求甚解"的强背与理解＋思考的学习，它们之间的差别就在于脑内是否能形成一个庞大复杂的思考网络，抑或只是讯息零星单独成立的记忆单位。

幼儿时期宝宝的记忆力以无意记忆为主，形象记忆占主导地位。记忆力的一个特点是容易遗忘，因此一般人记不住3岁以前的事情，心理学称之为"人类幼年健忘"。这个时期的宝宝，对鲜明、生动、有趣的事物非常感兴趣，这些事物能引起她的情绪反应，重复多次后使宝宝能够不费力地记住。但这还是无意记忆、形象记忆，经不起时间的考验。父母可以给幼儿明确的

> **解读女宝宝**
>
> 女孩之所以比同龄男孩乖巧听话，是因为她们想用这些好行为来稳固自己与父母之间的关系。不仅是在父母面前，甚至在与同龄孩子的交往中，女孩也常会表现得非常谦让和顺从，以得到对方的好感，或以此契机成为朋友。

记忆任务，预先告诉宝宝要记住什么，宝宝明确了自己要记住些什么，记忆效果会更好。如讲故事前，告诉宝宝在讲完故事后你要问的问题，宝宝会特别留心听故事；去动物园之前告诉宝宝记住今天都看到了什么动物，记忆效果会更好。平时要有意给宝宝布置一些任务让宝宝完成，也可做训练记忆力的游戏，如把四五件常见的物品放在桌子上，让宝宝闭上眼睛，然后调换物品的位置或拿走一件，让宝宝说出顺序的变化或少了什么。

男孩女孩学习能力不一样吗　★★★

男孩和女孩的学习方法和思维方式是截然不同的。男女两性在智商上没有什么高下，没有哪一种性别更聪明，但这并不意味着要用完全相同的方法对男孩和女孩进行早期教育。一般来说，女孩子的生理和心理的发育较男孩子早，男孩子的空间想象能力和运动能力等强于女孩子，女孩子一般开口说话较早，阅读和书写、画画、粘贴方面会超过男孩子。

怎样让女孩学得更好　★★★

在幼儿园里，一般小女孩比小男孩更如鱼得水，她们比较擅长剪贴、分类等，也擅长使用铅笔，字迹清楚整齐。在扩大词汇量组织句子、拼写、阅读、看图说话方面她们也比男孩子有优势。

女孩子的注意力比较容易集中，在不同年龄段的男孩子和女孩子中，女孩子从事需要集中注意力的细致的工作都比男孩子完成得好。大多数女孩子在团队的环境中完成一件事比竞争的环境效果好。

育儿难题 Q&A

Q 为什么我与保姆关系总是处理不好？

A 保姆一般只接受过简单的培训，或者根本没有培训过。所以，她上岗后要加强管理。要记住，保姆不是家人，她与你好比公司的雇主和员工。因此应注意以下几点：

不要把保姆当家人，闲来无事推心置腹。人与人之间需要交流，但距离过近就不利于管理了。

不要把保姆当救济对象，小恩小惠不断。这种没有原则的恩惠经常会让保姆的欲望变大，可能会分不清哪些是应得的报酬。

不要盲目相信沟通的力量。有的问题可以通过沟通来解决，有的问题则不可以。如果企业管理都靠将心比心就不用制定制度了。

要对保姆正面提出要求。说话太婉转、字斟句酌、小心翼翼不利于管理。对保姆提要求只要简单明确就好，特别是保姆刚来的时候，把所有的要求说得清清楚楚，实在不行写在纸上。保姆做得不对的地方，要明确地说不行，这样才能让保姆意识到你的真正意图。

Q 宝宝总是说肚子疼，可紧接着再问她，她又说不疼了，不知道她是真疼还是假疼，是不是肚子里有虫子，可她吃饭从来不挑食，身体也不错，是不是小孩都有这样的阶段？

A 宝宝肚子疼不一定都是蛔虫。现在随着卫生条件的好转，蛔虫病已不多见。腹疼的原因很多，不光是蛔虫。有时候吃饭吃得不合适，吃饭的时候情绪不好，都会影响宝宝的胃肠功能，有时候可能只是一过性的胃肠痉挛，只是小宝宝不会描述，许多感觉都说成是疼。你要观察一下宝宝脸色怎么样，当时还玩不玩，如果她的表情很痛苦，则要提高警惕。必要时要去医院检查，如果一会儿就过了，可能就是一过性痉挛。

Q 宝宝尿黄需要补水吗？

A 一般来说，如果宝宝尿偏黄、尿味浓，并且尿的次数偏少，有可能是水量偏少。如果水量没有太多变化，但是宝宝出汗比较多，天气比较热，就是尿浓缩的情况。这个时候应该给宝宝适当多喝水。

PART 18

第23~24个月
女宝宝养育

女宝宝第23～24个月体格发育指标

项目	年龄组	下限值	上限值
身高	23～24个月	76.6厘米	98.0厘米
体重	23～24个月	8.55千克	16.77千克
头围	24个月	约为47.3厘米	
胸围	24个月	约为48.7厘米	
牙齿	23～24个月	出牙15～17颗	
囟门	18～30个月	闭合	

第 23~24 个月
女宝宝日常保健

不要给女宝宝剪眼睫毛 ★★★

有些妈妈认为眼睫毛的生长与头发一样，剪一剪有利于睫毛长长，所以为了让自己的宝宝眼睛漂亮，就把眼睫毛剪掉。一根睫毛的寿命不过3个月左右，给宝宝剪眼睫毛，并不会使眼睫毛长得长。而且剪眼睫毛也不利于健康。眼睫毛具有防止灰尘进入眼内，保护眼睛的作用，如果剪掉了眼睫毛，眼睛失去了保护，灰尘等容易侵入眼睛里，从而引起各种眼病。

家有宝宝的宠物饲养原则 ★★★

很多家庭都饲养宠物，有些宝宝甚至连吃饭、玩耍、睡觉都要和家中的猫咪或小狗一起。不过，由于宝宝的气管发育尚未完全，加上宝宝和宠物玩耍时，可能会不经意地把刚摸过宠物的手伸进嘴巴里，黏附在宠物毛发中的病菌就有可能使宝宝受到感染，而宠物的毛发也可能对宝宝的呼吸器官造成不良影响。因此，居家清洁和宠物卫生便成为每位家长关心的重要议题。

解读女宝宝

女孩的天性是善良、富有爱心的。如果孩子这种善良的天性在后天得不到很好的培养，那么她的爱心就会逐渐消失，成长为一个缺乏责任感、事事以自我为中心的人。

宠物清洁

饲养在家中的猫咪或狗狗，因为平时和人类接触惯了，同时也是家中宝宝的好玩伴，因此，主人更要加倍重视宠物们的清洁问题。

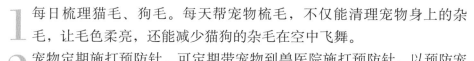

1 每日梳理猫毛、狗毛。每天帮宠物梳毛，不仅能清理宠物身上的杂毛，让毛色柔亮，还能减少猫狗的杂毛在空中飞舞。

2 宠物定期施打预防针。可定期带宠物到兽医院施打预防针，以预防宠物生病或感染。

3 定期帮宠物洗澡、修毛。宝宝最喜欢和宠物腻在一起玩耍，因此宠物的清洁不容忽视。最好勤给宠物洗澡，并使用除蚤滴剂，顺便也将宠物平常睡觉的垫子清洗一遍，如此一来，宠物也不易沾染虱子或跳蚤。

4 定期清理猫沙盆。饲养猫咪的家庭，应每日清理猫沙盆，避免猫咪的排泄物味道过重，且容易滋生细菌；如果想要隔绝猫沙的异味，不妨选择加盖猫沙盆，或是在猫沙盆附近放置除臭剂，每隔1~2周将整盆猫沙换掉，并以热水清洗消毒，如此一来，便能有效去除异味。

因为猫咪来回进出，猫沙盆的旁边会有一些猫沙散落，因此，除了每天清理猫沙盆之外，最好还能用稀释过的消毒水或是清洁剂擦拭猫沙盆周遭及地面。此外，可以在猫沙盆下摆放一张猫沙垫，也能避免猫咪将猫沙带离猫沙盆。因为当猫咪离开猫沙盆后，猫沙垫上的突起物可以帮助清除猫咪脚掌上多余的沙粒。此外，可以使用水晶沙，水晶沙比一般猫沙更粗，因为颗粒较粗大，所以通常不会黏附在猫咪的脚掌上，也能避免出现猫沙散落在地板上的状况。

5 定期修剪猫狗的趾甲。为了避免宝宝和宠物玩耍时，宠物的趾甲划伤宝宝，家长应定期帮宠物修剪趾甲。

居家清洁

因为小宝宝的抵抗力较弱，而宠物们的毛屑又特别容易黏附在窗帘、地毯等地方，因此，家中有饲养宠物的家长们更须注意环境的清洁。

1 利用吸尘器将猫毛、狗毛、灰尘吸得干干净净。需要定期利用吸尘器，来改善宠物毛发随风飘扬的状况。

2 衣物上的宠物毛发也要随时清理。当妈妈和宝宝亲密接触时，黏附在大人衣物上的猫毛或狗毛，也容易让小宝宝产生过敏。因此，家中可以准备一些随手可清理毛屑的小工具，或是利用胶带，都能轻松将衣物上黏附的毛发去除。

3 定期暴晒棉被及衣物。透过阳光高温杀菌，除了能杀死棉被中的尘螨，也能让卡在棉被上的猫毛或狗毛掉落，减少宝宝过敏的机会。

4 维持室内良好通风。无论是饲养猫咪还是小狗的家庭，维持室内良好通风，也能让小动物身上的异味散去。

什么时候要开始看牙医 ★★★

宝宝在满周岁左右，或是长出第一颗牙齿后，便可以开始宝宝的第一次牙医门诊。这时候，医生除了会检查评估宝宝的口腔健康状况以外，也能帮助家长了解如何照顾及预防幼儿的口腔疾病。

其实，在临床病例上，常见到许多两三岁的小朋友早已是满口蛀牙。大家的观念应该建立在"预防甚于治疗"，而非遇到牙痛才求医。从小养成良好的口腔卫生习惯，蛀牙的机会自然就降低许多了。

让宝宝学会正确地刷牙 ★★★

正确的刷牙方法对预防龋齿相当重要，横刷法不易清除食物残渣，而且易刷伤牙龈和牙齿，会使口腔黏膜受伤。正确的方法是竖刷法，如同洗梳子时应当顺着梳齿的方向才能将齿缝中的不洁之物清除掉。将牙刷的毛束放在牙龈与齿冠萌出处，轻轻压着牙齿向牙冠尖端刷，刷上牙床由上向下，刷下牙床由下向上，反复刷6～10下，动作勿太快，要将牙齿里外上下都刷到。父母良好的示范是宝宝学习的榜样。

选购有两排毛束，每排4～6束、毛较软的宝宝牙刷。每次用完甩去水分，毛束朝上放在通风处风干，不要放在杯内或盒子里，否则细菌易于在潮湿的毛束上滋生。

晚上刷过牙之后就不宜再吃东西了，尤其不能吃糖或含糖的食物，所以应在吃过最后一次食物之后才将牙齿刷干净。

专家主张

乳牙的重要功能

美观→如果因蛀牙而遭到嘲笑，也会影响孩子的心理健康和引发自卑感。

咀嚼→如果乳牙蛀掉或是太早失去乳牙，容易因无法充分咀嚼而造成营养摄取不均衡。

发音→太早失去乳牙，会影响部分发音无法正确，进而造成语言学习困难。

诱导恒牙到一个较好的生长环境→乳牙太早脱落的话，6岁所长出的第一大白齿容易向前倾斜或移位。

第 *23~24* 个月
女宝宝的喂养

对宝宝长高有益的食品 ★★★

目前，国家卫生部门还没有批准过任何一种增高保健品的生产。因此，要谨慎购买市场上所售的增高保健品。只有通过科学的饮食才能帮助宝宝长高。

奶，被称为"全能食品"，对骨骼生长极为重要。

沙丁鱼，是蛋白质的宝库，如条件所限，可以吃鲫鱼或鱼松。

菠菜，是维生素的宝库。

胡萝卜，宝宝每天吃100克，很有益处。

柑橘，维生素A、B族维生素、维生素C和钙的含量比苹果中的含量还要多。

此外，还有小米、荞麦、鹌鹑蛋、毛豆、扁豆、蚕豆、南瓜子、核桃、芝麻、花生米、油菜、青椒、韭菜、芹菜、番茄、草莓、柿子、葡萄、淡红小虾、鳝鱼、动物肝脏、鸡肉、羊肉、海带、紫菜、蜂蜜等。

第 23～24 个月
女宝宝的早教

乖孩子也会有烦恼 ★★★

　　家中有个乖巧的女儿让人羡慕，可是也有人说，在青春期出现问题的小孩，大多数都是平常被人家称作是"好孩子""不费心的孩子"，这不免让妈妈们产生困惑。

　　总的来说，乖孩子容易接受父母对于自己的支配力，个性较容易受到压抑。孩子的自我意识终究会变强的，随着年龄的增长，会变得带有强烈的反抗情绪。因此，小时孩子听话，不表明永远那么听话。对于这样的孩子，家长要鼓励她的个性发展，倾听她的意见，不要满足于孩子的服从。

多一些父女相处的时间 ★★★

　　在过了1岁之后，摇摇晃晃刚开始学走路的孩子是最可爱的了。这个时候男女性差异不大，所以在玩游戏的时候，爸爸不要有女孩子玩什么游戏的困扰，不一定要玩过家家之类的游戏。爸爸可以陪着女儿一起玩投接球，或是两个人互相追赶的游戏，女儿会跟爸爸玩得很开心。找时间和孩子一起画也很有意思。

　　爸爸可以和小女儿两个人在家，享受一下两人独处的时光，爸爸也会渐渐对自己育儿的能力产生自信。

女孩也有"逆反期"

到了孩子两三岁前后，就进入"第一次逆反期"了。在这之前，一直都听妈妈话的孩子，突然就变得不听妈妈的话，而且有任性而不理性的回应，这就是"逆反"。

所谓逆反是父母亲单方面的感觉，对孩子来说，并不是想着要造反才有了反抗的举动。这时期的孩子，不只是运动能力增强，手指也更灵巧，而且自己能够独立完成的事情也多了。她对这未知世界的好奇心也日渐膨胀，变得想要向新的事物挑战。

对孩子的理解来说，妈妈就是一个在自己身边关爱自己的人，不再认为是母子一体。她发现"我是我！妈妈是妈妈！"逐渐有了自我的主张。这样的转变，对妈妈来说感到是孩子在反抗。妈妈发现，如果想要如往常般地支配孩子的话，孩子就会产生排斥。

解读女宝宝

小女孩的逆反情绪，到了青春期往往会以更为激烈的形式表现出来。这也是很多长大后的女孩突然变得不懂事，甚至与从前自己的良好表现背道而驰的根源所在。

不管是谁，都经过逆反期这一个过程，所以，父母亲要尽可能积极地调整自己的心态，认识到这么小的孩子，就已经要踏出自立的第一步，日后会是一个多值得依靠的女儿呀。实际上，不管是父母亲离开孩子，还是孩子离开父母亲，分开独立的过程从现在就开始了，孩子开始进入与父母亲不同的世界。

逆反期的孩子如果不想自立，结果会成为黏在妈妈身边的小宝宝。如果一直持续的话，那这样的孩子就无法在社会上自立。为了要让小孩变成一个能够自立的个体，妈妈要坦然面对逆反的孩子，对于孩子的种种反抗行为，也不要过于压制。虽然她会给你造成一些麻烦，还是要轻松地看待孩子的成长。

开发宝宝左脑的方式 ★★★

人体脑部左右半球的结构和功能是相互影响的。结构决定功能，功能影响结构。要开发左脑半球，主要是从发展左脑半球的功能着手的。

锻炼宝宝的语言能力

锻炼宝宝语言能力的主要方法是让宝宝多听、多说、多读。可以多给宝宝讲一些神话故事、寓言、诗词、童话故事等。

多听可以积累词汇、领会语义、熟悉语境。父母也可以经常给宝宝讲故事，让宝宝编故事、续故事、复述故事。编、续和复述故事除了锻炼语言能力外，还锻炼宝宝的逻辑能力和想象能力。因为故事的先后展开，都有内在的逻辑。适度地让宝宝早一点认识汉字，及时地打开宝宝自己获取知识的大门，让她们提早阅读，这对锻炼语言能力、广泛接受知识很有好处。总之，要给宝宝丰富的语言环境，让她多接收口头的、书面的语言，多进行语言的交流和训练，这对开发左脑是很有好处的。

进行数学、逻辑的训练

父母对宝宝进行数学、逻辑的训练，可以提高宝宝的抽象思维能力，达到开发左脑的目的。不过，数学是比较抽象的，包括数数、计数、分类、判断、推理等。宝宝的形象思维能力发展较早，抽象思维能力发展相对较迟，因此，抽象思维的训练要采用形象、具体的教育方法。比如说，不要一开始就数一二三四，而是让宝宝数苹果、数鞋子等。学会了数数，再学计算，学习计算也要与具体的事物结合起来，宝宝才会感兴趣。

等到宝宝掌握了一定的数学知识后，父母就可以着手训练宝宝的分类、推理能力了。用硬纸卡做4~5种颜色，圆形、正方形、三角形、菱形4种形状的卡片，每种做5个。游戏时将卡片混放，和宝宝一起用各种方式排列组合，是训练宝宝思维的简单有效的方法。

教育女儿如何保护自己 ★★★

一直到上幼儿园，男孩子和女孩子都是一起换装的，健康检查的时候，不论男女，大家也都只穿着一件小内裤而已，也没有什么好介意的。有些低龄幼儿园厕所也不分男女。对于周围的人来说觉得的确是没有什么好在意的。可是，对于妈妈来说，应该是到了要告诉孩子什么时候要觉得"怕羞"的时期了。

看着家中的小女儿逐渐成长，但仍然天真无邪、不知世事，妈妈不禁经常为她捏一把冷汗。可是，也不要矫枉过正，让小孩活在恐惧的生活之中。妈妈应该怎样教自己的女儿呢？

孩子还理解不了大人中肮脏的一面，最好能够事先一点一滴地慢慢地告诉她，让她懂得害怕被人诱拐，告诫孩子"行为要端庄、有礼貌"，以及"女孩子要谨慎、守规矩"。妈妈要告诉孩子生人敲门可以不回答、不开门；不与陌生人说话；当陌生人主动说话时，孩子可以假装没听见跑开。告诉孩子，不喝陌生人的饮料，不吃陌生人的糖果。小孩没有能力帮助陌生人，大人绝对不会认为这是不礼貌的。妈妈告诉孩子，遇到危险可以打破玻璃，破坏家具；为了保护自己，所有规章与禁令都可以不遵守。在紧急之中，她有权大叫、大闹、踢人、咬人。安全重于一切。不要与陌生人说话，不告诉别人自己的事情和家里的事情。遇到坏人，可以不讲真话。机智应对，才是聪明的好孩子。妈妈要向孩子保证，无论发生什么事情，只要孩子向父母讲明真情，父母都不会怪罪的，而且会尽力帮助她。告诉孩子，遇到坏人欺负一定要告诉家长，这些秘密千万不要埋藏在心里。女孩应当知道身体属于自己，身体的某些部分应被衣服所覆盖，身体不许别人看，不许触摸。

解读女宝宝

对家长而言，女孩是娇小的、脆弱的，不像男孩那样禁得起摔打和磨炼。所以家长对女孩总是格外爱护，但这种过度的疼爱却让女孩产生了这样一种思想：我需要保护，父母就是我的保护神。家长不要灌输女孩是弱者的观点，也不要对女孩过度关爱（注意，是"过度"关爱）。家长应告诉女儿：最能保护自己的人只有自己。

育儿难题 Q&A

Q 我女儿2岁了，头发长不长怎么办？自从满月理过一次头发，直到现在，发长只到耳齐，我看同年龄的小孩，发长都快到腰了，请问我女儿是不是哪里有问题？

A 首先要了解头发的形成过程。基本上，毛发是由毛囊所产生，而毛囊又是皮肤组织的重要成员，与皮肤的形成息息相关。胎儿在母体内4个月大时便会长出胎毛，足月出生后，每位新生儿都经历了至少一次（头后部）及两次（中央部）的头发自然脱落，并长了新的毛发。半岁以后，头发的生长又进入了另一个阶段，会脱胎换毛，长出永久毛，开始了稳定的头发生长周期性。

宝宝的头发生长，通常是从额头、颅顶部分开始，各区域头发生长速度不一，因此常让人感觉头发稀稀疏疏的。民间习俗盛传，在婴儿出生满一个月时将头发及眉毛全数剃掉，会促使这些毛囊受到刺激，毛发就会长得又浓又密，其实这个观念并没有科学根据。

一般而言，头发的生长速度平均一天0.04厘米，一个月可长1.2厘米，但是头发生长缓慢的人也不少，而且，除了罕见的"先天性外胚层发育不良"（这是一种包括头发、指甲同时会发育不好的疾病）的患者之外，很少会有长不出头发的，所以父母可以不必太过担心，但若真长不出头发，则需要请教皮肤专科医生的意见。若希望头发长得快，多摄取蛋白质含量丰富的食物，每天适度给宝宝按摩头皮、梳发会有所帮助。

Q 我的宝宝2岁，她喝母乳到1岁才断奶，但从断奶之后就不再喝牛奶、羊奶或市售鲜奶，我买钙粉帮她补充，这样钙质够吗？而她最近一年的体重没有再增加，只有长高几厘米，这样发育正常吗？

A 建议你在宝宝断奶后仍然给宝宝早晚一杯鲜奶、酸奶或成长奶粉，其实不需要额外再添加钙粉，反而是应该注意摄取其他正餐和固体食物。至于体重和身高是否正常，可以看生长曲线的体重及身高是否正常。如果2岁多的小朋友会跑会跳，在保健门诊打预防针时给医生评估过没有问题的话，则不需要太担心。

PART 19

第25~27个月
女宝宝养育

女宝宝第25~27个月体格发育指标

项目	年龄组	下限值	上限值
身高	25~27个月	78.0厘米	101.2厘米
体重	25~27个月	8.83千克	17.63千克
头围	27个月	约为47.7厘米	
胸围	27个月	约为49.1厘米	
牙齿	25~27个月	出牙18~20颗	
囟门	18~30个月	闭合	

第 25 ~ 27 个月
女宝宝日常保健

宝宝新的起点 ★★★

"宝宝满2岁了！"这让你感到安慰和兴奋。再仔细观察宝宝，她在很多方面确实长大了。

她似乎不再像过去那样冲动、莽撞，不再那样只顾自己、东跑西撞，不再需要你的处处保护，也不再需要你随时随地告诉她什么是危险。2岁的宝宝也不再像以前那样畏缩、害怕。她已不那么难舍难分地依赖着你，而能够比较独立地自由活动了。她的情绪多数时间都安定而满足，她很会用亲昵的动作和声音靠近你，你们亲子之间建立了一种充满乐趣的给予和获得关系。她会用自己的名字来称呼自己，她的行动更加利落，在家庭成员中成为更加积极主动的一分子了。

她热衷于观察和探索世界，如各种各样的瓶瓶罐罐都是她探究的好对象。你可以给她一些大小不同的容器，再给她一些可以放进容器的物品，她会从中学会很多物理关系。宝宝这时行动灵活，但你还不能任她满屋子自由行动，否则，她不是乱涂乱撒弄得一塌糊涂，就是登高冒险，让你大吃一惊。这时她要打开门出去，独自上下楼梯，或去卫生间，都还少不了你的照看。玩水尤其能吸引这时的宝宝，每次洗澡都是她的一次节日。只要气温允许，不妨让她多几次在小盆中摆弄毛巾或玩具的机会。

这时的宝宝喜欢重复，开始对规律和顺序有了最初的体验。在玩具摆放、家庭物品布置、生活规律等方面，都可开始有意识地加以培养。

淘气宝宝居家安全守则 ★★★

家里真的安全吗

根据儿童居家事故统计数据中显示，有65%以上的事故伤害，都是发生在"居家环境"中。"环境因素"影响事故伤害发生的比例高达70%。许多家长认为，对孩子而言，"家"是最安全的处所，殊不知，居家环境也潜藏许多危害小宝宝安全的危险因子。

大人的生活习惯和观念，多少会影响自己对"危险环境"的认知。譬如室内设计的动线、家具的挑选和摆放、室内布置的陈设，是否注意避免相关危险；此外，物品使用完毕后是否马上收好，钱币、纽扣、螺丝钉等小物品是否有收纳在盒子里。只要平常保持良好的生活习惯，自然就能降低事故伤害的发生率。

如果家中婴幼儿特别好动，或是有发展迟缓的状况，家长更要特别注意让她们远离危险伤害。

跌倒坠落占事故比例约47%

根据调查统计，幼儿意外跌落占幼儿意外事故伤害的47%。其中，0~4岁儿童的跌落意外，有80%以上在家里发生。幼儿的体型容易头重脚轻，加上认知不足，幼儿跌倒坠落几乎成为婴幼儿事故伤害中的最主要原因。

8~9个月的婴幼儿，正处在学习爬行的阶段，家长应特别注意家具的摆设安全，譬如窗户或洗衣机、浴缸旁边，应避免摆放小凳子或是小柜子，预防幼儿好奇爬上而跌落。如果婴幼儿在沙发、床铺上玩耍，旁边一定要有大人陪伴，保证安全。

孩子常见外伤处理方法

给伤口消炎消毒

出血要
压住止血

出血多的话
靠上部绑住，
送医院

孩子常见烧烫伤处理方法

腹部或背部受伤，以穿着
衣服的状态冲冷水或送医

头部或脸部受伤，冷敷或送医

手部受伤，用冷水或自来
水连续冲受伤部位20～30
分钟

刺伤、割伤、夹伤、砸伤占事故比例约31％

除了跌落意外事故之外，"刺、割、夹、砸伤"排行幼儿意外事故原因第二名。婴幼儿因好奇拉扯直式立灯而遭压伤的案例层出不穷，被桌椅、抽屉夹伤者更不在少数！有时候，家长稍不注意幼儿在身旁，门一开，或是抽屉一关，婴幼儿的手指就被夹伤，或是幼儿好奇将手指伸进转动的电风扇中，一不小心就酿成伤害！另外，纸片的边缘、被啃食严重的玩具也会割伤婴幼儿娇嫩的肌肤，家长应特别注意玩具的安全性。

此外，家中的婴儿床床板到上横杆的高度必须要在60厘米以上，婴儿床的栏杆间隙必须小于6厘米，以免婴幼儿从栏杆往外探头被夹伤。

如果小宝贝已经能够自己爬出床外了，就不能继续使用有摇摆装置的婴儿床，以免摔伤。使用电动摇床时，如果没有人在一旁照顾，最好把电动摇床的电源关掉，并固定摇摆装置，以免发生意外。

烧烫伤占事故比例约11％

根据烧烫伤流行病学数据显示，大部分的烧烫伤事故发生在厨房，其次，发生在客厅，排行第三的则是浴室。

历年统计烧烫伤的原因中，遭"热开水烫伤"的比例最高，约占统计案例八成以上；其次，因"热汤、热饮料烫伤"的比例约占七成，排行第三的则是"烹饪油烫伤"。

正在学爬、学步，1岁上下的婴幼儿，最容易因为好奇心驱使，加上对危险的认知不足（年纪太小），在大人稍不注意的状况下，触摸到热水壶、热汤而烫伤。此外，因家庭成员不小心而造成的烫伤事故，几乎占造成婴幼儿烫伤的大部分。很多家长会觉得自己已经告诉过宝宝，宝宝怎么还会发生烧烫伤呢？

婴幼儿的记忆力、专注力不比成人，家长不应以自身的标准来衡量宝宝，应该在细微处多加注意，这样才能真正给宝宝带来安全。

窒息、梗塞占事故比例约7%

窒息、梗塞，占幼儿事故伤害排名前五名。根据统计表示，在喂食幼儿时，最常发生食物梗塞。尤其以习惯边吃边玩的幼儿，或是家长边看电视边喂食幼儿者，最常发生此类意外。每年通报的梗塞窒息案例中，经常出现"吞食硬币"的案例。除了硬币，纽扣、小纸屑、小螺丝、玩具零件都是好奇宝宝随手一抓就往嘴里塞的常客！建议家长应避免给予幼儿小于直径3厘米的玩具，避免因误食而梗塞。

此外，意外窒息也是造成婴幼儿伤害的原因之一。譬如衣橱、柜子、冰箱、水桶、大纸箱，或是窗帘吊绳、玩具上的绳子、塑料绳等，对婴幼儿来说，都是新奇、有趣的东西，却也是造成意外发生的潜在杀手。

过长的拉绳易造成婴幼儿因好奇拉扯，使得拉绳缠住婴幼儿的颈部，导致发生呼吸困难、休克，甚至成为植物人的意外。

孩子常见窒息、梗塞的处理方法

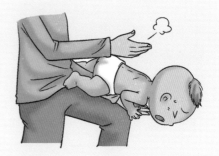

如果孩子有意识，以这种姿势用力拍打背部正中

如果孩子无意识，用正确方法给宝宝做人工呼吸

如果是1岁以上的宝宝，可用手臂环抱孩子身体，握拳抵住胃部附近，用力压来催吐

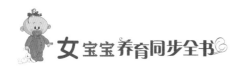

误食中毒占事故比例约4％

幼儿误食中毒最容易发生在居家住所。在实际案例中，浴室、厨房使用的清洁用品，最容易被幼儿误食，第二名则是误食药物。幼儿常误食的东西：浴室及厨房清洁剂、杀虫剂、樟脑丸、皮革（鞋）油、修正液、发胶、香水、精油、电池。

家长经常会记得将感冒药或其他药物收好，但是对于复合维生素、钙片等却时常忽略，一不小心就被好奇宝宝塞进嘴巴！许多家长不了解幼儿误食过多维生素，也会造成药物中毒。

除此之外，许多家长喜欢在家中摆放景观植物，让家中绿意盎然，殊不知，如果选错植物，也会造成幼儿误食有毒植物而中毒呢！以临床案例来看，幼儿误食万年青的状况最常见。此外，诸如风信子、马樱丹、铃兰、石蒜……也都属于有毒植物，家中有幼儿者，应将植物尽量放置在幼儿够不着的地方或是摆放于阳台上。

宝宝的清洁用品 ★★★

宝宝的盥洗用具主要有以下几种：

◡ 盆：洗脸盆、洗澡盆、洗脚盆、洗屁股盆；

◡ 毛巾：洗脸毛巾、擦手毛巾、浴巾、擦脚巾；

◡ 其他：漱口杯、牙刷、梳子。

把上述各种用具放在固定的取放方便的一个角内，使它成为宝宝的卫生角。宝宝此时不完全会使用盥洗用具，为宝宝做这些准备的目的是：

1 使宝宝从小明白，一切盥洗用具和一些贴身衣裤均不能与别人共用，以形成良好的卫生习惯，防止传染疾病。

2 建立一个适合宝宝年龄特点的专用卫生角，方便安全，便于宝宝学习和掌握自我服务的本领。

3 便于清洗、消毒，保持卫生。

4 注意事项：第一，选择大小形状和花色不同的各种盆和毛巾，以便宝宝辨认。在给宝宝盥洗时要提醒宝宝识别和使用自己的用具；第二，各种盆、毛巾不宜混淆、替代，也不宜堆在一起，应分开放置；第三，定时洗净消毒。各种毛巾每天用肥皂分别搓洗一次，每周分别蒸或煮沸5～10分钟后晒干。卫生角要经常打扫。

要重视宝宝的异常消瘦 ★★★

消瘦，在婴幼儿阶段，不能单纯从体重增减幅度来理解。因为婴幼儿体重有其特定阶段的生理改变，出生后2～3日可出现生理性体重下降，一般比出生时的体重下降3%～9%，最多不超过10%。此后，月平均增长600～800克，7～12个月平均月增长400～500克。因此，1周岁时应为出生时体重的3倍或稍多，2周岁应为出生时的4倍。2周岁后幼儿体重增加缓慢，年平均增重约2千克，可用简单公式推算，即：年龄×2+8（千克）。

超越上述幅度的体重下降，可视为消瘦。消瘦是否属于病态？除个别体质性的代谢特殊，略低于上述幅度，而又不伴有其他症状的，则不一定是病态。但一般来讲，如体重减轻到同年龄、同性别的平均值10%以下，就应该引起重视，可认为是异常消瘦。异常消瘦的情况有下列几种。

1 营养性消瘦。多因小宝宝期喂哺不当或食物的质量和数量不当所致。如不及时纠正，到幼儿期则会进一步恶化。如体重比同年龄、同性别的平均值低15%，属轻度营养不良；低于40%为重度营养不良，表现为皮肤松弛、干燥、苍白、多皱纹，皮下脂肪少或完全消失，肌肉萎缩，易出汗，睡眠不好，烦躁不安，食欲缺乏，时有慢性呕吐、腹泻、贫血，甚至颈和躯干部出现出血点或大片紫癜。

2 慢性病性消瘦。常见的有结核病、慢性消化不良、慢性肠炎、肝硬化、呼吸道疾病、泌尿道感染和寄生虫病、疟疾反复发作等。

所以，对于宝宝的特别消瘦情况，父母要予以重视，及时找出原因并进行治疗。

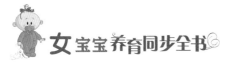

第 *25 ～ 27* 个月
女宝宝的喂养

🤰 宝宝营养缺乏的表现　★★★

　　宝宝营养不良可引起发育不良、消瘦、肥胖、贫血、脚气病、消化道疾病等。宝宝出现上述病症时再判断宝宝营养不良是非常容易的，但此时营养不良已经对宝宝的身心健康产生了危害，再进行治疗不免为时过晚。所以应当抓住发病前的一些征兆，及早采取措施，防患于未然。

1 如果宝宝长期情绪多变、爱激动、喜欢吵闹或性情暴躁等，则是甜食吃得过多引起的，应及时限制宝宝食物中糖分的摄入量，注意膳食平衡，否则宝宝很容易出现肥胖、近视、多动症等。

2 如果宝宝性格忧郁、反应迟钝、表情麻木等，应考虑其缺乏蛋白质、维生素等，需及时增加海产品、肉类、奶制品等富含蛋白质的食物，多吃蔬菜和水果，否则宝宝会出现贫血、免疫力下降等。

3 如果宝宝经常忧心忡忡、惊恐不安或健忘，应考虑缺乏B族维生素，可及时增加蛋黄、猪肝、核桃以及一些粗粮，否则长期缺乏B族维生素会引起食欲缺乏，影响生长发育、脑神经的反应能力及思维能力等。

🤰 对不爱吃饭的宝宝每次要少给　★★★

　　对那些不爱吃饭或者吃饭不香的宝宝来说，每次要少给她们吃。如果在她的盘子里堆的食物太多，不仅会提醒她去拒绝多吃，而且还会破坏她的食欲。如果第一次给她的量很少，就会促使她产生"这不够我吃"的想法。而这正是父母所希望的。父母要使她像渴望得到某件东西那样，渴望吃到某种食物。如果她的胃口确实很小，父母就应该让她少吃。宝宝吃完以后，不要急着去问："你还想吃吗？"要让她自己主动要。即使需要好几天以后她才可能提出"还想再多吃点儿"的要求，父母也应该坚持这样做。另外，用小碟子装食物是一个非常好的办法。

第 *25 ~ 27* 个月
女宝宝的早教

避免使女孩更内向 ★★★

大部分的父母在教育男孩子的时候，会要求他们要有冒险精神及独立的性格。可是，教育女孩子的时候，父母反而会降低冒险精神以及独立性格的要求，而将主要的教育重点放在遵守纪律及依存性方面的培养。所以，男孩与女孩在性格上面会产生差异性，有可能是因为父母的教育方向不同所致。

面对那些调皮捣蛋的小男孩，父母亲会投注更多的心力来看顾他们，而家长与孩子之间反而能够因此建立更密切的关系。相对的，一般人眼中文静乖巧的女孩子，父母亲反而会因为她们的听话而放任她们自由发展，这样一来，小孩子与家长之间的关系因互动减少，很容易使感情趋于平淡。

婴幼儿时期的孩子，身体以及脑力都有长足的发展，在这个时期，妈妈与小孩间的互相凝视以及互相触摸，都显得非常重要。因为，这是小孩子开始对人产生关心，以及对这个社会敞开心门的第一步。

因此，妈妈绝对不能抱着"既然她不哭闹，我就轻松了"的想法。即使小孩没有在哭闹，也要经常抽个空来抱抱她、哄哄她，或者是带着她外出散步。这对小孩日后的人格发展都是有相当帮助的。

开朗的女孩子最讨人喜欢　★★★

自信是开朗以及率真的源泉。随着孩子年纪不断地增长，以及各种不同的经验累积，在整个成长教育的过程中，某些因素会在小孩子的心中埋下孤僻、灰色思想的种子。要培养小孩子率真、开朗的性格，需要积极向她阐述正面的主题，那就是爱和真、善、美。

图书是孩子的好老师　★★★

为了让孩子在应答方面能够更好，在语言方面的教育是相当必要的。给孩子讲图书中的人物怎样对话，怎样互相打招呼，让孩子的语言能够更丰富，让她对语言更加熟悉，可以让她养成看图画书的习惯，可反复地让她去阅读感兴趣的书本，并循序渐进地让她与书本进行对话。

培养女孩的自理能力　★★★

为了从小培养宝宝的自理能力和责任感，在家中必须让宝宝根据其年龄的大小来学做一些家务。一般2～3岁的宝宝可以开始学做一些力所能及的家务。

1 利用宝宝求知欲强的特点，让宝宝模仿父母做家务，可让她做一些简单的事。比如让她自己吃饭、穿衣，给父母拿拖鞋，关灯，把自己的垃圾、废纸丢到废纸篓里去等。

2 用具体语言指导宝宝做家务。如对宝宝说："把玩具收拾好，过一会儿要睡觉了。"约10分钟后，很可能屋里仍是一片狼

解读女宝宝

教育专家认为，对女孩采用倾向于男孩化的教育，可以促使女孩更加优秀。家长带女孩玩男孩玩的游戏，带女孩参加体育运动会，这些会告诉女孩，一个坚强、勇敢的女孩才能赢得他人的喜爱和尊重。

藉，原因在于你给宝宝下达的指令不明确。应给她一步步的具体指导，比如告诉她"把小书摞在一起放进书柜里，把积木放进塑料盒里，摆放在柜子下面"等。有了这些明确的表示，宝宝才知道怎么做，并且逐渐学会做事的条理和步骤。

3 让宝宝做的家务活要有趣味性。如在帮助摆餐具时，可让她摆放一些色彩鲜艳，有图案的桌垫、餐巾纸等；餐后让宝宝分发各种花色的毛巾给大人。这样宝宝对家务就会感兴趣而乐意去做。

4 给宝宝做的家务要适合其年龄和能力。要让宝宝知道，做家务是所有家庭成员的事。比如吃饭时，爸爸盛饭，妈妈盛菜，宝宝放筷子、餐巾纸等，然后一起吃饭。这样可以调动起宝宝学做家务的积极性，能力也得到了锻炼。

5 父母要为宝宝学做家务做榜样。父母不要因为做家务而发牢骚，更不要当着宝宝的面发牢骚，否则宝宝也会认为做家务累。

6 让宝宝学做家务要持之以恒，锻炼其耐心。刚开始几天宝宝总是干得很有兴致，渐渐地新鲜感消失了，再遇上一些困难就想打"退堂鼓"，此时与其让她做事，倒不如说是陪她玩，在"陪她玩"的过程中培养宝宝学做家务的能力，同时也保护了宝宝的积极性和自尊心。

7 宝宝学做家务时父母最好在旁边看着，要注意安全，并时时进行帮助和监督。

8 要及时肯定宝宝的成绩。比如宝宝倒垃圾倒得很好时，父母可以用亲亲宝宝的方法表示鼓励；若把垃圾撒在桶外，这时父母不要训斥宝宝，应先肯定她的好习惯，然后指出不足之处，再手把手地教她如何倒垃圾。用"垃圾进桶了"的游戏来与宝宝一起学做倒垃圾的动作，这样会增强宝宝的信心。

只要父母放手让宝宝做，你会惊奇地发现，2～3岁的宝宝能做的家务是相当多的。

解读女宝宝

与大大咧咧、不修边幅的男孩相比，女孩给人的印象是整洁、干净、漂亮。然而，生活中我们也会看到这样的女孩，她们总是邋里邋遢，对如何打理自己一无所知，生活区像个"猪窝"。女孩的生活出现没有条理、不合规格的事情，很大一部分原是由于母亲没有做好榜样。妈妈的生活习惯是怎样的，往往女儿的生活习惯也是怎样的。一个做事马虎、粗枝大叶的母亲，其女儿也不会细心到哪里。

过家家能增长女孩社交能力 ★★★

所有女宝宝都喜欢玩过家家，不同年龄有不同的内容。2岁多的宝宝就喜欢参与，听从大宝宝的吩咐，帮助拿玩具啦，帮助喂娃娃吃饭啦，帮助买菜啦等。这时宝宝乐于服从，乐于打下手，也乐于参加到宝宝们的家庭中当个小角色。大宝宝们当爸爸妈妈，小宝宝自然就当宝宝，各得其所，乐在其中。2岁多就进入宝宝们的社会中，就渐渐学会与人和平共处，得到点滴人际关系的经验，这是十分重要的。

目前几乎所有家庭都仅有一个宝宝，在家中他们习惯于独占一切玩具。与大人做游戏时大人迁就，宝宝不能学会体谅别人，因此要告诉她，同别的宝宝一起玩要时一不能独占，二要听从吩咐，三要体谅别人，否则会遭人拒绝。宝宝们都害怕别人不同自己玩，处处要使自己符合大家的意愿，这种教育是家庭和父母不可能代替的。

有些宝宝上幼儿园后很快就能适应集体生活，另一些宝宝却迟迟不能适应，问题就在于这些点滴的人际关系上。因此，父母应让2岁多的宝宝有机会同年龄不同的宝宝一起玩游戏，请他们到家来玩，或让宝宝参加有同伴的群体活动，使他们能短期离开父母和监护人，同宝宝们一起做各种游戏。

娇闺女改不了婴儿语怎么办 ★★★

孩子3岁前要积极地展开语言训练。随着孩子的成长，要纠正婴儿语，不要再说"饭饭""外外"这样的语言。至于口齿不清的要先纠正她的发音。当孩子在高兴的时候、难过的时候，便会冒出一堆话来，用语言来将意思表达出来。这时要是纠正她，就会使说话变成孩子的压力，导致孩子变得不爱说

解读女宝宝

女宝宝通过交流获得关心、理解、尊重、体贴和安慰。爸妈要学会倾听女宝宝的"真实意图"，让她根据自己的"内部指导系统"而不是别人的意见来决定自己的方向。

话。那么，该如何训练孩子正确地用词、正确地说话呢?其实很简单，只要最常亲近孩子的妈妈用正确的词汇说话就行了。比如，当孩子饿了，说到"要饭饭"时，妈妈也不必纠正她的用词，自然地回答她："哎呀!宝宝饿了，该吃饭了。"孩子自己就会改过来了。孩子这样说话，是因为妈妈在家中是用婴儿语对孩子说话的。所以，只要大人不在孩子面前用婴儿语讲话，孩子很快就能改掉这个习惯。

让女孩学习一些相反的概念 ★★★

宝宝学习词汇时往往通过比较才了解词义。2岁之前，宝宝先学会许多事物的名称。在记忆许多不相关的事物时，常常通过比较，才便于分辨，相反的概念是在比较时出现的。所以宝宝在2岁之后，对于大小、多少、长短、高矮、快慢、里外、上下、前后、左右等相反的概念逐渐形成，而且会利用这些词汇去形容和分别不同的事物。2岁宝宝仅能理解十分具体的、能看得见的相反的概念，所以父母最好用日常用品和玩具如大娃娃和小娃娃；长绳子和短绳子；长颈鹿高、乌龟矮；汽车快、自行车慢等具体例子让宝宝学会一些相反的词汇。宝宝在比较多少时，可以用一堆瓜子和一粒瓜子来比较，如果要数数来比较，就只能用1和2或1和3来比。如果用4和5来比较，由于此时宝宝还不会点数，就难以分辨。可以用盒子和抽屉来表明里外，也可以在做操时将手放在上、下、前、后来表示位置。如果用手和足分辨左右，父母要和宝宝在同一方向，同时伸右手或左手。多数宝宝学用右手拿筷子，可以用拿筷子的手记认右侧，拿碗的手记认左侧来分辨左右。在分辨反义词时可同时学认相反的汉字。

育儿难题 Q&A

Q 请问为宝宝新买的衣服也要洗吗？

A 不论买回来的宝宝内衣是否有甲醛等化学物质残留，都要下水洗涤后，再给宝宝穿。因为经过洗涤后，一些化学物质的残留量会有所减少，同时，也可将棉絮、细小纤维及内衣在制作、搬运、出售等过程中因经过许多人的手而带来的部分细菌和脏污去除，这样更能保证卫生，保护宝宝的皮肤健康。

Q 宝宝2岁了，听说核桃、豆腐可以补脑，每天让宝宝吃点会变得更聪明吗？

A 健脑食物应适量、全面，食物种类要广泛，否则易使宝宝营养不全面，甚至营养不良，不仅影响宝宝身体的发育，也会影响智力的发育。对酸类食品如谷物类、肉类、鱼贝类、蛋黄类等的偏食，易导致宝宝记忆力和思维能力的减弱，故应与碱类食品如蔬菜、水果、牛奶、蛋清等科学搭配，均衡食用。

Q 宝宝2岁多了，特别爱吃零食，正餐吃得很少，是不是不应该给宝宝吃零食？

A 有的妈妈不敢给宝宝吃零食，是因为宝宝一吃起零食来就没完没了，总也没个够，零食吃多了，她就不好好吃正餐了。其实，导致宝宝不好好吃正餐，不见得就是因为吃零食引起的。只要父母注意方法，就可以有效地控制宝宝过多吃零食。如果宝宝正餐总是吃得不好，可以考虑不要给她吃零食。

Q 宝宝2岁零1个月，平时不爱喝水，怎么喂她都不喝，怎么办？

A 如果宝宝拒绝喝水，一定不要过分强迫她，引起她对水的反感，以后就更难喂了。可以换一种形式或换一个时间再喂。每天宝宝摄取水分的方式是多方面的，既可以直接从饮用水中获得，也可从饮食中获得。可以换一个宝宝喜欢的水壶，吸引她的注意。每次喂的量不要太多，可以少量多次地喂。饮食中多加入水也可以补充一定量的水分。

PART 20

第28~30个月
女宝宝养育

女宝宝第28～30个月体格发育指标

项目	年龄组	下限值	上限值
身高	28～30个月	80.0厘米	103.8厘米
体重	28～30个月	9.23千克	18.47千克
头围	30个月	约为48.0厘米	
胸围	30个月	约为49.3厘米	
牙齿	28～30个月	出牙18～20颗	
囟门	18～30个月	闭合	

第 28 ～ 30 个月
女宝宝日常保健

对女孩子不要过度保护 ★★★

对女孩子不要过度保护。什么叫过度保护、过度干涉尚无定论，一般认为，过度保护宝宝大部分发生在比较担心或者是有强烈不安感的父母身上，尤其在养育第一胎宝宝或者是独生女时更容易过度保护。祖辈看护的孩子更容易受到过度保护，老人不光疼爱孩子，更怕受到埋怨。

应该在父母的守护当中让孩子一点一点地去尝试冒险，父母过度保护的话可能会让孩子形成胆小或消极的个性。此外，宝宝不管做什么事，父母都会插手、插嘴地过度干涉，这多半发生在追求完美的父母身上。"手洗干净了没有？""要吃干净一点！"像这样深受父母干涉的宝宝渐渐就会消沉，而且会自我否定，变得没有自信，之后可能也会反抗父母。

一般来说，宝宝只要受到父母的信赖就会努力地去做。相反的，宝宝如果不受信赖的话，就会觉得反正怎么样都得不到信赖，就会随便做做，所以相信宝宝是很重要的。要改变过度保护、过度干涉的做法，对父母来说也不容易，但只要在对宝宝说"不行"之前，停一秒想想看，就会不断改进。

带宝宝郊游注意要点 ★★★

在阳光明媚的春季，带宝宝去郊游须注意以下几点：

1 穿鞋。宝宝春游要想玩个够又不累，选鞋最关键。穿大小合脚、轻便透气、结实防滑的胶鞋为宜。

2 穿衣。衣着柔软合体，便于活动；最好穿长裤，以防身体被划伤或者被虫子咬伤。

3 戴帽。据测定，在一年四季中，阳光中紫外线最强的是明媚的春季。春季的紫外线不仅能穿透人的表皮，而且能穿透真皮最深层。所以，为了保护皮肤，应戴遮阳帽。

4 饮料。春游活动中耗能大、出汗多，除了白开水之外，需准备健康的饮料，它能迅速补充运动时丧失的营养。

5 湿纸巾。饭前便后洗手这道程序，在野外可以用消毒的湿纸巾擦手代替，以防病从口入。

6 清凉油和油脂。万一被虫类叮咬，可立即擦点清凉油消肿止痛。如果碰了额头，可立即擦点植物油或少许熟猪油，效果不错。

7 绷带。爱蹦爱跳的宝宝难免磕磕碰碰，绷带就能派上用场。

8 垃圾袋。装上生活中的废物，领着宝宝一块儿将废品扔进垃圾箱，以保护环境卫生和宝宝的心灵卫生。

带宝宝到游乐场所要注意安全 ★★★

父母在带宝宝到游乐场所游玩时要注意安全，特别要注意以下几点。

1 要先检查一下游戏的设备是否安全，如滑梯的滑板是否平滑，秋千的吊索是否牢固，是否有锐利的边缘或突出物。

2 如果是新修过的设备，要检查油漆是否已干，安装是否结实，如转椅、荡船要先空转或空摇试一试，再让宝宝使用。

3 宝宝在游戏前，父母要简单地告诉她几条安全注意事项，如手要抓牢、脚要蹬稳、注意力要集中等。

4 宝宝游戏时要穿好衣服，以免快速下滑或旋转时，衣服被挂住而造成危险。

5 大宝宝在参加刺激性较大的游乐项目时，要按管理人员的要求系好安全带。

如何帮女孩消除恐惧心理 ★★★

惧怕的形成是条件反射的泛化，也要用条件反射的方法去解除。

1 对怕动物的宝宝，可先给她一些动物画册看，再给她一些喜欢的玩具——放进几件形态可爱的动物玩具，还可给她看有动物形象的动画片，使她逐步解除对动物的恐惧，最后领她到动物园玩。

解读女宝宝

女孩的思维方式与男孩不同，她们更加感性，更加相信自己的直觉。面对问题时，女孩往往会轻信自己一时的感觉，而不去做过多的逻辑分析和推理。所以，女孩往往比男孩更容易上当。如果父亲能够拿出足够多的时间和精力来教育女孩，对女孩摆脱那些女性天生的弱点有很大帮助。

2 对怕黑暗的宝宝不能够"恶治"（关在黑屋子里等）。父母可以带宝宝到黑屋的门口，对她说："妈妈和你一块儿去拿糖（玩具）好吗？"待她不再怕黑时，父母就站在门口，让宝宝一个人去拿。只要她去了，就夸奖她勇敢。

3 对怕坐在浴盆里的宝宝，先让她看别的宝宝坐在浴盆中又洗又玩的快乐样子，再让她用小盆给娃娃洗澡。然后换成大浴盆，让她与娃娃一块儿洗澡。开始时，洗澡的时间要短一些。

纠正女孩的不雅习惯

宝宝的很多习惯如掏耳、挖鼻和揉眼等都是不良的习惯，父母在平时要注意予以纠正。

1 掏耳。有时当耳道内的耵聍（俗称"耳垢""耳屎"）刺激皮肤，耳内霉菌感染或湿疹病变等引起耳内发痒时，不少宝宝随手取来火柴棒、发夹，或用又脏又长的指甲在耳内盲目地乱掏。有时不小心会将耳道皮肤戳破，引起皮肤破损、出血，这些工具上的细菌就乘机侵入耳道内，引起感染、发炎，耳内会发生肿胀、疼痛，形成化脓性疖肿。少数人还可将耳道深部的鼓膜刺破，造成中耳腔内感染，脓液流个不停，甚至还会影响以后的听觉功能。简单的掏耳动作会造成严重的后果。

2 挖鼻。不少小朋友在闲得没事做的时候，好将手指伸进鼻腔内挖个不停。这是一个不好的习惯。因为在鼻腔黏膜下，有着很丰富的血管，它们互相交叉成网状，成为血管丛。鼻黏膜是很薄的一层组织，一旦有剧烈的挖鼻动作，容易将鼻黏膜挖破，导致血管破损，不时地流血，少不了由父母陪着去医院就诊，增添不少麻烦。少数人还会因挖破鼻黏膜而引起感染、发炎。

3 揉眼。当灰尘、沙子飞入眼内时，顿时会引起眼内疼痛、流泪、睁不开眼。有的幼儿马上就用手来揉眼，这样做不但去除不了眼内异物，反而会使异物在角膜上越陷越深，角膜破损引起细菌感染，造成眼角膜溃烂、结疤，一定程度上还会影响宝宝的视力，更为严重的是会引起眼球感染。

> **解读女宝宝**
>
> 对于女孩来说，优美的举止就好像漂亮的服装一样，如果能把优美的举止与良好的修养结合起来，那就是一个受人欢迎的高雅女孩。优雅的举止在公众中具有巨大的感召力，甚至会产生一种魔力。

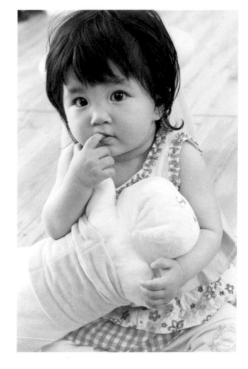

第 28 ~ 30 个月 女宝宝的喂养

宝宝饮食七忌 ★★★

强制

强制饮食对于机体和个性来说，是一种最可怕的压制，是宝宝身心健康的大敌。有时宝宝不想吃东西，那就是说她当时并不需要吃。

强求

强求是以软磨的形式出现的变相强制。有的父母强求宝宝吃，变着法说呀、劝呀、提要求呀、许愿呀……千万不要如此。

讨好

有的父母因为宝宝表现好或者宝宝原不想吃饭，后来还是吃了，就"讨好"宝宝，滥发奖，什么冰激凌呀、糖块呀、大蛋糕呀、巧克力呀、玩具呀……殊不知，这不利于宝宝养成健康的饮食习惯，只能造成娇生惯养、破坏宝宝胃口、损害身体的后果。

催促

吃东西时急急忙忙吞下去对健康有害，要教育宝宝细嚼慢咽。

分散注意力

宝宝吃饭，应关闭电视，收起玩具，使宝宝吃饭时不分心。

纵容

不该吃的东西就不要让宝宝吃，该少吃的东西要坚决限制。

发火

要营造一个轻松愉快的气氛，切忌在吃饭时训斥宝宝。

🐾 高不饱和脂肪酸有利于宝宝大脑的发育 ★★★

脑细胞是思维活动的物质基础，脑细胞数量的不足必将严重影响宝宝的智力。因此，从母体怀孕开始到幼儿3周岁前，必须保证宝宝大脑细胞发育所需的营养物质供给充足，使其得到良好的发育。科学研究证明，人脑发育在胎儿时期对营养的缺乏最敏感。宝宝如果营养不良，则大脑细胞数只有正常人脑细胞的82%；如果出生前和出生后均有营养不良，则大脑细胞总数仅为正常人脑细胞的40%。在此期间因营养不足所造成的损害，是不可逆转的。

国际生物化学界、医学界的大量科学实验已经证明，高不饱和脂肪酸是大脑神经细胞发育的必需营养物质。

高不饱和脂肪酸在人体内不能合成，只能通过饮食供给。因此，幼儿食品也应该富含高不饱和脂肪酸，否则，就会严重影响宝宝脑神经的发育，产生无穷的后患。

高不饱和脂肪酸在深海鱼、肉食性动物脂肪和野菜中含量较高，而在用速成手段培育的动植物脂肪中含量极少。目前我国居民的饮食结构出现了精化、西化的趋势。高蛋白、高热量的饮食虽使人体出现了某些营养成分过剩，但不饱和脂肪酸的摄取量反而少了。这就是智商低的宝宝不断增多的直接原因。因此，改善不合理的饮食营养结构，补充食品中高不饱和脂肪酸的不足是非常必要的。

🐾 宝宝多吃鱼的好处 ★★★

鱼类的可食部分是鱼肌，鱼肌含有较多的优质蛋白质，与牛肉、猪肉一样，其必需氨基酸的含量及其相互间的比值都和人体需要的值相近，尤其是与宝宝需要的值相近。鱼肌中含有的钙、磷亦有助于宝宝的骨骼生成和大脑的发育。

鱼肉是由肌纤维较细的单个肌群组成，肌群之间存在着相当多的可溶性成胶物质，这种物质使鱼肉易被消化吸收。人体对鱼的吸收率高达96%。

第28～30个月 女宝宝的早教

孩子耍赖怎么办 ★★★

很多家长都曾有过这样的尴尬经验：在商店，如果没有为孩子买下她想要的玩具或者食物，孩子就会大声哭闹，甚至赖在地上不走。有的一耍起脾气来，要哭闹上很长时间。孩子这一闹，一下子便会聚集许多人的目光，身为孩子家长会很尴尬，甚至冒出一身冷汗，对孩子打也不是骂也不是。但如果想要孩子有好的教养，也不能这样就向孩子屈服。

> **解读女宝宝**
>
> 0～7岁的女孩会有以下两个显著的特点：一是女孩会过早地感觉到压力；二是太多的道理对女孩根本不起作用。心理学家对此给出的解释是，7岁之前，女孩根本还没有理性思维的能力，她们的理性思维要到10岁左右才会出现，在此之前，她们的思维仅是象征性思维。

被逼急的妈妈往往会吓唬孩子，但这么一来，等于是火上浇油，孩子会放开嗓门哭得更凄惨。顽固的孩子从不选择时间与地点。此时妈妈应该冷静以对、沉着应变，最好先任她哭，别理会。花一段时间，等孩子情绪稍微平静之后，再慢慢地问她到底想干什么。如果孩子只是想买她要的东西而耍赖，妈妈要坚持以下两点原则：

1 坚决不买。孩子一旦得逞，她就会以为只要大哭大闹，就可以得到自己想要的东西。

2 说明不买的理由。孩子虽然不会马上听话，但是已经哭累的她也多半不会再有第二次吵闹。

一般来说，在外出购物前就要先提醒孩子"今天不买玩具和食物"。事先与她说好也是有效的。这样的情形重复上演几次后，孩子自己就会渐渐明白。

宝宝发脾气时怎么办 ★★★

宝宝爱发脾气，有其生理、心理上的原因。宝宝的大脑神经系统功能发育还不完善，兴奋和抑制过程发展不平衡，容易兴奋而难以抑制，遇到不顺心的事情容易冲动，甚至完全不能控制自己。另外，宝宝的道德意识、是非概念还不十分明确，还停留在比较幼稚的水平。当宝宝发脾气时，父母要沉住气，静下心来，心平气和地来处理。如果父母不分青红皂白，采取简单粗暴的方法，只会给宝宝火上浇油。

遇到宝宝发脾气，要分析一下宝宝发脾气的原因，但无论是什么原因引起的，这时父母最好采用转移其注意力的办法，让宝宝离开这个环境，进行适当的"冷处理"。要对宝宝简单讲明这样发脾气是没有道理的，但也不要过分和宝宝纠缠。当宝宝平静以后，再慢慢地讲道理，分析给宝宝听，加以引导，使宝宝明辨是非。

宝宝发脾气，赶快"救火"固然必要，但这毕竟是消极的。应该注意平时对宝宝加强教育和培养。每个宝宝的性格都不一样，对于那些较为任性暴躁、性格外向的宝宝，父母应该做到宽严结合，平时多为宝宝创造良好的生活环境与教育环境，经常利用讲故事等方式，给宝宝讲一些浅显易懂的道理，在他们心目中树立好宝宝的榜样，使宝宝情绪稳定、心情舒畅、懂得道理，尽量避免无知而任性和随便发脾气。

女孩要有同情心 ★★★

父母们都为宝宝确定了一个行为标准，就是要善待他人，同情他人，帮助缓解他人的痛苦，心理学家称之为"亲社会"行为。虽然女孩天生具有怜悯和同情心，但教育宝宝理解其中的具体细节则是父母的任务。这一时期，宝宝可以通过自己的观察，感受到别人的喜、怒、哀、乐，而且会受这样气氛的感染。如一个小朋友在大哭，她会去试探性地与小朋友亲近，并观察

父母对自己行为的反应，此时父母应鼓励宝宝。父母要教育宝宝在游戏时不要互相争吵，培养她与小朋友分享玩具和友好地玩耍。

从这一时期开始，要让宝宝关注他人的存在，有助于宝宝将来的发展，克服由于是独生子女所带来的不良习惯，如喜欢独占玩具，一切要以自我为中心。父母在引导宝宝时，要从不同角度以身作则，利用宝宝的模仿心理，培养宝宝的社会性和关爱他人的情绪。

例如，父母可以以游戏激发宝宝的同情心。找一个布娃娃对宝宝说："布娃娃生病了，她妈妈又不在家，多可怜呀！宝宝帮着照顾布娃娃好吗？"此时妈妈引导女儿，给布娃娃盖被子，用毛巾给布娃娃热敷，经过一阶段的照顾，游戏可以结束。妈妈代表布娃娃感谢宝宝的照顾，让宝宝在带给别人温暖时，得到应有的肯定，增强同情心和责任感，为宝宝将来在社会上成为一个善良正直的人打下基础。

独生女一定很任性吗 ★★★

如果孩子身边除了大人没有其他小孩，就不用平分零食可以一个人独占，也无须跟其他小朋友抢玩具，那么在她的生活里，不需要认真争取物品就可以独自享用，当然也就体会不到分享的乐趣。

但是，孩子是否任性还是取决于家庭环境。即使是独生女，只要家长教得好，孩子不但可以学会忍耐，而且也能够了解自己的意见与要求不是每次都能够实现的。

其实独生女不是任性，而是因为她缺乏竞争对手，她甚至没有注意到其他小朋友的存在。如何才能使孩子多留意别人呢?可以用游戏引导孩子的竞争心与体贴的精神。例如在亲子游戏时，多玩竞赛游戏，一家三口认真地比一比。通常借这个机会，孩子可以尝到输掉的那种不甘心的滋味，还可以体验到输的人内心的难过，同时培养出孩子能够体贴别人的心，使她渐渐地学会礼让的体贴精神。

让宝宝懂得做事要有次序 ★★★

学习次序是培养逻辑思维的重要步骤，如讲故事时叙述事情发生的始末，总是按照先后次序叙述的。给2岁左右的宝宝讲故事时，父母要特别注意按照书上每一个字去朗读。有时宝宝快要睡觉了，父母也十分疲劳，如果一时拿着书没有照着书一字一句叙述，宝宝会忽然睁开眼睛叫嚷："错了，错了。"因为每一次讲同一个故事时，宝宝是用心去听，并跟随背诵的。如果不照着书的字句叙述，虽然讲的意思相同，但与宝宝早已背熟了的句子不同，难怪她会叫嚷起来。可见宝宝是闭着眼睛在背诵，在欣赏着故事的情节，按照故事发生的次序去记忆。

在讲故事时可以提问，宝宝会按照故事的情节回答问题。也可以问一些"如果"的问题："如果妈妈忘了带钥匙，能将门打开吗？""如果小白兔以为妈妈回来了将门打开，后果会怎样？""如果先穿上鞋再穿袜子行吗？"……父母提问的目的是让宝宝想一下事情发生应该进行的次序，否则效果就不好。多次复习一下日常做事的次序，使宝宝在做事情之前更加考虑周全。

解读女宝宝

行为学家针对女孩的生活出现脏乱差，及没有条理性等问题，做过一项调查。结果显示，在众多的原因中，来自母亲的不良榜样作用的占82%。

在平日生活中培养按次序做事，使事情做得有条不紊，养成良好的习惯，这对宝宝将来无论学习和工作都十分有用。在厨房操作时，让宝宝当助手，先干一样，再干另一样，有次序地操作。早晨先漱口、刷牙、洗脸，再涂上润肤油也是不可颠倒的次序。晚上脱衣服时先脱下的依序放好，到早晨穿衣服时先内后外也应有条不紊。家中一切用具放在固定的地方，使用时才不至于因寻找而浪费时间。有次序地工作和生活是从小培养起来的。

让女孩学做手工　★★★

随着骨骼、肌肉的发展和大脑调控能力的增强，宝宝已经可以从事一些比较简单的手工活动。而这些活动，不但可以使宝宝在剪剪贴贴、捏捏塑塑的过程中展开想象，表达自己的想法和愿望，还对宝宝思维能力的发展和创造力的提高，起着很好的推动作用。

从宝宝熟悉的事物入手，激发宝宝参加手工活动的兴趣，想通过手工活动使宝宝的创造性得到提高，也必须先从宝宝的个性和爱好入手。比如，宝宝对各种食物感兴趣，妈妈就可以教宝宝用彩纸剪面条，用皱纸做水饺、麻花，用橡皮泥捏出各种水果和蔬菜，让宝宝在做自己喜欢的事物时，体会到手工创作的乐趣，锻炼动手能力。

进行合理指导，提高宝宝的动手能力

不管是剪纸、泥塑还是粘贴，都需要一定的技能作为基础。但是，对于宝宝来说，技能的学习不但枯燥，而且不容易掌握。那么，妈妈该怎么做才能使宝宝在愉快、有趣的氛围下轻松地学到手工技巧呢？最好的办法就是讲故事和做游戏。

及时肯定宝宝，多让宝宝体验成功

宝宝是最喜欢听到夸奖的。只有尝到了成功的滋味，宝宝才会更投入、更主动地去对一件事物进行探索，并从中得到锻炼和提高。在手工活动中，妈妈同样要多表扬宝宝，多让宝宝听到"你真棒""很好""真不错"等肯定的语言，使宝宝相信自己能行，增强创造的自信心。即使宝宝做得并不好，也要在宝宝取得进步的时候，及时对宝宝进行表扬，使宝宝丢掉"我不会做""我不想做"等消极思想，树立信心，大胆动手操作。

PART 21

第31~33个月
女宝宝养育

女宝宝第31~33个月体格发育指标

项目	年龄组	下限值	上限值
身高	31~33个月	82.1厘米	106.1厘米
体重	31~33个月	9.61千克	19.29千克
头围	33个月	约为48.3厘米	
胸围	33个月	约为49.5厘米	

第31~33个月
女宝宝日常保健

警惕孩子性早熟 ★★★

一般女孩开始发育的年纪为8~13岁，如果女生在8岁前出现第二性征，就是"性早熟"。

案例1 爸爸爱吃鸡屁股，妈妈爱吃鸡皮，4岁的晶晶也跟着吃，结果晶晶的胸部发育到A罩杯。

由于鸡皮中会残留激素，鸡屁股含有大量雌性激素，加上高热量的烹调，会导致儿童出现性早熟征兆，平时最好避免让小孩食用这类食物。

案例2 妈妈每天都给5岁的梅琪擦5~7种保养品，直到有一天梅琪对妈妈说一边的乳房痛，经医生确诊，才知道梅琪已经提早发育了。

2007年在新英格兰期刊中发表了一篇研究报告，表示若长期使用含有薰衣草精油及茶树精油的产品，体内将产生大量雌激素，并阻绝雄性激素分泌，使男童出现女乳症，女童胸部提早发育。由于儿童皮肤较薄、体重较轻，影响程度较成人明显，平时除了避免让孩子接触到含有这类精油的产品，建议也不要使用香味过重、来源不明或含有激素成分的美妆产品。

案例3 维维是个标准的电视儿童，白天和奶奶一起看言情剧，晚上又熬夜和爸妈看电影，才5岁就乳房发育变大。

医学研究发现，若儿童经常观看成人电视中的性画面，容易刺激孩子在大脑神经中形成性讯息，促使脑下垂体释放性腺激素，因而出现性早熟的症状，男孩可能有生殖器变大、勃起、遗精、长胡须等现象，女孩则可能有乳房提早发育、乳头变大、月经来潮等问题。英国《新科学家》杂志也曾发表过报告指出，儿童经常熬夜会使褪黑激素分泌明显减少，进而影响睡眠及发育，因而引发性早熟，这项研究也从动物实验中获得证实。

案例4 妈妈帮2岁的宁宁换尿布时，竟然发现尿布上有疑似经血的痕迹，触摸胸部也有发现硬块，经过检查发现，原来宁宁患有罕见的"中枢神经性性早熟"。

因为脑下垂体功能缺损所造成的性早熟现象，一般出现在7岁以下的儿童身上，但发生在2岁以下的婴幼儿身上则较少见，这是由于脑下垂体的功能异常，促使性腺激素大量分泌，必须进行脑下垂体激素注射治疗，以抑制第二性征提早发育。

🍼 性早熟要早发现 ★★★

性早熟分为"真性性早熟""假性性早熟"及"部分性早熟"三类，由于性腺、肾上腺素或是脑下垂体性腺轴发生障碍，使男性生殖器提早发育，变声，长出阴毛、腋毛及青春痘，女性则是胸部变大、月经来潮及长出体毛。目前医学上公认营养过剩、环境污染、视觉刺激是诱发性早熟的3大主因，其中女孩的发生率比男孩高出10倍以上。

真性性早熟

又称为"中枢性早熟"，发生原因是脑下垂体的性腺系统过早活化，造成第二性征提早发育，女孩性早熟有90％为原因不明的体质性早熟，男孩性早熟则有50％为脑部病变所引起。

假性性早熟

又称为"周边性早熟"，意指睾丸或卵巢本身并未发育，但部分第二性征却提前出现，发生原因与卵巢或睾丸的肿瘤、肾上腺增生或误用含有激素的物品及食物有关。

部分性早熟

又称为"不完全性早熟"，只有乳房或阴毛提早发育而无伴随其他性征发育症状，发生原因可能是脑下垂体功能不完善，大部分是自动痊愈，只有极少数会发展成真性性早熟。

性早熟居家自我检查

近年来由于物质生活较为充裕、饮食习惯改变以及受到环境激素的影响，全球儿童的发育有提早的趋势，性早熟除了影响身高、发育，对于儿童心理也会带来负面影响，家长在平时一定要多留意孩子的发育情况，越早发现治愈概率越高。

1 定期测量生长曲线。每半年帮孩子测量身高、体重，并作记录，如果在3岁之后每年身高发育超过6厘米，就要注意是否出现了第二性征。

2 不定期共浴。陪伴孩子洗澡是观察孩子有无提早发育的最佳时机，可不定期由同样性别的家长进行陪浴、观察，并适时教导孩子正确的健康观念。

如何预防性早熟 ★★★

预防性早熟最重要的一点就是预防"环境激素"的影响。"环境激素"又称为"内分泌干扰素"，通常经由空气、水、土壤及食物等途径进入体内，在体内产生类似于激素作用，干扰原本正常的内分泌运作，进而影响生长、发育、免疫及生殖功能。

双酚A

双酚A是制造聚碳酸酯塑料产品的重要原料，减少食用加工食品或以塑料制品盛装食物是最好的预防之道，为孩子挑选玩具也请多留意是否有安全标识，并禁止孩子将玩具放入口中。

壬基酚

许多清洁剂（如洗衣液、柔软剂、洗涤灵、浴厕清洁剂等）当中都含有壬基酚类界面活性剂，尤其随着废水排入河流后，会对河中生物产生影响，就连进食者也一并受害。平时拒绝使用石化合成洗剂，尤其小朋友的贴身衣物一定要使用天然洗剂。

磷苯二甲酸盐

常用来制作塑料延展性的塑化剂、化妆品中的定香剂都含有磷苯二甲酸盐，当遇高温或长时间停留在肌肤表面就会进入人体。平时喝热饮请自行准备容器，孕妇及哺乳妇女请避免使用指甲油或含有香料的美妆产品。

另外，有些食物如鸡头、鸡皮、鸡屁股、鸭脖、鱼头等，尽量少让孩子食用。

宝宝是安静还是自闭 ★★★

自闭症的成因仍无定论

自闭症是脑部功能异常而引起的一种发展障碍，约每1万幼儿中就会有5～10名幼儿出现自闭症症状，症状通常在幼儿3岁前就会出现。多年来对自闭症成因已有不同研究与推测，目前仍无确定成因。目前可公认的是，自闭症的产生与家庭背景和父母的教养态度无关，也非后天因素造成，而是由神经机能发展、生化机能发展、遗传因素或脑部受损等生理因素所致。妇女怀孕期间也可能因德国麻疹或风疹，使胎儿脑部发育受损而导致自闭症。此外，新陈代谢疾病也可能造成脑细胞功能失调，影响大脑的神经传导功能，因而造成自闭症。还有，窘迫性流产、早产、难产等造成的新生儿脑部受伤，或是在婴儿时期罹患脑炎、脑膜炎等疾病造成脑部伤害，都可能增加罹患自闭症的机会。

每位自闭症患者的症状皆有不同组合，有的人可能表现在固执行为及口语表达上；有的人则表现在社交互动与固执行为上。每种症状又会依不同程度而有轻度到重度的差别，这些因素也就说明为何每个自闭症患者之间也有差异性。

自闭症的诊断标准

许多人对"自闭症"3个字始终一知半解，一般对自闭症的印象通常是沉默寡言、孤僻，但却不了解背后原因。其实，寡言只是众多成因下的结果。自闭症的诊断须符合以下标准。

A.3岁前出现功能发展异常或障碍；

B.出现交互社会互动方面质的障碍；

C.出现沟通方面质的障碍；

D.出现狭窄、反复、固定僵化行为、兴趣和活动等。

第31~33个月
女宝宝的喂养

不要让宝宝"积食" ★★★

　　宝宝现在可以自己进食了，但是自我控制能力还很差，只要是自己喜欢吃的食物，就会不停地吃，没有节制，尤其是在节假日或家庭聚会时，热闹的气氛使宝宝更加活跃。而吃了过量的油腻、冷甜食物，把宝宝的小胃胀得鼓鼓的，这样很容易引起消化不良，食欲减退，中医学中称为"积食"。

　　宝宝积食后，常常有腹胀、不思饮食或恶心、呕吐症状。这是因为宝宝的消化系统发育仍不完善，胃酸和消化酶分泌较少，而且消化酶的活性相对较低，对于食物在质和量发生较大的变化时很难较快地适应，加上神经系统对胃肠的调节功能比较弱，很容易引发胃肠道疾病。因此，爸爸妈妈一定要避免宝宝积食。当宝宝出现积食时，在饮食方面要进行调节，首先节制进食量，较平常稍少一点点即可，食物最好软、稀且易于消化，比如米汤、面汤之类，尽量少食多餐，以达到日常总进食量标准。同时还要带宝宝多到户外活动，有助于食物消化和吸收。

　　对积食的宝宝，常吃山楂有好处，可以试用以下食疗方法。

　　◯山楂汤：即山楂一味煎汤饮，尤宜于食肉不消的幼儿。

　　◯山楂饼：用山楂、白术各120克，神曲60克，共研成末，蒸成梧桐子大的饼丸，每次服3丸，可治儿童积食。

○山楂粉：用山楂肉适量，炒研为末，用蜜和砂糖拌匀，每次服3~6克，水送服，尤宜于幼儿痢疾赤白相兼者。

○茴楂丸：茴香、山楂各等分，研细末，盐、酒调和，空腹热服，可治幼儿腹痛。

怎样为贫血幼儿调整饮食 ★★★

营养性缺铁性贫血首先应从预防入手，每年测查血红蛋白。

轻度贫血的食疗

对于轻度贫血，甚至可以不用服药，仅通过调整饮食，就能达到治愈贫血的目的。

在婴儿期要合理添加辅食，补充含铁丰富的食物，结合婴儿的消化吸收能力，可做一些鸡蛋羹、猪肝泥和鱼泥等。还可给婴儿补充一些含维生素C多的果汁。

幼儿期一定要纠正挑食、偏食或吃零食的不良饮食习惯。每天给幼儿准备一些动物性食物，如卤猪肝、熘肝尖和鱼丸子等。瘦肉可以切成肉丝和蔬菜一起炒，如肉丝青椒、肉丝扁豆和肉末芹菜等。这类食品既好吃，又能促进蔬菜中铁的吸收。动物血也是铁的良好来源，可切成方块和豆腐一起炒。

此外，还可以给幼儿补充一些强化食品，现在市面上已有含铁饼干和用强化铁面粉做的各种面食。父母要注意的是要持之以恒地给宝宝添加这类食物。

调整饮食的效果是血红蛋白上升到正常，并且隔1~2个月复查时仍然保持正常指标。通过调整饮食，幼儿免去了吃药的烦恼，贫血也得到了改善。

药物治疗幼儿营养性贫血

如果发现孩子患了营养性缺铁性贫血，父母不必惊慌，因为治疗缺铁性贫血的药物很多，而且效果显著。最常用的是硫酸亚铁制剂，如血宝、宝宝福等。含有血红素铁的制剂有维血冲剂。

在血红蛋白恢复到100克/升后，可给幼儿补充叶酸和复合B族维生素制剂。叶酸的供给法是：口服，每次5毫克，每日3次。B族维生素的供给法是：肌内注射，每次15～100毫克，每日或每隔2～3日一次，血红蛋白恢复正常后，继续维持用药一个月左右。

怎样挑选餐间营养饼干 ★★★

营养饼干可以当成是餐间点心，一次给宝宝吃1～2片即可，千万不要因为宝宝很喜欢吃饼干或是宝宝黏着你要饼干吃，就毫无上限地给予。因为吃了营养饼干，正餐就吃不下了，影响正常正餐的摄取，造成营养完整度的不足，这就是本末倒置了！

大人吃的，宝宝可以吃吗

有些爸爸妈妈贪图方便，拿了大人零食就往宝宝嘴里塞，这是错误的。大人零食大多添加过多调味料以及成分是碳酸氢钠的膨松剂，过量的添加物，会影响宝宝尚在发育的器官，如肾脏、肝脏，造成功能损坏。宝宝过早食用大人的零食，也将养成宝宝日后喜爱重口味的习惯。

营养饼干的钠含量过高吗

有些市售的宝宝营养饼干中，钠含量比较高，钠对于宝宝有何影响呢？钠虽然是人体必需的成分，涉及身体离子的平衡，但宝宝的肾脏尚未发育完全，不宜摄取过量的盐分或钠含量高的食品，以免加重肾脏负担。

根据英国食品标准局建议，0～12个月的宝宝每天钠最高摄取量为400毫克（约为1克的盐），0～12个月不需刻意加盐，1～3岁则为800毫克。

天然母乳的钠含量很低，每100克只含有约15毫克的钠。各家配方奶粉的钠含量则是大同小异，每100克0～12个月宝宝的奶粉约含有135毫克的钠，1岁以上宝宝的奶粉则含270毫克的钠。

1岁以上的宝宝，摄取较多的副食品，母乳或配方奶粉的量就相对减少，一天有2～3次，摄取的钠含量为165～250毫克。

这样算来宝宝摄取钠的范围，也就是还有空间选用营养饼干。一般来说，每100克或毫升的固体或液体含有小于120毫克的钠，也就是0.3克的盐就可以称为低钠食物了。

挑选营养饼干原则

爸爸妈妈选购营养饼干时，除了以通过政府认证及有信誉品牌的食品公司为选购标准，查看外包装上的营养成分标示与计算钠含量之外，还需要做哪些检查呢？

1 看营养饼干包装，包括营养成分标示和包装的完整性。完整的营养成分标示能让爸爸妈妈清楚了解内含成分，安心让宝宝食用；若有过敏体质的宝宝，就要特别注意是否含有易过敏食材成分。包装完整的营养饼干才能密封完全，避免营养饼干接触空气发生质变。有些营养饼干是一个大包装里面还有个别的小包装，这样的设计不用担心放久了饼干会变软或潮解的问题。而且小包装设计也比较干净卫生，一个大包装的饼干重复打开拿取，会增加细菌污染的机会。

2 添加营养素的饼干。现在的营养饼干除了提供三大营养素——脂肪、蛋白质、糖类之外，还会添加其他营养素，如促进肠道蠕动的益生菌、膳食纤维、帮助发育的B族维生素或使用含有DHA、EPA的鱼油等，这些营养饼干在价格上就有差异。爸爸妈妈不要以为单靠营养饼干就能补充宝宝的所有营养素，还是必须从正餐来获取足够的营养。

自己动手做营养饼干 ★★★

宝宝吃腻了市售的营养饼干，爸爸妈妈利用空闲时间也可以自己动手做宝宝的营养饼干。

宝宝磨牙棒

适合年龄： 12个月以上对蛋无过敏反应的宝宝。

原料： 无盐奶油10克，糖粉20克，鸡蛋清1个，低筋面粉130克。

做法：

1. 烤箱预热温度160℃，奶油在室温下放软。

2. 奶油和糖粉先拌匀，再加入鸡蛋清拌匀。

3. 加入过筛的低筋面粉用手拌至均匀，揉成没有粉粒的面团。

4. 将面团松弛约20分钟，用擀面杖擀成2厘米厚的圆饼，再松弛10分钟。

5. 将面饼切割成长条棒状，排放在烤盘上。

6. 送进烤箱以160℃烤20分钟后，将饼干翻面再烤10分钟，取出放凉即可。

注意： 奶油的软化程度以手指可压印即可。可用30克奶粉取代30克低筋面粉来增加奶香味。

烤焙时间因饼干数量、厚度、宽度、长度以及烤箱大小而有差异，请以呈现金黄色为判断标准。

奶油造型小饼干

适合年龄： 12个月以上的宝宝

原料： 无盐奶油50克，糖粉70克，鸡蛋30克（约半个），低筋面粉140克。

做法：

1. 烤箱预热170℃，奶油在室温下放软。

2. 奶油和糖粉用打蛋器打至泛白呈蓬松羽毛状后，倒入蛋汁快速搅拌呈乳霜状。

3. 将过筛的低筋面粉加入，并用橡皮刮刀翻拌均匀成面团。

4. 将面团用擀面杖擀平为约3厘米厚的面饼后，再用模型压出小图案。

5. 送进烤箱烘焙约18分钟。

注意： 撒一些面粉在饼干模型上，方便脱模。建议以形状大小类似的模型一起烘焙，较易控制时间。

第 *31~33* 个月
女宝宝的早教

培养女孩抽象思维

许多宝宝会熟练地背诵100以内的数字，但是，她们不一定理解每个数字的真正含义，多半是死记硬背的顺口溜，所以，爸爸妈妈要帮助宝宝掌握"数"的含义、"数"的概念。

1 了解"1"和"许多"。在初次涉及数的概念时，爸爸妈妈可以借助丰富多彩的感性材料，让宝宝观察和触摸实物，区分"1"和"许多"，了解"1"和"许多"都是表示事物数量的；组织宝宝进行分、合活动，帮助理解"1"和"许多"的关系。例如，停车场上有许多辆车，问宝宝："司机叔叔每人开走一辆，还剩几辆？"回答："一辆也没有了。"问宝宝："叔叔们将车开回来了，还有几辆？"回答："许多辆。" 通过这种练习，让宝宝感知"1"和"许多"。了解"许多"是由一个一个的物体组成的整体，即许多个"1"组成"许多"。整体又能分成一个一个的物体，即"许多"能分成许多个"1"。

2 学习10以内数的点数和序数。宝宝数数时，常会出现手、口不一的现象，也不知道最后一个数代表物体的总数，更难区别谁在第几位。这说明宝宝已有了数的意识，但还没有形成概念。所以，不仅要帮助宝宝认识数本身，更要掌握数与数之间的关系。爸爸妈妈可以找一些宝宝感兴趣的启智玩具、几何形体、日常用品等具体实物，让宝宝手口一致地点数10以内数的实物，并且让宝宝掌握数到最后一个数即是物体的总数，然后再

> **解读女宝宝**
>
> 女孩在学习能力方面的劣势主要表现在以下两个方面：一是抽象思维能力差；二是空间感和方位感不强。应经常让女孩玩一些锻炼抽象思维的游戏，如走迷宫、侦察游戏等，以培养女孩的抽象思维能力。

指出物体的序数，谁在第几位，谁排第几，使宝宝理解多少和第几各是什么意思。数的认识常受物体的大小、形状、排列形式的影响，同样多的物体，排得紧些的认为少，排得松些的认为多。爸爸妈妈应该让宝宝了解不论物体的大小、形状、排列形式怎样变化，只要数一数就能知道是多少。

3 学习数的相邻数，对加减计算的学习起到基础作用。爸爸妈妈利用游戏的形式，让宝宝掌握加1是几，谁比谁多，谁比谁少，多几，少几，使其熟练掌握10以内数的相邻数，从感性认识上升到理性认识。

4 数的组合与分解。数的加减计算，是宝宝对数概念从具体到抽象，从感性认识到理性认识的飞跃。在这个阶段，爸爸妈妈培养宝宝应从"几和几组成几"、"几能分成几和几"上理解。比如家里养了3只公鸡、2只母鸡，问家里一共养了多少只鸡？桌上有5个苹果，分成两组有哪几种方法等。在学习过程中逐步脱离实物，通过表象来掌握数的概念和运算能力。

🤰 宝宝阅读的六种方法 ★★★

美国著名社会心理学家科尼治博士提出了宝宝阅读的6种方法，可以倍增宝宝的学习能力，也能让宝宝养成良好的阅读习惯。这6种方法是：

1 不要让宝宝长时间对着书本。每日温习一段时间，只要持之以恒，比长时间的苦读更有效。

2 吃饱以后不要让宝宝阅读。因为饭后血液会流向胃部帮着消化，脑部的血液相对减少，如果此时勉强阅读，会使宝宝头昏脑涨。

3 寻找宝宝的"生物钟"。有一些宝宝在早上特别精神，有一些宝宝晚上才能集中精力，爸爸妈妈要帮助宝宝选择适宜的时间段全力学习。

4 找个安静的地方阅读，不然就会心有杂念，学习起来事倍功半。

5 宝宝学习新课题的时候，尽量用自己的文字演绎里面的知识或理论，先别理会一些专有名词，到完全理解和熟悉之后，再去背熟这些专有名词。

6 尽量让宝宝一次学习或是温习一个课题。例如，要背熟一首诗，最好是让宝宝全部地记忆、背诵，避免逐句逐段地去记忆。

幼儿英语五大问 ★★★

一定要从ABC开始教吗

毕竟英语对大部分孩子来说是种新的语言，孩子需要两样学习动机——觉得有兴趣和好玩，才能持续学习。常有家长问，一定要从字母顺序开始学吗？其实不一定，就像我们学母语也不是从字母或认字开始一样。刚开始接触外语时，应该是先从日常生活中常会被用到、家庭成员也常讲到的东西开始：比如"bye-bye"跟"hi"，常是孩子最先学会的英文；在学校里，则可能是先从唱歌开始。不过，这并不代表认字母不能在这些活动里同步进行。带入字母时要慢慢来，可从一周一两个开始认起，而且绝对不是让孩子先认完26个字母后，才可以教别的东西。

幼儿听不懂英文时怎么办

跟宝宝说英文听不懂，用中文解释可以吗？一般来说不建议用直接翻译的方式来学外语。况且幼儿学英语的目的并非学翻译，最好的方式是利用肢体，例如用表情与大、小肢体动作。我们教孩子的字不多，大部分都可以用肢体语言表现出来；不然，也可以用画图来解释。在解释时，更多的表情、动作或例子也会帮助孩子了解家长说的是什么。况且，幼儿的中文基础尚未稳固，某些抽象概念也很难用直译的方式表达出来。

解读女宝宝

随着女儿一天天长大，她逐渐有了清醒的自我意识，需要她作出判断的事情很多，父母只要在旁边加以指导，让她不偏不倚，她就能有很好的决断力。培养女儿的决断力，一方面要培养女儿勇于反对自己不认可的事情；另一方面也应鼓励她能接受好的建议。这样，她的判断力才会恰到好处。另外，父母如何接受不同意见，也会影响女儿的行为。

要从单字还是句子开始教

逐字逐句的教法死板又不自然，幼儿英语的教学应该是融入式的，应在绘本、故事书或生活情境中带入主题。其实歌曲的作用，主要是因孩子喜欢可以朗朗上口的东西。不管是歌曲还是手指谣，不管学习的是中文还是英文，都会因为容易模仿而达到学习效果。

怎么判断双语幼儿园好坏

好的双语幼儿园应该是什么科目都教。幼儿教育应该是全面的，关注幼儿整体发展的。幼儿英语不应该是特别被拿出来教的一个科目，而是配合不同主题，将英文当作课程进行中沟通的工具，并经由学习过程中语言的使用与适时的师生互动，让孩子自然学会新的语言。因此，就语言学角度来看，做法与上述相反的学校就不是好的选择。例如，有不少学校深谙家长心态（送孩子来学校的目的就是学英文），所以刻意针对这个"客户需求"去安排英语课，上课时也会用"补习班式"的方式来教学。

幼儿英语和学龄英语的差别

幼儿学英语的时候，我们希望的是孩子对英文有兴趣就好。到了小学以后，就开始需要比较有结构性的教法，同时还要应付考试，所以在师资与教学方式上会有改变，随着学习者的年龄越来越大，其改变也会越来越多。在幼儿阶段，拼写单词并不重要，比较重要的是尽量提供孩子听、说、读的英文环境。加上现在大多数幼儿英语教学都是以自然发音让孩子学习，有了拼读能力（看到一个单词时能发出读音）后，以后需要记忆单词时就会容易得多。

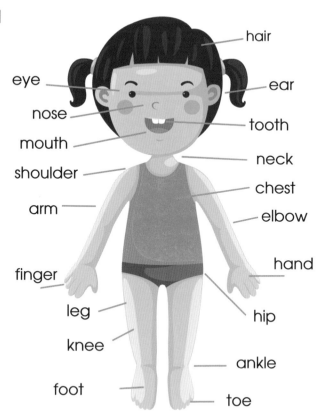

父母可以教宝宝简单的身体英语

学大方，不害羞 ★★★

为何女儿好害羞

每个孩子都有其独特的气质，因为拥有不同的特色而特别；世界上本来就没有完全相同的人，因此更无法有完全相同的两个个体。每个孩子的趋避性与适应性的高低强弱不同，其差异会造成宝宝属于大方还是害羞。

若趋避性较低的孩子，对陌生人较不会感到害羞，接受度高，待人接物方面都很大方；而趋避性高的孩子则容易害羞，尤其看到不熟识的人会躲避，在大人眼里就是有

解读女宝宝

父母要想让女儿更自信，就要从小注意女儿的仪表，帮助女儿打扮得体，培养女儿的气质。女儿要有干净整洁的外表，包括女孩的头、面、手指、衣服、鞋袜要干净整洁；要有端庄大方的仪态；要有优美文雅的言谈举止，语言是孩子与他人进行交流的途径，父母应培养女儿谈吐高雅。

退缩的倾向。适应性强的孩子在新的环境中，很容易适应，去过的地方或空间，都不会感到陌生或害怕，多几次经验甚至还会很自在；若是适应性弱的孩子，因为对于新环境的接受度低，只喜欢待在熟识的空间，因此对于社会环境中的各种规范，较难马上接受，也会比较黏着父母，较需要爸爸妈妈的从旁协助。

爸爸妈妈可以透过观察了解孩子属于何种先天气质，根据不同的性格特质来因材施教，对孩子的发展才有帮助。将来孩子会上学，跟同学相处的时间渐渐拉长，而此时的孩子如爱好活动、情绪平稳、对人亲切温和、不害羞怕生并愿意与他人接触，则会得到较多朋友且相处上较为开心。所以，要让孩子快乐成长，并获得友谊，那么教导孩子适时的大方也是有其必要性的。

其实大方与否，是由孩子的天生气质来决定的；而家庭的教养方式，也是影响孩子性格的重要因素。天生属于内向型的孩子，比较不爱活动、胆小害羞且适应力差；后天影响的原因，像有些爸爸妈妈本身属于性子急的，所以对孩子也缺乏耐心，会要求过高、管教过严或约束过多等，孩子为避免犯错就较不愿意先踏出第一步；而有些家长则是保护过度，不让孩子有与外面或不熟悉事物接触的机会，也会让孩子缺乏与人交往的经验，进而变得胆小、害羞、依赖性强。

还有的爸爸妈妈采用惩罚、体罚、恐吓等方法教育孩子，对于本身就敏感、情绪不稳定的女孩子来说，只会使她的神经长期处于过度紧张的状态，时间一久，孩子就会变得更加胆小、孤僻，不喜欢与人接触。

宝宝过度害羞吗

当害羞小孩碰到陌生人或不熟悉环境时，会出现不安和尴尬等自然的反应，因为她会担心说的话不好、不知道怎么开口或不知道怎么行动而退缩，进而封闭自己。

而又因为害羞、孩子的退缩与不够主动，会使得同龄小朋友误以为她不喜欢与自己相处，导致社交能力不足，人际关系也不好；过度害羞的孩子，甚至无法融入团体生活，被排斥的情况很明显。所以，若察觉自己的小宝贝有类似的过度害羞（内向）情况，可考虑从各方面协助孩子走出生活中的框框。

怎样让女孩变大方 ★★★

有些爸爸妈妈本身就很内向，而且对人也很难亲近，甚至不与人相处，那么孩子可能有样学样，也会有内向、沉默、害羞的特质，所以，爸爸妈妈也要看看自己是否有这样的问题。

以下方式提供给爸爸妈妈，帮助害羞宝宝学大方。

不要过度保护

过度保护也是造成孩子害羞的主因之一，现代家庭，孩子教养得都像是温室中的花朵，很难禁得起挫折与压力，所以害羞小孩若是刚触碰新鲜事物，发现世界危机四伏，便会快速钻回自己的安乐窝。

爸爸妈妈不要害怕让孩子去接触新事物、新朋友，反而应该多多协助孩子去接触，才可适时提醒孩子什么是好、什么是坏。若经常使用威胁、恐吓的方式来阻止，孩子会越来越趋向于内向与安静，因为害怕而产生羞怯。

了解和支持

爸爸妈妈必须了解孩子的个性，并承认害羞是自然的事实，所以对于孩子的害羞和怕生不必大惊小怪。当孩子需要陪同尝试新事物时，爸爸妈妈应该多给予额外的注意和体谅。

而孩子只有在试图突破的时候才会有些许的尴尬，当爸爸妈妈鼓励后，孩子会渐渐产生信心并愿意去接触。所以，当孩子开始愿意踏出第一步时，要记得鼓励和赞美她的勇气和改变。

强化自信心

孩子的自信心通常建立在愉快的经验上，爸爸妈妈可以协助孩子找出自己的专长与特点；对于孩子有兴趣或有能力的事情给予认同和鼓励，孩子的自信心就会更加强化。自信心强的孩子，对于各种新事物的尝试会很有耐心与恒心，也较不会有排斥现象。

如果孩子对绘画有兴趣，爸爸妈妈不妨给孩子准备绘画工具和好的绘画环境，带孩子参加相关的才艺班。找有相同嗜好的孩子一起绘画，这样既能让孩子的兴趣有发挥的机会，也可以帮助孩子结交到朋友。但要注意，不要过度干涉与强迫孩子去做，否则会造成孩子的反感和不耐烦。

友谊般支持

在别人眼中害羞的孩子，常被形容为木讷和无趣而无人想与其玩耍。对于长辈来说，过于害羞的孩子因为很少惹祸或制造麻烦，也常常被忽略，因此害羞的孩子就会越来越沉默，遇到问题或困扰时的处理方式就是逃离现况或躲起来。

因为这样的个性，过度害羞的孩子在交友上较易遭到阻碍。父母应培养孩子的适应力与包容力，让孩子可以顺利获得好的社交能力；对于小朋友间的友谊应该如何重视、如何相处、如何维持等问题要一一告知孩子，或者可以以朋友的身份让孩子熟悉此关系。

解读女宝宝

想要帮女孩建立自信，爸爸妈妈要记住三点：一是永远不对女儿说"你不行"；二是丰富女儿的知识；三是培养女儿一些特长。爸爸要特别注意自己在女儿成长过程中的影响力。根据美国密西根大学关于良好的父亲教育对女儿的智力发展、情感形成和身体健康具有的影响的调查显示，69%的女孩，认为自己的自信心更多来自于父亲的赞扬与鼓励。

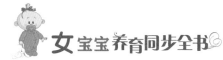
宝宝"五音不全"怎么办 ★★★

宝宝稚气的歌声让人们听了总会泛起会心的微笑。然而,有的宝宝在唱歌时,经常会出现"五音不全",大致有以下几种情况:

○宝宝的"五音不全"主要体现在唱歌的音准方面,唱起歌来会走音跑调。

○唱歌时,像在说话、说歌,没有高低音之分,不入调。

○唱歌时,发音忽高忽低,唱不准组成旋律的每个音。

○宝宝普通话的咬字发音不准,影响唱歌时的音准。

对"五音不全"的宝宝,可以通过以下方法训练,逐步纠正其听音能力的差异。

1 培养宝宝的听音能力。音准和听音能力有很大的关系,听音能力差的,弹和唱完全是两个调。父母可以演奏乐曲,或者用录音机放歌曲让宝宝听后跟着唱,有条件的,可以让宝宝学一种乐器,让宝宝边弹、边听、边唱,听听弹的音和唱的音是不是一样准确。

2 不要让宝宝清唱歌曲。清唱往往会让宝宝起音不准,更容易走调,要让宝宝跟着琴声唱,或者跟着录音机磁带唱,刚开始可以小声地跟唱、练习。对某句歌词唱不准的,要耐心地逐句教,让宝宝逐句听录音,逐句学唱练唱,直到唱准为止。

3 如果宝宝普通话发音不准,可以选择一些儿歌,让宝宝朗诵,要注意朗诵时的咬字发音和声调,帮助宝宝提高音准能力。

4 选择适合宝宝唱的歌曲,使宝宝在自然声区里唱歌,有利于提高宝宝的音准。

PART 22

第34~36个月
女宝宝养育

女宝宝第34~36个月体格发育指标

项目	年龄组	下限值	上限值
身高	34~36个月	84.1厘米	108.1厘米
体重	34~36个月	9.98千克	20.10千克
头围	36个月	约为48.5厘米	
胸围	36个月	约为49.8厘米	

第 34～36 个月
女宝宝日常保健

怎样使宝宝个子长得高 ★★★

父母都希望宝宝长高个儿，其实这并非难事。宝宝之所以未能长高，除了无法抗拒的遗传因素外，往往与婴幼儿时期父母未能给予很好的照顾有关，这就是不可低估的后天因素影响。

对身高起决定作用的因素主要是体内生长素的分泌量。生长素是脑垂体的生长素细胞分泌的激素。如少年时期因病理性分泌生长素过少，即可患侏儒症；如因外界因素影响使生长素在生理范围内分泌较少，那么就会造成个子矮一些。

人体内生长素的分泌受多种因素影响，其中人为可以控制的影响因素为睡眠。生长素分泌特点是：从宝宝时期到青春期前，在睡眠时分泌旺盛，晚9时至翌日早9时所分泌的生长素是白天12小时的3倍，特别是在入睡后70分钟可出现一个分泌高峰。孩子进入青春期后虽然白天也可出现分泌高峰，但仍不如夜间高。

大量调查研究已确认，低身高的宝宝所分泌的生长素量远较正常宝宝少，特别是相当一部分是由于夜间睡眠不充分所致。自古以来就有"睡中育儿"之说，其道理已为科学家所证实。基于生长素的分泌与睡眠关系较大，因此发育中的宝宝千万不要熬夜，每晚9时一定要入睡，否则对身高发育会产生明显不利影响。

头发黄是缺微量元素吗 ★★★

对于宝宝来说，一般头发黄的原因是缺乏某些微量元素，比如缺铁性贫血会导致头发营养不良；缺铜会使酪氨酸酶的功能减低而影响黑色素的代谢；缺锌时会影响细胞的发育和生长，头发自然会发黄。这时可以做血微量元素的检测，如果有微量元素缺乏可以做适当补充。

头发枯黄的主要病因还有甲状腺功能低下、免疫系统疾病、重度营养不良、重度缺铁性贫血或大病初愈等。另外，经常烫发、用碱水或洗衣粉洗发，也会使头发受损发黄。从头发的生理特性来讲，每根头发的根部都有一个毛囊，在它的周围有毛母角化细胞和毛母色素细胞，一旦这些细胞功能受到干扰或损害，黑发就会变黄。

宝宝为什么容易嘴唇干裂 ★★★

秋冬季节，有些宝宝容易发生嘴唇、口角干燥，甚至嘴唇或口角出现裂口，疼痛不已。宝宝由于疼痛而少食或拒食，啼哭不眠，时间久了，容易导致营养不良而消瘦，影响其身心健康。在秋、冬季，皮脂腺分泌减少，容易发生嘴唇干裂和疼痛。另外，由于秋、冬季新鲜蔬菜较之夏季少，而这个时期的宝宝有一些食物还不能食用，容易导致机体内核黄素摄入量不足，这也是秋、冬季宝宝易发生嘴唇、口角干裂的一个原因。

宝宝因嘴唇、口角干裂不适而喜欢用舌头舔上下嘴唇及口角，让唾液滋润嘴唇和口角，结果越舔越干燥，甚至开裂、出血、疼痛加重。因为唾液中有蛋白质、淀粉酶等物质，舔嘴唇后，经冷风吹刮，水分蒸发，淀粉酶粘在嘴唇上，使干燥程度更严重。宝宝如果发生这些情况，一方面要调整饮食，另一方面家长可以带宝宝去看看中医，并运用推拿方法来调理。

从小减少患肿瘤风险 ★★★

目前，肿瘤的发病年龄越来越早，如何减少宝宝患肿瘤的风险呢？

从小养成良好的饮食习惯。少吃油炸、肥肉等高脂肪、高热量食物，不吃腌制、烟熏食物，减少糖类、碳酸饮料、膨化食品等零食。

坚持锻炼身体，提高免疫力，同时避免肥胖。

房屋装修尽量简单。选用环保材料；装修后的新房不要马上入住，最好开窗通风两三个月。

避免不必要的射线检查和滥用药物。

第 *34 ~ 36* 个月
女宝宝的喂养

能够用水果代替蔬菜吗 ★★★

蔬菜和水果，是日常生活中主要的食品，特别是蔬菜在膳食中占有更重要的位置。

人体所需的各种维生素和纤维素及无机盐，主要来源于蔬菜。

维生素是维持人体组织细胞正常功能的重要物质；无机盐对维持人体内酸碱平衡起着重要作用。许多蔬菜中都含有丰富的钙，幼儿多吃蔬菜可有利于牙齿生长，起到保护牙齿的作用。

蔬菜中的纤维素虽然不被人体吸收，但它能增强消化液和食物的接触，促进胃肠蠕动和食物残渣的排泄；而且在幼儿咀嚼蔬菜时，蔬菜中的纤维素就能对牙齿起清洁作用，从而保护牙齿。

蔬菜含有90%的水分，在咀嚼蔬菜的时候，蔬菜里的水分能稀释口腔里的物质，使寄生在牙齿里的细菌不易生长繁殖。

幼儿常吃蔬菜，还能使牙齿中的钼元素含量增加，使牙齿的硬度和牢固性增加。水果不可代替蔬菜，水果中含有人体必需的一些营养素，还具有生食方便、幼儿爱吃的特点。于是有些父母就误认为吃水果可以代替吃蔬菜。特别是对挑食不爱吃蔬菜的幼儿，更容易用水果代替蔬菜。

一方面，只有新鲜的水果才富含维生素，而我们平常吃的水果多是经过较长时间储存的，维生素损失得很厉害，特别是维生素C损失得最多。另一方面，任何一种食物都不能满足人体多方面的需要，只有同时吃多种食物才能摄取到各种营养素，因此要让幼儿既吃水果，又吃蔬菜。

第 34 ~ 36 个月
女宝宝的早教

🔖 家庭品格教育包括什么 ★★★

清洁

孩子从小开始就必须养成良好的卫生习惯，从收好自己的玩具开始，进而到家务事的帮忙。不要以为小孩儿就不会帮忙做家务事，只要有一条小抹布，从自己的房间、自己的玩具开始清理起，小孩儿一样可以学习到整齐清洁的重要性。

安全

从小给孩子一个独立的安全范围，从随手开关门、开关灯开始培养。除此之外，还要叮嘱孩子随时注意自身的安全，有危险的东西不随便摆放，也要让她懂得保护自我的重要性。

词汇解读

资优儿

　　根据美国1978年的资优与特殊才能儿童教育法案对资优的定义是："资赋优异与特殊才能的儿童，是指在学前、小学或中学阶段的儿童，经过鉴定确认其在智力、创造力、特殊学科、领导能力，以及视觉或表演艺术等方面，有具体表现或潜在能力者。"

　　一般而言，资优包括六种类型：

❶ 智商高、学科表现优异、领悟力及学习能力高。

❷ 在某些特定的学科，如数学、语文、自然等，有持续优异的表现。

❸ 能创新、富想象力、具流畅的概念。

❹ 在美劳、音乐、戏剧等方面有优异的表现。

❺ 在团体中有能力、社交关系良好，能激励或推动多数人成功地完成某项工作。

❻ 技能竞赛优胜，如美术、机械创造、体育、舞蹈等。

礼节

时常将"请、谢谢、对不起"等礼貌用语挂在嘴边，但凡家长请孩子做什么事或拿什么东西，都需要随时对孩子说"请"及"谢谢"，而学会说"对不起"更是一个大学问，这是家长勇于认错与负责任的表现。不要以为孩子小，就不在意这些。

和颜悦色

常用笑脸面对他人，在家说话不大声，不随意吵闹，另外，每天早上起床与晚上睡觉前都要跟父母说"早安"与"晚安"，家庭成员间互相尊重，营造充满笑声与音乐声的生活空间。

随时告知行程

等孩子长大一点，无论去哪儿都得先告知父母，家长也一样要让孩子知道你的去处，良好的互动与了解是培养亲子关系的最佳方法，随时关心及了解彼此的近况，才能将大家的心紧紧连在一起。

学会沟通

应鼓励孩子多说、多沟通，凡事都有解决的方法，只要愿意说出来，父母都会想办法解决。

怎样给宝宝选书 ★★★

安全性

安全性是第一考虑。要注意书的装订是否牢固、是否会脱落，因为婴幼儿常把物品放入口中，并会动手撕或抓这些书籍，若不慎吞入这些物品，后果将不堪设想；裁切边也要避免太锋利，选择圆弧形设计的为宜；材质要安全可咬的，表面的涂料也要是安全的，装订也要牢固耐用，才能满足婴幼儿喜爱探索的需求。

大小适中

婴幼儿的臂力和抓握能力有限，因此书不能太大，重量也要注意，适合的书大多是4~5个跨页。另外，好不好翻阅也很重要，书页不能太薄，太薄对于精细动作还未发展成熟的婴幼儿会很难使用。

色彩鲜明

书籍内页的配色要鲜明、活泼，不仅能够吸引婴幼儿的注意，更能刺激婴幼儿视觉的发展，但颜色不要过于复杂。

画面干净，线条单一

给婴幼儿看的书要以大图块来呈现，太细致的图形在婴幼儿看来只是一片模糊，是没有意义的，清晰的画面是必须的要求。

耐用且可清洗

就像前面一再强调的，婴幼儿喜欢抓东西、撕东西、把东西往地上丢，因此耐用就是适应婴幼儿这样的需求；另外，婴幼儿也喜欢把东西放进嘴里咬，所以易于清洗才能保持卫生。

男孩画动词，女孩画名词 ★★★

女孩天生对人的脸比较感兴趣，而男孩天生对会动的东西感兴趣，这个差别来自于眼睛生理上的不同。

女性的视网膜富含小细胞，而在男性视网膜中则有很多的巨细胞，因此男性的视网膜远比女性的厚。因此，女孩子喜欢红色、橘色、绿色和淡米色，因为这些颜色是小细胞先天设定比较敏感的颜色。男孩子喜欢黑色、灰色、银色和蓝色，因为这是巨细胞先天设定的喜好。而这也说明了女婴偏好于看年轻女人的脸，而男婴偏好于看会转动的造型吊饰这项研究结果。

研究儿童绘画的人还发现，女孩喜欢画人，常在一张画上使用10种以上的暖色系颜色来画画；男孩则是画动作，像是火箭打击目标，或是两车相撞，且偏好使用冷色系颜色，颜色最多也只用到六种。心理学家杜曼用下面这句话总结男孩和女孩画图上的不同：男孩画动词，女孩画名词。

在上绘画课时，女孩的画作容易受到老师的赞美，而男孩的画作则不被老师喜爱，老师表现出来的态度，很可能使一个男孩认为自己对画画不在行，但事实并非如此。男孩女孩在画画上，各有所长。

给宝宝选择幼儿园　★★★

选择称心如意的幼儿园，对于父母来说是一件很重要的事。给宝宝选择幼儿园时，不要光看招生广告做得怎么样、幼儿园介绍做得如何，最好要亲自到幼儿园去看一看，需要了解的内容有：

○ 幼儿园的教职工是否都受过专业训练。
○ 幼儿园内的气氛如何，是很活跃，还是管理过严、死气沉沉，把宝宝管得像小学生一样。
○ 教职员工们能否和宝宝们亲切相处。
○ 幼儿园所有的角落是否都充满温暖、爱护的气氛。
○ 幼儿园的教学是否组织得很好，各种活动是否具备教学目的。
○ 幼儿园的硬件设施，包括环境、设备、教具是否很好。
○ 幼儿园的营养师是否具有专业水平。

宝宝入园的物质准备　★★★

宝宝年龄小，容易依恋自己的物品，比如小毯子、小被子、小玩具等，因为宝宝抱着、闻着这些物品，心里就会有一种安全感、愉悦感。因此，可以带一些宝宝的衣裤备用，以便幼儿园阿姨及时给宝宝更换，再准备一件宝宝在家里最喜爱的玩具，只要看见这些熟悉的东西，宝宝就会有一定的安全感。在一定程度上讲，这些物品会帮助宝宝减少哭闹，尽快度过"分离焦虑期"。